H3C 网络学院系列教程

路由交换技术

详解与实践 第1卷（上册）

新华三大学 / 编著

清華大學出版社
北京

内容简介

H3C 网络学院系列教程《路由交换技术详解与实践　第 1 卷》对建设中小型企业网络所需的网络技术进行详细介绍，包括网络模型、TCP/IP、局域网和广域网接入技术、以太网交换、IP 路由、网络安全基础、网络优化和管理基础等。本书的最大特点是理论与实践紧密结合，依托 H3C 路由器和交换机等网络设备精心设计的大量实验，有助于读者迅速、全面地掌握相关的知识和技能。

本书是 H3C 网络学院系列教程《路由交换技术详解与实践　第 1 卷》的上册，主要内容包括 OSI 参考模型和 TCP/IP 模型、H3C 网络设备操作、以太网和 WLAN 等局域网技术、PPP/ADSL/DCC 等广域网技术、IP 子网划分，以及主要 TCP/IP 协议。

本书是为网络技术领域的入门者编写的。对于大中专院校在校学生，本书是进入计算机网络技术领域的好教材；对于专业技术人员，本书是掌握计算机网络工程技术的好向导；对于普通网络技术爱好者，本书也不失为学习和了解网络技术的优秀参考书籍。

图书在版编目(CIP)数据

路由交换技术详解与实践. 第 1 卷. 上册/新华三大学编著. —北京：清华大学出版社，2017(2023.7重印)
(H3C 网络学院系列教程)
ISBN 978-7-302-48213-0

Ⅰ. ①路…　Ⅱ. ①新…　Ⅲ. ①计算机网络－路由选择－高等学校－教材 ②计算机网络－信息交换机－高等学校－教材　Ⅳ. ①TN915.05

中国版本图书馆 CIP 数据核字(2017)第 209676 号

责任编辑：田在儒
封面设计：王跃宇
责任校对：袁　芳
责任印制：宋　林

出版发行：清华大学出版社
网　　址：http://www.tup.com.cn，http://www.wqbook.com
地　　址：北京清华大学学研大厦 A 座　　**邮　　编：**100084
社 总 机：010-83470000　　**邮　　购：**010-62786544
投稿与读者服务：010-62776969，c-service@tup.tsinghua.edu.cn
质量反馈：010-62772015，zhiliang@tup.tsinghua.edu.cn
印 装 者：三河市少明印务有限公司
经　　销：全国新华书店
开　　本：185mm×260mm　　**印　　张：**19.25　　**字　　数：**466 千字
版　　次：2017 年 8 月第 1 版　　**印　　次：**2023 年 7 月第15次印刷
定　　价：59.00 元

产品编号：076242-01

版权声明

H3C 网络学院系列教程

路由交换技术详解与实践　第 1 卷(上册)

新华三大学　编著

2017 年 8 月印刷

出版说明

伴随着时代的快速发展，IT 技术已经与人们的日常生活密不可分，在越来越多的人依托网络进行沟通的同时，IT 技术本身也演变成了服务、需求的创造和消费平台，这种新的平台逐渐创造了一种新的生产力和一股新的力量。

新华三技术有限公司（简称新华三）是全球领先的新 IT 解决方案领导者，致力于新 IT 解决方案和产品的研发、生产、咨询、销售及服务，拥有 H3C® 品牌的全系列服务器、存储、网络、安全、超融合系统和 IT 管理系统等产品，能够提供大互联、大安全、云计算、大数据和 IT 咨询服务在内的一站式、全方位 IT 解决方案。同时，新华三也是 HPE® 品牌的服务器、存储和技术服务的中国独家提供商。

以技术创新为核心引擎，新华三 50% 的员工为研发人员，专利申请总量超过 7200 件，其中 90% 以上是发明专利。2016 年新华三申请专利超过 800 件，平均每个工作日超过 3 件。

2004 年 10 月，新华三的前身——杭州华三通信技术有限公司（简称华三）出版了自己的第一本网络学院教材，开创了业界相关培训教材正式出版的先河，极大地推动了 IT 技术在业界的普及；在后续的几年间，华三陆续出版了《路由交换技术　第 1 卷》《路由交换技术　第 2 卷》《路由交换技术　第 3 卷》《路由交换技术　第 4 卷》等网络学院教材系列书籍，以及《H3C 以太网交换机典型配置指导》《H3C 路由器典型配置指导》《根叔的云图——网络故障大排查》等网络学院参考书系列书籍。

作为 H3C 网络学院技术和认证的继承者，新华三会适时推出新的 H3C 网络学院系列教程，以继续回馈广大 IT 技术爱好者。《路由交换技术详解与实践　第 1 卷》是新华三所推出 H3C 网络学院系列教程的第一本，也是最重要的一本。

相较于以前的 H3C 网络学院系列教程，本次新华三推出的教材进行了内容更新，以更加贴近业界潮流和技术趋势；另外，本教材中的所有实验、案例都可以在新华三所开发的功能强大的图形化全真网络设备模拟软件（HCL）上配置和实践。

新华三希望通过这种形式，探索出一条理论和实践相结合的教育方法，顺应国家提倡的“学以致用、工学结合”教育方向，培养更多实用型的 IT 技术人员。

希望在 IT 技术领域，这一系列教材能成为一股新的力量，回馈广大 IT 技术爱好者，为推进中国 IT 技术发展尽绵薄之力，同时也希望读者对我们提出宝贵的意见。

新华三大学

培训开发委员会认证培训编委会

2017 年 7 月

H3C认证简介

H3C 认证培训体系是中国第一家建立国际规范的完整的网络技术认证体系，H3C 认证是中国第一个走向国际市场的 IT 厂商认证。H3C 致力于行业的长期增长，通过培训实现知识转移，着力培养高业绩的缔造者。目前 H3C 在全国拥有 20 余家授权培训中心和 450 余家网络学院，已有 40 多个国家和地区的 25 万人接受过培训，13 万多人获得各类认证证书。H3C 认证曾获得“十大影响力认证品牌”“最具价值课程”“高校网络技术教育杰出贡献奖”“校企合作奖”等数项专业奖项。H3C 认证将秉承“专业务实，学以致用”的理念，快速响应客户需求的变化，提供丰富的标准化培训认证方案及定制化培训解决方案，帮助您实现梦想、制胜未来。

按照技术应用场合的不同，同时充分考虑客户不同层次的需求，H3C 为客户提供了从工程师到架构官的四级数字化技术认证体系和更轻、更快、更专的数字化专题认证体系。

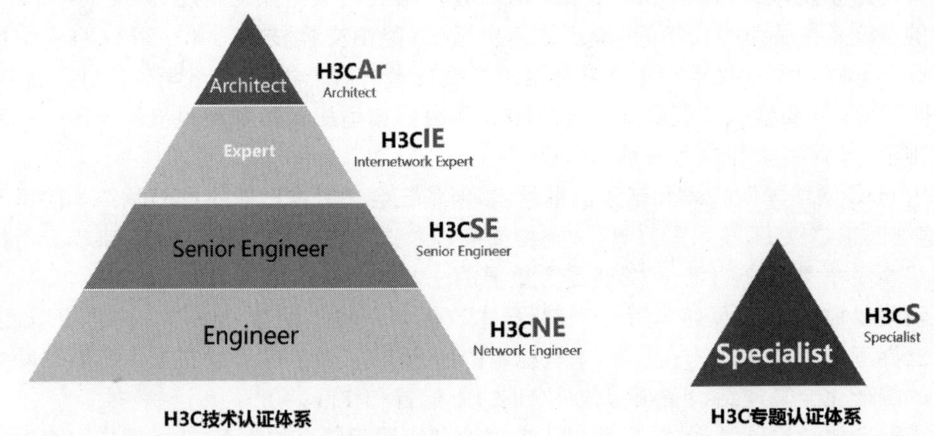

H3C 将积极推动与各行各业建立更紧密的合作关系，认真研究各类客户不同层次的需求，不断完善认证体系，提升认证的含金量，使 H3C 认证能有效证明您所具备的网络技术知识和实践技能，帮助您在竞争激烈的职业生涯中保持强有力的竞争实力！

前 言

随着互联网技术的广泛普及和应用，通信及电子信息产业在全球迅猛发展起来，从而也带来了网络技术人才需求量的不断增加，网络技术教育和人才培养成为高等院校一项重要的战略任务。

H3C 网络学院（HNC）主要面向高校在校学生开展网络技术培训，培训使用 H3C 网络学院培训教程。H3C 网络学院培训教程根据技术方向和课时分为多卷，高度强调实用性和提高学生动手操作的能力。

《路由交换技术详解与实践　第 1 卷》教材与 H3CNE 认证课程内容相对应，内容覆盖面广，由浅入深，包括大量与实践相关的内容，学员学习后可具备 H3CNE 的备考能力。

本书读者群大致分为以下几类。

- 大专院校在校生：本教材可作为 H3C 网络学院的教科书，也可作为计算机通信相关专业学生的参考书。
- 公司职员：本教材能够用于公司进行网络技术的培训，帮助员工理解和熟悉各类网络应用，提升工作效率。
- IT 技术爱好者：本教材可以作为所有对 IT 技术感兴趣的爱好者学习 IT 技术的自学参考书籍。

《路由交换技术详解与实践　第 1 卷》教材内容涵盖当前构建中小型网络的主流技术。从最基本的线缆制作到复杂的网络配置都精心设计了相关实验，充分凸显了 H3C 网络学院教程的特点——专业务实、学以致用。通过对本教材的学习，学员不仅能进行路由器、交换机等网络设备的配置，还可以全面理解网络与实际生活的联系及应用，掌握如何利用基本的网络技术设计和构建中小型企业网络。课程经过精心设计，结构合理，重点突出，学员可以在较短的学时内完成全部内容的学习，便于知识的连贯和理解，可以很快进入更高一级课程的学习中。依托新华三集团强大的研发和生产能力，教材涉及的技术都有其对应的产品支撑，能够帮助学员更好地理解和掌握知识和技能。教材技术内容都遵循国际标准，从而保证良好的开放性和兼容性。

《路由交换技术详解与实践　第 1 卷》教材分为 10 篇，共 45 章，并含 27 个实验。每章后面都附有练习题，帮助学员进行自测。

第 1 篇　计算机网络基础

第 1 章　计算机网络概述：本章主要讲述了计算机网络的基本定义、基本功能和演进过程以及计算机网络中的一些基本概念，同时还介绍了计算机网络的类型和衡量计算机网络的性能指标，最后介绍了计算机网络的协议标准及标准化组织。

第 2 章 OSI 参考模型与 TCP/IP 模型：本章首先讲述了 OSI 参考模型的分层结构、7 层功能及其关系、两个系统如何通过 OSI 模型进行通信和数据封装的过程。然后讲述了 TCP/IP 参考模型的分层结构和各层的功能。

第 3 章 网络设备及其操作系统介绍：本章主要介绍了解路由器、交换机的组成、主要作用和特点以及 H3C 网络设备操作系统 Comware 的作用和特点。

第 4 章 网络设备操作基础：本章主要讲述了配置网络设备的基本方法、命令行的使用和网络设备的常用配置命令。

第 5 章 网络设备文件管理：本章主要讲述了 H3C 网络设备文件系统的作用与操作方法，包括配置文件的保存、擦除、备份与恢复、网络设备软件的升级和用 FTP 和 TFTP 传输系统文件的操作等。

第 6 章 网络设备基本调试：本章主要讲述了使用 ping 命令检查网络连通性，使用 tracert 命令探查网络路径以及使用 debug 等命令进行网络系统基本调试的操作方法。

第 2 篇 局域网技术基础

第 7 章 局域网技术概述：本章介绍了局域网的主要相关标准、局域网与 OSI 模型的对应关系和主要的局域网类型及其典型拓扑。

第 8 章 以太网技术：本章讲述了以太网的发展历程和相关技术标准、各种以太网技术的基本原理、以太网帧格式以及以太网线缆的规范和连接方式。

第 9 章 WLAN 基础：本章讲述了 WLAN 的发展历程、WLAN 的频率范围和信道划分、WLAN 的相关组织和标准、WLAN 拓扑基本元素、设备和组网知识。

第 3 篇 广域网技术基础

第 10 章 广域网技术概述：本章介绍了常见广域网连接方式、常用广域网协议的分类和特点以及常见广域网接口类型。

第 11 章 广域网接口和线缆：本章介绍了在中小型网络环境中常用的广域网接口和线缆。

第 12 章 HDLC 协议：本章讲述了 HDLC 协议的基本原理以及基础配置。

第 13 章 PPP：本章讲述了 PPP 协议的基本原理以及基础配置。

第 14 章 ADSL：本章讲述了 DSL 的一些基本概念以及技术分类情况，以及目前应用最广的主流 DSL 技术——ADSL。

第 15 章 EPCN：本章简单介绍了有线电视(Cable Television，CATV)的基本概念，对比常见的有线电视网络双向传输技术和方案，最后介绍了 H3C 公司基于 EoC(Ethernet over Coax)技术的 EPCN(Ethernet Passive Coax Network)解决方案。

第 4 篇 网络层协议原理

第 16 章 IP：本章讲述了 IP 地址的格式和分类，子网划分的方法，IP 报文转发基本原理和 VLSM 与 CIDR 的基本概念。

第 17 章 ARP 和 RARP：本章讲述了 ARP 和 RARP 的基本原理，以及基本的 IP 包转发过程。

第 18 章 ICMP：本章首先讲述了 ICMP 的基本原理，然后讲述了 ping 和 tracert 应用工作原理。

第 19 章　DHCP：本章主要讲述了 DHCP 的特点及其原理，并介绍了 DHCP 中继，最后介绍如何在 H3C 路由器上配置 DHCP 服务。

第 20 章　IPv6 基础：本章介绍了 IPv6 的特点，IPv6 地址的表示方式、构成和分类，以及 IEEE EUI-64 格式转换原理；同时讲述了邻居发现协议的作用及地址解析、地址自动配置的工作原理和 IPv6 地址的配置。

第 5 篇　传输层协议原理

第 21 章　TCP：本章介绍了 TCP 的特点，TCP 封装，TCP/UDP 端口号的作用，TCP 的连接建立和断开过程以及 TCP 的可靠传输和流量控制机制。

第 22 章　UDP：本章介绍了 UDP 的特点、封装，以及 UDP 与 TCP 机制的主要区别。

第 6 篇　应用层协议原理

第 23 章　文件传输协议：本章讲述了 FTP 和 TFTP 的基本原理，包括其协议文件传输模式和数据传输模式，以及 FTP 和 TFTP 的相关配置方法。

第 24 章　DNS：本章介绍了 DNS 协议的基础原理及工作方式，及其在路由器上的配置。

第 25 章　其他应用层协议介绍：本章主要概述了三种较常用的应用(远程登录、电子邮件、互联网浏览)所使用的应用层协议，它们的基本定义及工作原理。

第 7 篇　以太网交换技术

第 26 章　以太网交换基础：本章介绍了共享式以太网和交换式以太网的区别，最后重点讲述了交换机进行 MAC 地址学习以构建 MAC 地址表的过程，对数据帧的转发原理。

第 27 章　VLAN：本章介绍了 VLAN 技术产生的背景，VLAN 的类型及其相关配置，IEEE 802.1Q 的帧格式，交换机端口的链路类型及其相关配置。

第 28 章　生成树协议：本章首先介绍了有关 STP 协议的一些基本概念，以及 STP 协议是如何通过实现冗余链路的闭塞和开启从而实现一棵动态的生成树的，最后介绍了 RSTP(快速生成树协议)和 MSTP(多生成树协议)，以及如何在交换机上对生成树进行配置。

第 29 章　链路聚合：本章介绍了链路聚合的作用，链路聚合中负载分担的原理，以及如何在交换机上配置及维护链路聚合。

第 8 篇　IP 路由技术

第 30 章　IP 路由原理：本章介绍了路由的作用，路由的转发原理，路由表的构成及含义，以及在设备上查看路由表的方法。

第 31 章　直连路由和静态路由：本章介绍了直连路由和静态路由的基本概念，配置 VLAN 间路由的方法，静态默认路由和静态黑洞路由的配置与应用，以及如何用静态路由实现路由备份及负载分担的方法。

第 32 章　路由协议基础：本章讲述了可路由协议与路由协议的区别，路由协议的种类和特点，距离矢量路由协议工作原理，距离矢量路由协议环路产生原因和解链路状态路由协议工作原理。

第 33 章　RIP：本章介绍了 RIP 路由协议的特点，RIP 路由信息的生成和维护，路由环路避免的方法和 RIP 协议的基本配置。

第 34 章 OSPF：本章主要讲述了 OSPF 路由协议原理，配置方法和 OSPF 常见问题定位手段。

第 9 篇 网络安全技术基础

第 35 章 网络安全技术概述：本章介绍了网络安全技术概念和网络安全技术的范围。

第 36 章 用访问控制列表实现包过滤：本章介绍了 ACL 分类及应用，ACL 包过滤工作原理，ACL 包过滤的配置方法以及 ASPF 的功能和基本原理。

第 37 章 网络地址转换：本章讲述了 NAT 技术出现的历史背景，NAT 的分类及其原理，如何配置常见 NAT 应用，以及如何在实际网络中灵活选择适当的 NAT 技术。

第 38 章 AAA 和 RADIUS：本章介绍了 AAA 的架构，RADIUS 协议的认证流程和主要属性，以及如何在设备上配置 AAA 和 RADIUS。

第 39 章 交换机端口安全技术：本章首先讲述了 IEEE 802.1x 协议基本原理及其配置，随后介绍了端口隔离技术及其配置，最后介绍了端口绑定技术及其配置。

第 40 章 IPSec：本章讲述了 IPSec 的功能和特点，IPSec 的体系构成，IPSec/IKE 的基本特点，以及如何进行 IPSec + IKE 预共享密钥隧道的基本配置。

第 41 章 EAD：本章介绍了 EAD 的实现原理，EAD 方案中各元素的功能，iMC EAD 产品的功能和 iNode 智能客户端的功能。

第 10 篇 网络优化和管理基础

第 42 章 提高网络可靠性：本章对网络可靠性设计做了初步的探讨，并介绍了几种典型的提高网络可靠性的方法。

第 43 章 网络管理：本章从网络管理技术概述出发，首先介绍了网络管理的基本概念和功能；然后介绍网络管理系统的组成和实现，重点介绍 SNMP；为了使读者掌握网络管理的实际运用，在此基础上介绍了 H3C 的网络管理产品和应用；最后对网络管理的发展趋势进行了介绍。

第 44 章 堆叠技术：本章介绍了堆叠技术的产生背景和应用，堆叠技术的工作原理，基本配置和排错方法。

第 45 章 网络故障排除基础：本章对网络故障进行了分类，介绍网络故障排除的步骤，常见的故障排除工具，并给出了一些故障排除的方法和建议。

各型设备、各版本软件的命令、操作、信息输出等均可能有所差别。若读者采用的设备型号、软件版本等与本书不同，可参考所用设备和版本的相关手册。

新华三大学

培训开发委员会认证培训编委会

目 录

第1篇 计算机网络基础

第3篇 广域网技术基础

第4篇 网络层协议原理

第 5 篇 传输层协议原理

附录 课程实验

第1篇

计算机网络基础

第1章　计算机网络概述

第2章　OSI参考模型与TCP/IP模型

第3章　网络设备及其操作系统介绍

第4章　网络设备操作基础

第5章　网络设备文件管理

第6章　网络设备基本调试

第1章

计算机网络概述

计算机网络已经广泛应用在人们的身边，正改变着人们工作和生活的方式。

网络给社会带来的革新是深远的。传统各行各业之间信息的分隔局面，正在被信息化所革新，使得行业之间信息的共享，业务平台互通成为可能。另外，计算机软件已不再局限于过去的单机运行，形形色色的网络应用——如办公自动化系统、远程教学、应用于各行各业的管理软件等，无不与计算机网络发生着紧密的联系。

计算机网络的迅速普及和企业的IT化发展导致了社会对网络工程师的大量需求。企业越来越需要大量的专业人才为它们设计、架构、管理并充分发挥计算机互联网络的作用。

对于初学者而言，首先建立对计算机网络的初步、轮廓性的认识是非常有必要的。本章将会为学习后续章节的知识打下良好的基础；对于已经学习过相关知识的学员，通读本章，将能够帮助学员对网络的基础知识进行快速的回顾。

1.1 本章目标

学习完本章，应该能够达到以下目标。

(1) 掌握计算机网络的基本定义和基本功能。

(2) 了解计算机网络的演进过程。

(3) 掌握计算机网络中的基本概念。

(4) 掌握计算机网络的类型和衡量计算机网络的性能指标。

(5) 了解计算机网络的协议标准及标准化组织。

1.2 什么是计算机网络

1.2.1 计算机网络的定义

计算机网络，顾名思义是由计算机组成的网络系统，如图1-1所示。根据IEEE(Institute of Electrical and Electronics Engineers，电子电器工程师协会)高级委员会坦尼鲍姆博士的定义：计算机网络是一组自治计算机互连的集合。自治是指每个计算机都有自主权，不受别人控制；互连则是指使用通信介质进行计算机连接，并达到相互通信的目的。这个定义过于专业化。通俗地讲，计算机网络就是把分布在不同地理区域的独立计算机以及专门的外部设备利用通信线路连成一个规模大、功能强的网络系统，从而使众多的计算机可以方便地互相传递信息，共享信息资源。

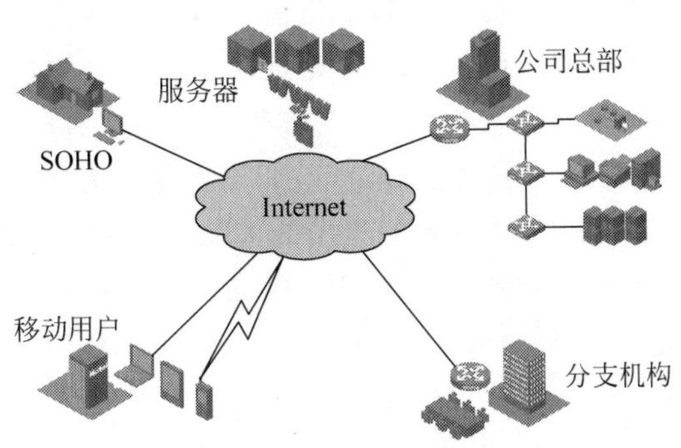

图 1-1 计算机网络

由于IT业迅速发展，各种网络互连终端设备层出不穷，如计算机、打印机、WAP(Wireless Application Protocol)手机、PDA(Personal Digital Assistant)网络电话等。在未来，也许一切设备都会连接到Internet。

1.2.2 计算机网络的基本功能

归纳来说，计算机网络能为人们带来以下显而易见的益处。

1. 资源共享

资源分为软件资源和硬件资源。软件资源包括形式多种多样的数据，如数字信息、消息、声音、图像等；硬件资源包括各种设备，如打印机、FAX、Modem等。网络的出现使资源共享变得简单，交流的双方可以跨越时空的障碍，随时随地传递信息、共享资源。

2. 分布式处理(Distributed Processing)与负载均衡(Load Balancing)

通过计算机网络，海量的处理任务可以分配到全球各地的计算机上。例如，一个大型ICP(Internet Content Provider)网络访问量相当之大，为了支持更多的用户访问其网站，在全世界多个地方部署了相同内容的WWW(World Wide Web)服务器。通过一定技术使不同地域的用户看到放置在离他最近的服务器上的相同页面，这样可以实现各服务器的负荷均衡，并使得通信距离缩短。

3. 综合信息服务

网络发展的趋势是应用日益多元化，即在一套系统上提供集成的信息服务，如图像、语音、数据等。在多元化发展的趋势下，新形式的网络应用不断涌现，如电子邮件(E-mail)、IP电话、视频点播(Video on Demand, VOD)、网上交易(E-marketing)、视频会议(Video Conferencing)等。

目前广泛使用的IP电话，就是利用IP作为传输协议，通过网络技术将语音集成到IP网络上，实现在基于IP的网络上进行语音通信，极大地节省了长途电话费用，丰富了语音业务类型。同样，视频信息也可以集成到IP网络上传输，实现可视电话和视频会议等应用。

1.3 计算机网络的演进

计算机网络是计算机技术与通信技术两个领域的结合,一直以来它们紧密结合,相互促进、相互影响,共同推进了计算机网络的发展。在现代化通信技术诞生前的千百年里,人们一直通过面对面的交流、烟雾信号、官府驿站、飞鸽传书等这些有限的手段来交流信息。在科技发达的今天,借助 E-mail 传送信件的轻松便利,已经是古人所不能够思议的事实。

1837 年,美国的 Samuel F. B. Morse 和英国的 Charles Wheatstone、William Cooke 率先发明了电报。它可以利用一根导线传送字符信息,通过将每个字母规定成长短不同的电脉冲信号,可以在导线的另一端解读文字信息。

1876 年,Alexander Graham Bell 进一步实现了通过导线传送声音的功能。成功构造了第一个电话系统,通话质量非常出色,Bell 的助手可以清晰地听到消息:"Mr. Watson, come here."电话系统由此得到广泛的应用和发展。至今电话系统已经覆盖了全世界,电话通信成为人们日常生活的一部分。

1945 年。世界上第一台电子计算机 ENIAC(电子数字计算机)诞生了,这在当时是个伟大的创举。它共由 18000 个真空管组成,体积极其庞大,需要数个房间才能容纳它,计算机的发展也由此开始。

1946 年晶体管研制成功(该发明者即由此而获得了 1956 年度的诺贝尔物理学奖的三位科学家——贝尔实验室的 John Bardeen、Walter Brattain 和 William Shockley)。计算机采用晶体管取代了真空管,由此它的体积和价格降了下来,同时它的性能和智能水平也在不断提高,这为后来的计算机快速而广泛地普及做了历史的铺垫。

自 1946 第一台电子计算机诞生后,由于它价格昂贵,有近十年左右的时间,它只是为少数的研究机构所拥有,进行科学计算工作,计算机与通信并没有发生多少联系。人们有计算的需要,就到计算机机房去使用计算机。这导致了计算机的长时间空置,昂贵的计算机资源被严重浪费。为了处理更多的运算和批量地处理任务,人们开始考虑通过借助传统的电话线路,使用终端(如电传打字机、收发器等)远程访问计算机,由此而发展出计算机网络的雏形——主机互连形式。

1.3.1 主机互联

这种产生于 20 世纪 60 年代初期,基于主机(Host)之间的低速串行(Serial)连接的联机系统是计算机网络的最初雏形。在这种早期的网络中,终端借助电话线路访问计算机,由于计算机发送/接收的为数字信号,电话线传输的是模拟信号,这就要求在终端和主机间加入调制解调器(Modem,俗称"猫"),进行数/模间的转换。

在这种联机系统中,计算机是网络的中心,同时也是控制者。这是一种非常原始的计算机网络,它的主要任务是通过远程终端与计算机的连接,提供应用程序执行、远程打印和数据服务等功能。

如图 1-2 所示,每个终端都必须使用调制解调器通过电话网进行连接。后来,随着远程终端的数量不断增加,通信的费用随之增加。为了降低电话通信的连接费用,人们通过在终端与调制解调器之间加一个集中器(Concentrator),减少直接占用电话网连接线路的数量,所有的终端使用低速线路直接连到集中器,集中器再通过调制解调器与计算机相连,节省了占用通信线路的费用和连接每个终端的调制解调器的数量。

在 20 世纪 60 年代,这种面向终端的计算机通信网络获得了很大的发展。IBM 的 SNA(Systems Network Architecture,系统网络体系结构)就是这种网络的典型例子。在这种网络中,SNA 网关提供终端到大型计算机的访问。SNA 是与 OSI 参考模型并行的一套网络总体架构。一直发展至今,目前我国的很多银行网络采用的就是 SNA 结构。

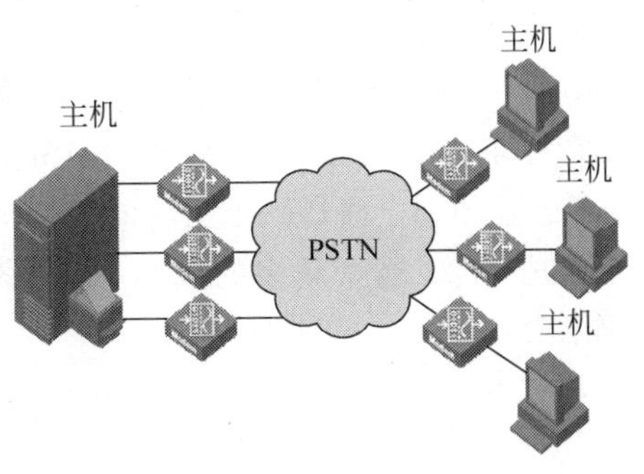

图 1-2 计算机与远程终端连接

但是,电话通信网络并不适合于传送计算机或终端的数据。首先,用户所支付的通信线路费用是按占用线路的时间计算的,而在整个计费时间里,计算机的数据是突发式地和间歇性地出现在传输线路上。其次,由于计算机和各种终端的传送速率很不一样,在采用电话网进行数据的传输交换时,不同类型、不同规格、不同速率的终端很难互相进行通信。

因此应该采用一些措施来适应这种情况。例如,不是使终端与计算机直接相连,而是使数据经过一些缓冲器暂存一下,经适当变换处理后再进行发送或接收。此外,计算机通信还要求非常可靠和准确无误地传送每一个比特。这就需要采取有效的差错控制技术。由此可见,必须寻找出新的适合于计算机通信的技术

1.3.2 局域网

20 世纪 70 年代,随着计算机体积、价格的下降,出现了以个人计算机为主的商业计算模式。商业计算模式的复杂性要求大量终端设备的资源共享和协同操作,导致了对本地大量计算机设备进行网络化连接的需求,局域网(Local Area Network,LAN)由此产生了。

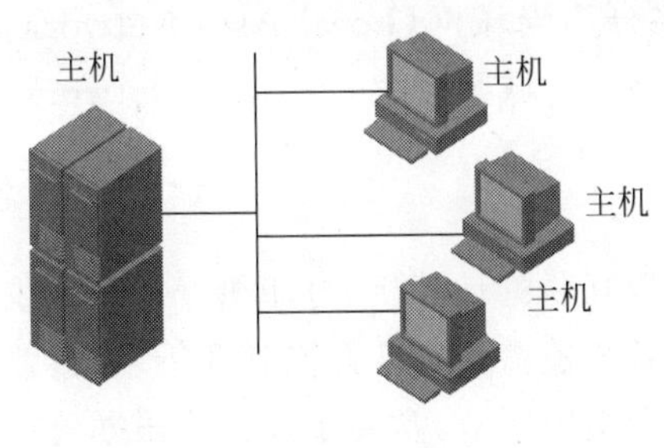

图 1-3 局域网

当今主流局域网技术——以太网(Ethernet)就是在此时期产生的。1973 年,Xerox 公司的 Robert Metcalfe 博士(以太网之父)提出并实现了最初的以太网。后来 DEC、Intel 和 Xerox 合作制定了一个产品标准,该标准最初以这三家公司名称的首字母命名,称作 DIX 以太网。其他流行的 LAN 技术还有 IBM 的令牌环技术等。

图 1-3 所示是一个局域网的简单示意图。局域网的出现,大大降低了商业用户高昂的成本。

1.3.3 互联网(internet)

由于单一的局域网无法满足对网络的多样性要求,20 世纪 70 年代后期,广域网技术逐渐发展起来,以便将分布在不同地域的局域网互相连接起来。1983 年,ARPANET 采纳 TCP(Transmission Control Protocol,传输控制协议)和 IP(Internet Protocol,因特网协议)作为其主要的协议簇,使大范围地网络互联成为可能。彼此分离的局域网被连接起来,形成

了互联网(internet),如图 1-4 所示。

1.3.4 因特网(Internet)

20 世纪 80 年代到 90 年代是网络互联发展时期。在这一时期,ARPANET 网络的规模不断扩大,将全球无数的公司、校园、ISP(Internet Service Provider)和个人用户,最终演变成今天的延伸到全球每一个角落的 Internet。1990 年 ARPANET 正式被 Internet 取代,退出了历史舞台。越来越多的机构、个人参与到 Internet 中来,使得 Internet 获得了高速发展,如图 1-5 所示。

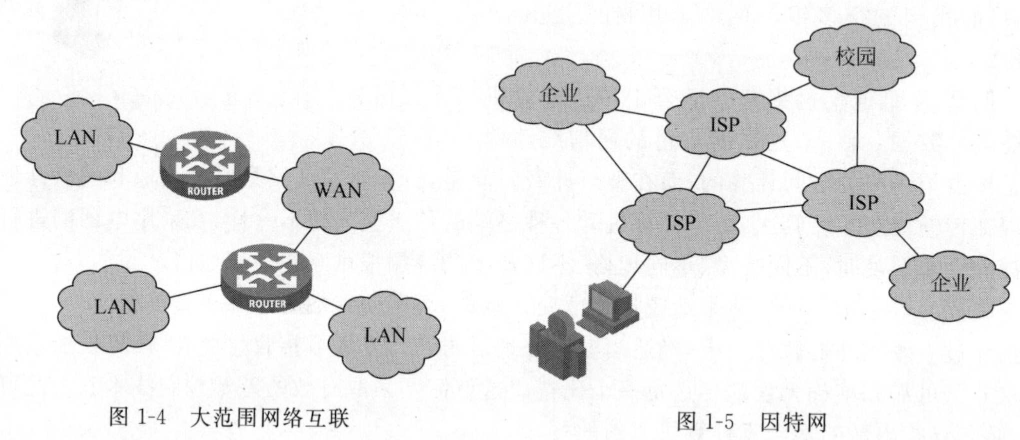

图 1-4 大范围网络互联

图 1-5 因特网

1.4 计算机网络中的基本概念

1.4.1 局域网、城域网和广域网

按计算机网络覆盖范围的大小,可以将计算机网络分为局域网(Local Area Network, LAN)、城域网(Metropolitan Area Network, MAN)和广域网(Wide Area Network, WAN)。

1. 局域网

局域网通常指几千米范围以内的,可以通过某种介质互联的计算机、打印机、Modem 或其他设备的集合。局域网连接的是小范围内的计算机,系统覆盖半径从几米到几千米,覆盖范围局限在房间、大楼或园区内。一个局域网通常为一个组织所有,常用于连接公司办公室或企业内的个人计算机和工作站,以便共享资源(如打印机、数据库等)和交换信息。传统局域网的传输速度为 10～100Mbps,传输延迟低(几十微秒),出错率低。而新的局域网传输速度可超过 1Gbps。局域网与其他网络的区别主要体现在以下几个方面。

(1) 网络所覆盖的物理范围。

(2) 网络的拓扑结构。

(3) 网络所使用的传输技术。

由于局域网分布范围极小,一方面容易管理与配置;另一方面容易构成简洁规整的拓扑结构,加上具有网络延迟小(一般在几十微秒以下)、数据传输速率高、传输可靠、拓扑结构

灵活的优点，使之得到广泛的应用，成为实现有限区域内信息交换与共享的典型有效的途径。

2. 城域网

城域网覆盖范围为中等规模，介于局域网和广域网之间，通常是在一个城市内的网络连接(距离为10km左右)。目前城域网建设主要采用IP技术和ATM技术，宽带IP城域网是根据业务发展和竞争的需要而建设的城市范围内(可能包括所辖的县区等)的宽带多媒体通信网络，是宽带骨干网络(如中国电信IP骨干网络、联通骨干ATM网络等)在城市范围内的延伸。城域网作为本地公共信息服务平台的组成部分，负责承载各种多媒体业务，为用户提供各种接入方式，满足政府部门、企事业单位、个人用户对基于IP的各种多媒体业务的需求，因此，宽带IP城域网必须是可管理、可扩展的电信运营网络。

城域网分为"城域网城域部分"和"城域网接入部分"。城域网城域部分为运营商网络，由运营商统一规划与建设，又可分为城域核心层和城域汇接层。城域核心层主要完成城域网内部信息的高速传送与交换，实现与其他网络的互联互通，而城域汇接层主要完成信息的汇聚与分发。

城域网接入部分可由运营商、企业、建筑商以及物业管理部门建设，其不仅仅提供传统意义上的接入功能，还可能需要向用户提供本地业务。城域网接入部分又分为接入汇接层和用户接入层，接入汇接层完成信息的汇接与分发，实现用户管理，城域网接入部分的业务提供、计费等功能，而用户接入层为用户提供具体的接入手段。

3. 广域网

广域网在超过局域网的地理范围内运行，分布距离远，它通过各种类型的串行连接以便在更大的地理区域内实现接入。通常，企业网通过广域网线路接入当地ISP。广域网可以提供全部时间或部分时间的连接，允许通过串行接口在不同的速率工作。广域网本身往往不具备规则的拓扑结构。由于速度慢，延迟大，入网站点无法参与网络管理，所以，它要包含复杂的互联设备(如交换机、路由器)处理其中的管理工作，互联设备通过通信线路连接，构成网状结构(通信子网)。其中，入网站点只负责数据的收发工作；广域网中的互联设备负责数据包的路由等重要管理工作。广域网的特点是数据传输慢(典型速度为56Kbps～155Mbps)、延迟比较大(几毫秒)、拓扑结构不灵活，广域网拓扑很难进行归类，一般多采用网状结构，网络连接往往要依赖运营商提供的电信数据网络。

1.4.2 网络的拓扑结构

网络拓扑(Network Topology)指的是计算机网络的物理布局。简单地说，就是指将一组设备以什么样的结构连接起来，通常也称为拓扑结构。基本的网络拓扑模型主要有总线型拓扑、星型拓扑、环型拓扑和网状拓扑，绝大部分网络都可以由这几种拓扑独立或混合构成，如图1-6所示。了解这些拓扑结构是设计网络和解决网络疑难问题的前提。

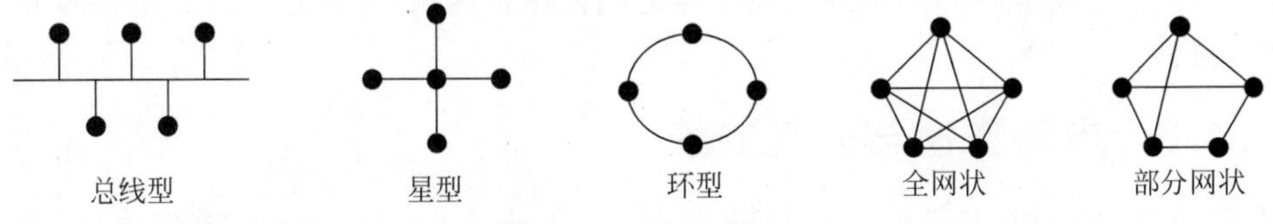

图1-6　网络拓扑结构

1. 总线型(Bus)拓扑

总线型拓扑结构是将各个节点的设备用一根总线连接起来,所有的节点间通信都通过统一的总线完成。在早期的局域网中,这是一种应用很广的拓扑结构。其突出的特点是结构简单、成本低、安装使用方便,消耗的电缆长度短、便于维护。但它也具有固有的致命缺点——存在单点故障。总线如果出现故障,整个总线型网络都会瘫痪。由于共享总线带宽,当网络负载过重时,会导致总线型网络性能下降。为了克服这些问题,随后产生了星型的拓扑结构。

2. 星型(Star)拓扑

星型拓扑结构是一种以中央节点(如交换机)为中心,把若干个外围节点连接起来的辐射式互连结构,中央节点对各设备间的通信和信息交换进行集中控制和管理。它的主要特点是系统的可靠性较高,当某一线路发生故障时,不会影响网络中的其他主机;扩充或删除设备较容易,将设备直接连接到中央节点即可;中央节点可以方便地控制和管理网络,并及时发现和处理系统故障。其缺点是需要的连接线缆比总线型拓扑结构多;且一旦中央节点发生故障,网络将不能工作。星型拓扑结构是在当前的局域网中使用较为广泛的一种拓扑结构,它已基本代替了早期局域网采用的总线型拓扑结构。

3. 环型(Ring)拓扑

环型拓扑结构是将各节点通过一条首尾相连的通信线路连接起来的一个封闭的环型网。每一台设备只能和它的一个或两个相邻节点直接通信,如果需要与其他节点通信,信息必须依次经过两者之间的每一个设备。环型网络可以是单向的,也可以是双向的。单向是指所有的传输都是同方向的,此时每个设备只能直接与一个邻近节点通信;双向是指数据能在两个方向上进行传输,此时设备可以直接与两个邻近节点直接通信。

环型拓扑的结构简单,系统中各工作站地位相等;建网容易,增加或减少节点时仅需简单的连接操作;能实现数据传送的实时控制,可预知网络的性能。在单环型拓扑中,任何一节点发生故障,都会导致环中的所有节点无法正常通信,在实际应用中一般采用多环结构,这样在单点发生故障时可以形成新的环型,继续正常工作。环型拓扑的另一个缺点是当一个节点要往另一个节点发送数据时,它们之间的所有节点都得参与传输,这样,比起总线型拓扑来,更多的时间被花在替别的节点转发数据上。

4. 网状(Mesh)拓扑

网状拓扑可分为全网状(Full Mesh)和部分网状(Partial Mesh)。全网状拓扑是指参与通信的任意两个节点之间均通过传输线直接相互连接,所以这是一种安全可靠的方案。由于不再需要竞争公用线路,通信变得非常简单,任意两台设备可以直接通信,而不用涉及其他设备。然而,对 N 个节点构建全网状拓扑需要 $N(N-1)/2$ 个连接,这使得在大量节点之间建立全网状拓扑的费用变得极其昂贵。而且,如果两台设备间通信流量很小,那么它们之间的线路利用率就很低,几乎肯定有很多连接得不到充分利用。由于全网状拓扑实现起来费用高、代价大、结构复杂、不易管理和维护,在局域网中很少采用。实际应用中常常采用部分网状拓扑替代全网状拓扑,即在重要节点之间采用全网状拓扑,对相对非重要的节点则省略一些连接。

1.4.3 电路交换与分组交换

电路交换(Circuit Switching)和分组交换(Packet Switching)是通信中的一对重要

概念。

1. 电路交换

交换的概念最早来自于电话系统。电话交换机采用的就是电路交换技术。通信网络中的电路交换与拨打电话的原理类似,当端节点要求发送数据时,交换机就在发送节点和接收节点之间创建一条独占的数据传输通道。这条通道既可能是一条物理线路,也可能是经过多路复用得到的逻辑通道。这条通道具备固定的带宽,由通信双方独占,一直到通信结束。除非两个节点断开连接,否则传输信道便一直处于服务状态。

电路交换的优点是传输延迟小,由于一旦建立了线路,便不再需要交换,因此保证了较低的延迟;其次一旦线路建立,便不会发生资源的抢占和冲突;电路交换能实现数据的透明传输(即传输通路对用户数据不进行任何修正或解释)、信息传输的吞吐量大。

电路交换的缺点是所占带宽固定,网络资源利用率低。在电路交换系统中,物理线路的带宽是预先分配好的。对于已经预先分配好的线路,即使通信双方没有数据要交换,线路带宽也不能为其他用户所使用,从而造成带宽的浪费。此外,电路交换建立连接所需的时间比较长。电路交换本来是为打电话而设计的。每次需建立连接时,呼叫信号必须经过若干个交换机,得到各交换机的认可,并最终传到被呼叫方。在 PSTN 电话网中,这个过程常常需要 10s 甚至更长的时间(呼叫市内电话、国内长途和国际长途,需要的时间是不同的)。另外比较重要的一点是,如果使用电路交换技术,网络中每台计算机都必须能建立到所有其他计算机的直接电路连接,而这在大规模网络中几乎是不可能实现的。

2. 分组交换

分组交换技术将需要传输的信息划分为具有一定长度的分组(Packet,也称为包),以分组为单位进行存储转发。每个分组都载有接收方地址和发送方地址的标识,便于在网络中寻址;网络中的传送设备则根据这些地址进行分组转发,使信息最终传递到目的节点。

由于采用动态复用的技术来传送各个分组,虽然任意时刻线路总是被某个分组独占,但线路的带宽在统计上得到复用,从而提高了线路的利用率。

分组交换能够保证任何用户都不能长时间独占某传输线路,因而它可以较充分地利用信道带宽,并且可以达到处理并行交互式通信的能力。IP 电话就是使用分组交换技术的一种新型电话,它的通话费远远低于传统电话,原因就在这里。

但是在分组交换中,数据要被分割成分组,而网络设备也需要逐一对分组实行转发,这使得分组交换引入了更大的端到端延迟。由于每个分组都要载有额外的地址信息,因此同样的有效数据实际上需要占用更多的带宽资源。另外由于来自多对通信节点的数据复用同一个信道,突发的数据可能造成信道的拥塞。所有这些使得分组交换网络设备和协议需要具备处理寻址、转发、拥塞等的能力,这也加大了对分组交换网络设备处理能力和复杂程度的要求。

1.5 衡量计算机网络的主要指标

对于网络的性能,人们大多具有感性的认识,例如通过 Modem 拨号上网与通过宽带上网浏览网页的速度是不一样的。

影响网络性能的因素有很多,传输的距离、使用的线路、传输技术、带宽(Bandwidth)、网络设备性能等都会对网络的性能产生影响。带宽和延迟(Delay)是衡量网络性能的两个主要指标。

1.5.1 带宽

LAN 和 WAN 都使用带宽来描述在一定时间范围内能够从一个节点传送到另一个节点的数据量。带宽分为模拟带宽和数字带宽,本书所述的带宽指数字带宽。带宽的单位是 bps(bit per second,位每秒),代表每秒钟某条链路能发送的数据位数。

目前常见的网络带宽如下。

(1) 以太网技术的带宽可以为 10Mbps、100Mbps、1000Mbps、10Gbps 等。

(2) Modem 拨号上网带宽为 56Kbps,ISDN BRI 带宽最高为 128Kbps。

(3) ADSL 在不影响正常电话通信的情况下可以提供最高 3.5Mbps 的上行速度和最高 24Mbps 的下行速度。

(4) E1/PRI 带宽为 2Mbps,E3 带宽为 34Mbps。

(5) OC-3 带宽为 155Mbps,OC-12 带宽为 622Mbps,OC-48 带宽为 2.5Gbps,OC-192 带宽为 10Gbps。

1.5.2 延迟

网络的延迟又称时延,定义了网络把数据从一个网络节点传送到另一个网络节点所需要的时间。例如,一个横贯大陆的网络可能有 24ms 的延迟,即将一个比特从一端传到另一端将花费 24ms 的时间。

网络延迟主要由传播延迟(Propagation Delay)、交换延迟(Switching Delay)、介质访问延迟(Access Delay)和队列延迟(Queuing Delay)等组成。总之,网络中产生延迟的因素很多,既受网络设备的影响,也受传输介质、网络协议标准的影响;既受硬件制约,也受软件制约。由于物理规律的限制,延迟是不可能完全被消除的。

1.6 网络标准化组织

在计算机网络的发展过程中有许多国际标准化组织做出了重大的贡献,他们统一了网络的标准,使各个厂商生产的网络产品可以相互兼容。主要有以下组织。

(1) 国际标准化组织(International Organization for Standardization,ISO):世界上最著名的国际标准化组织之一,该组织负责制定大型网络的标准,包括与 Internet 相关的标准。ISO 提出了 OSI 参考模型。OSI 参考模型描述了网络的工作机理,为计算机网络构建了一个易于理解的、清晰的层次模型。

(2) 电子电器工程师协会(IEEE):IEEE 由计算机和工程学专业人士组成,是世界上最大的专业组织之一。主要提供了网络硬件的标准,使各厂商生产的硬件设备能相互连通。IEEE LAN 标准是当今居于主导地位的 LAN 标准。它定义了 802.x 协议族,其中比较著名的有 802.3 以太网标准、802.4 令牌总线网(Token Bus)标准、802.5 令牌环网(Token Ring)标准、802.11 无线局域网(WLAN)标准等。

(3) 美国国家标准协会(American National Standards Institute,ANSI):是一个由公

司、政府和其他组织成员组成的自愿组织。它有将近1000个会员，而且协会本身也是ISO的一个成员。著名的美国标准信息交换码(ASCII)就是被用来规范计算机内的信息存储的ANSI标准。光纤分布式数据接口(FDDI)也是一个适用于局域网光纤通信的ANSI标准。

(4) 国际电信联盟(International Telecomm Union，ITU)：其前身是国际电报电话咨询委员会(CCITT)。ITU共分为3个主要部门，ITU-R负责无线电通信；ITU-D是发展部门；而ITU-T负责电信行业。ITU的成员包括各种各样的科研机构、工业组织、电信组织、电话通信方面的权威人士，还有ISO。它定义了很多作为广域连接的电信网络的标准，众所周知的有X.25、帧中继(Frame Relay)等。

(5) Internet架构委员会(Internet Architecture Board，IAB)：下设工程任务委员会(IETF)、研究任务委员会(IRTF)、号码分配委员会(IANA)等，负责各种Internet标准的定义，是目前最具影响力的国际标准化组织。

(6) 电子工业协会(Electronic Industries Association，EIA)：EIA的主要成员是电子产品公司和电信设备制造商。它也是ANSI的成员。EIA主要定义了大量设备间电气连接和数据物理传输的标准。其中最广为人知的标准是RS-232(或称EIA-232)，它已成为大多数PC与调制解调器或打印机等设备通信的规范。

(7) 因特网工程特别任务组(Internet Engineering Task Force，IETF)：IETF是一个由互联网技术工程专家自发参与和管理的国际机构，其成员包括网络设计者、制造商、研究人员以及所有对因特网的正常运转和持续发展感兴趣的个人或组织。它分为数百个工作组，分别处理因特网的应用、实施、管理、路由、安全和传输服务等不同方面的技术问题。这些工作组同时也承担着对各种规范加以改进发展，使之成为因特网标准的任务。它制定了因特网的很多重要协议标准。

注意：熟悉标准化组织及其协议标准、草案等有利于提高技术水平，掌握最前沿和最主流的网络技术。

1.7　本章总结

(1) 计算机网络可以实现资源共享、综合信息服务、负载均衡与分布式处理等基本功能。

(2) 计算机网络的类型可以按照地域、拓扑结构、数据交换的形式及网络组件等不同类型进行分类。

(3) 衡量计算机网络的性能指标有很多种，其中带宽和延迟最为重要。

1.8　习题和解答

1.8.1　习题

1. 在计算机局域网中，常用通信设备有(　　)。

A. 集线器(HUB)　　B. 交换机(Switch)

C. 调制解调器(Modem)　　D. 路由器(Router)

2. 802 协议族是由下面的( )组织定义的。

A. OSI B. EIA C. IEEE D. ANSI

3. 衡量网络性能的两个主要指标为( )。

A. 带宽 B. 可信度 C. 延迟 D. 距离

4. 有可能会产生单点故障的是( )网络。

A. 总线型 B. 环型 C. 网状 D. 星型

5. 数据交换技术包括( )。

A. 电路交换(Circuit Switching) B. 报文交换(Message Switching)

C. 分组交换(Packet Switching) D. 文件交换(File Switching)

1.8.2 习题答案

1. ABD 2. C 3. AC 4. ABD 5. ABC

第2章

OSI参考模型与TCP/IP模型

在网络发展的早期时代，网络技术的发展变化速度非常快，计算机网络变得越来越复杂，新的协议和应用不断产生，而网络设备大部分都是按厂商自己的标准生产，不能兼容，相互间很难进行通信。

为了解决网络之间的兼容性问题，实现网络设备间的相互通信，国际标准化组织于1984年提出了OSI参考模型(Open System Interconnection Reference Model，开放系统互连参考模型)。OSI参考模型很快成为计算机网络通信的基础模型。OSI参考模型是应用在局域网和广域网上的一套普遍适用的规范集合，它使得全球范围的计算机平台可进行开放式通信。OSI参考模型说明了网络的架构体系和标准，并描述了网络中信息是如何传输的。多年以来，OSI模型极大地促进了网络通信的发展，也充分体现了为网络软件和硬件实施标准化做出的努力。

由于种种原因，并没有一种完全忠实于OSI参考模型的协议族流行开来。相反，源于美国国防部高级研究项目机构(Defense Advanced Research Project Agency，DARPA)20世纪60年代开发的ARPANET的TCP/IP协议得到了广泛应用，成为Internet的事实标准。

2.1 本章目标

学习完本章，应该能够达到以下目标。

(1) 掌握OSI参考模型的分层结构。

(2) 理解两个系统如何通过OSI模型进行通信。

(3) 理解OSI模型的七层功能及其关系。

(4) 理解数据封装的过程。

(5) 掌握TCP/IP参考模型的分层结构。

(6) 理解TCP/IP模型各层的功能。

2.2 OSI参考模型

2.2.1 OSI参考模型的产生

如今，人们可以方便地使用不同厂家的设备构建计算机网络，而不需要过多考虑不同产品之间的兼容性问题。而在OSI模型出现(20世纪80年代)之前,实现不同设备间的互通并不容易。这是因为在计算机网络发展的初期阶段,许多研究机构、计算机厂商和公司都推出了自己的网络系统,例如IBM公司的SNA,NOVELL的IPX/SPX协议,APPLE公司的AppleTalk协议,DEC公司的DECNET,以及广泛流行的TCP/IP协议等。同时,各大厂商针对自己的协议生产出了不同的硬件和软件。然而这些标准和设备之间互不兼容。没有一种统一标准存在,就意味着这些不同厂家的网络系统之间无法相互连接。

为了解决网络之间兼容性的问题,帮助各个厂商生产出可兼容的网络设备,ISO(International Organization for Standardization,国际标准化组织)于1984年提出了OSI参考模型,它很快成为计算机网络通信的基础模型。

OSI模型是对发生在网络设备间的信息传输过程的一种理论化描述,它仅仅是一种理论模型,并没有定义如何通过硬件和软件实现每一层功能,与实际使用的协议(如TCP/IP协议)是有一定区别的。虽然OSI仅是一种理论化的模型,但它是所有网络学习的基础,因此除了解各层的名称外,更应深入了解它们的功能及各层之间是如何工作的。

OSI参考模型很重要的一个特性是其分层体系结构。分层设计方法可以将庞大而复杂的问题转化为若干较小且易于处理的子问题。将复杂的网络通信过程分解到各个功能层次,各个层次的设计和测试相对独立,并不依赖于操作系统或其他因素,层次间也无须了解其他层是如何实现的。

可以设想,在两台设备之间进行通信时,两台设备必须高度地协调工作,这包括从物理的传输介质到应用程序的接口等方面,这种"协调"是相当复杂的。为了降低网络设计的复杂性,OSI采用了层次化的结构模型,以实现网络的分层设计,从而将庞大而复杂的问题转化为若干较小且易于处理的子问题。这与编写程序的思想非常相似。在编写一个功能复杂的程序时,为了方便设计编写和代码调试,不可能在主程序里将所有代码一气呵成,而是将问题划分为若干个子功能,由不同的函数分别去完成,主程序通过调用函数实现整个程序功能,从而有效地简化了程序的设计和编写。一旦出现错误,也可以很容易将问题定位到相应的功能函数。

分层体系结构将复杂的网络通信过程分解到各个功能层次,各个层次的设计和测试相对独立,并不依赖于操作系统或其他因素,层次间也无须了解其他层是如何实现的,从而简化了设备间的互通性和互操作性。采用统一的标准的层次化模型后,各个设备生产厂商遵循标准进行产品的设计开发,有效地保证了产品间的兼容性。就像建造房屋的建筑商可以使用其他厂商提供的原材料,而不必自己从头开始制作一砖一瓦一样,一个厂商可以以其他厂商提供的模块为基础,只专注于某一层软件或硬件的开发,使得开发周期大大缩短,费用大为降低。

总结起来,OSI七层参考模型具有以下优点。

(1) 开放的标准化接口:通过规范各个层次之间的标准化接口,使各个厂商可以自由地生产网络产品,这种开放给网络产业的发展注入了活力。

(2) 多厂商兼容性:采用统一的标准的层次化模型后,各个设备生产厂商遵循标准进行产品的设计开发,有效地保证了产品间的兼容性。

(3) 易于理解、学习和更新协议标准:由于各层次之间相对独立,使得讨论、制定和学习协议标准变得比较容易，某一层次协议标准的改变也不会影响其他层次的协议。

(4) 实现模块化工程，降低了开发实现的复杂度：每个厂商都可以专注于某一个层次或某一模块，独立开发自己的产品，这样的模块化开发降低了单一产品或模块的复杂度，提高了开发效率，降低了开发费用。

(5) 便于故障排除：一旦发生网络故障，可以比较容易地将故障定位于某一层次，进而快速找出故障根源。

2.2.2 OSI 参考模型的层次结构

OSI 参考模型自下而上分为 7 层，分别是：第 1 层物理层(Physical Layer)、第 2 层数据链路层(Data Link Layer)、第 3 层网络层(Network Layer)、第 4 层传输层(Transport Layer)、第 5 层会话层(Session Layer)、第 6 层表示层(Presentation Layer)和第 7 层应用层(Application Layer)，如图 2-1 所示。

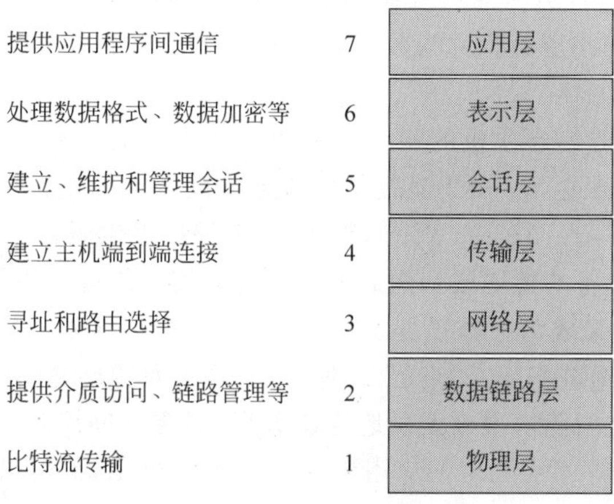

图 2-1 OSI 参考模型

OSI 参考模型的每一层都负责完成某些特定的通信任务，并只与紧邻的上层和下层进行数据的交换。

物理层涉及在通信信道(Channel)上传输的原始比特流，它定义了传输数据所需要的机械、电气、功能及规程的特性等，包括电压、电缆线、数据传输速率、接口的定义等。

数据链路层的主要任务是提供对物理层的控制，检测并纠正可能出现的错误，并且进行流量控制。数据链路层与物理地址、网络拓扑、线缆规划、错误校验和流量控制等有关。

网络层决定传输包的最佳路由，其关键问题是确定数据包从源端到目的端如何选择路由。网络层通过路由选择协议来计算路由。

传输层的基本功能是从会话层接收数据，并且在必要的时候把它分成较小的单元，传递给网络层，并确保到达对方的各段信息正确无误，传输层建立、维护虚电路、进行差错校验和流量控制。

会话层允许不同机器上的用户建立、管理和终止应用程序间的会话关系，在协调不同应用程序之间的通信时要涉及会话层，该层使每个应用程序知道其他应用程序的状态。同时，会话层也提供双工(Duplex)协商、会话同步等。

表示层关注于所传输的信息的语法和语义，它把来自应用层与计算机有关的数据格式处理成与计算机无关的格式，以保证对端设备能够准确无误地理解发送端数据。同时，表示层也负责数据加密等。

应用层是 OSI 参考模型最接近用户的一层，负责为应用程序提供网络服务。这里的网络服务包括文件传输、文件管理和电子邮件的消息处理等。

2.2.3 OSI 参考模型层次间的关系以及数据封装

在数据通信网络领域中，PDU(Protocol Data Unit，协议数据单元)泛指网络通信对等实体之间交换的信息单元，包括用户数据信息和协议控制信息等。

为了更准确地表示出当前讨论的是哪一层的数据，在 OSI 术语中，每一层传送的 PDU 均有其特定的称呼。应用层数据称为 APDU(Application Protocol Data Unit，应用层协议数据单元)，表示层数据称为 PPDU(Presentation Protocol Data Unit，表示层协议数据单元)，会话层数据称为 SPDU(Session Protocol Data Unit，会话层协议数据单元)，传输层数据称为段(Segment)，网络层数据称为数据包(Packet)，数据链路层数据称为帧(Frame)，物理层数据称为比特(bit)。

在 OSI 参考模型中，终端主机的每一层都与另一方的对等层次进行通信，但这种通信并非直接进行的，而是通过下一层为其提供的服务来间接与对端的对等层交换数据。下一层通过服务访问点(Service Access Point，SAP)为上一层提供服务。例如，一个终端设备的传输层和另一个终端设备的传输层利用数据段进行通信。传输层的段成为网络层数据包的一部分，网络层数据包又成为数据链路层帧的一部分，最后转换成比特流传送到对端物理层，又依次到达对端数据链路层、网络层、传输层，实现了对等层之间的通信。

为了保证对等层之间能够准确无误地传递数据，对等层间应运行相同的网络协议。例如，应用层的 E-mail 程序不会与对端应用层 Telnet 程序通信，但可以与对端 E-mail 应用程序通信。

图 2-2 示意了两个设备之间是如何建立通信的。从图 2-2 可以看出，两个设备建立对等层的通信连接，即在各个对等层间建立逻辑信道，对等层使用功能相同的协议实现对话。如 HostA 的第 2 层不能和 HostB 的第 3 层直接通信。同时，同一层之间的不同协议也不能

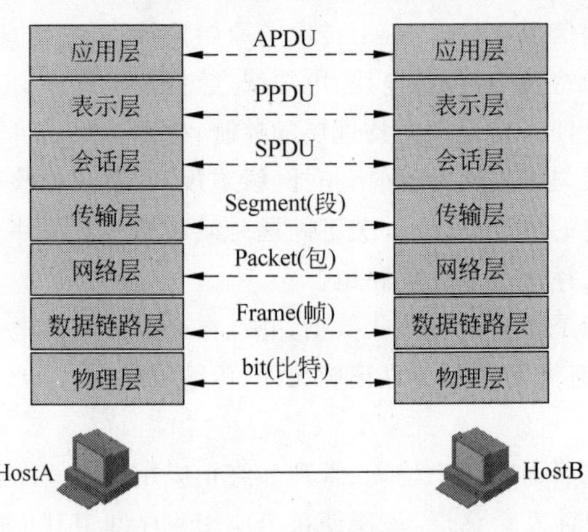

图 2-2 对等通信

通信，例如 HostA 的 E-mail 应用程序就不能和 HostB 的 Telnet 应用程序通信。

封装(Encapsulation)是指网络节点将要传送的数据用特定的协议打包后传送。多数协议是通过在原有数据之前加上封装头(Header)来实现封装的，一些协议还要在数据之后加上封装尾(Trailer)，而原有数据此时便成为载荷(Payload)。在发送方，OSI 七层模型的每一层都对上层数据进行封装，以保证数据能够正确无误地到达目的地；而在接收方，每层又对本层的封装数据进行解封装，并传送给上层，以便数据被上层所理解。

图 2-3 显示了 OSI 模型中数据的封装和解封装过程。首先，源主机的应用程序生成能够被对端应用程序识别的应用层数据；然后，数据在表示层加上表示层头，协商数据格式，是否加密，转化成对端能够理解的数据格式；数据在会话层又加上会话层头；以此类推，传输层加上传输层头形成段(Segment)，网络层加上网络层头形成包(Packet)，数据链路层加上数据链路层头形成帧(Frame)；在物理层数据转换为比特流，传送到网络上。比特流到达目的主机后，也会被逐层解封装。首先由比特流获得帧，然后剥去数据链路层帧头获得包，再剥去网络层包头获得段，以此类推，最终获得应用层数据提交给应用程序。

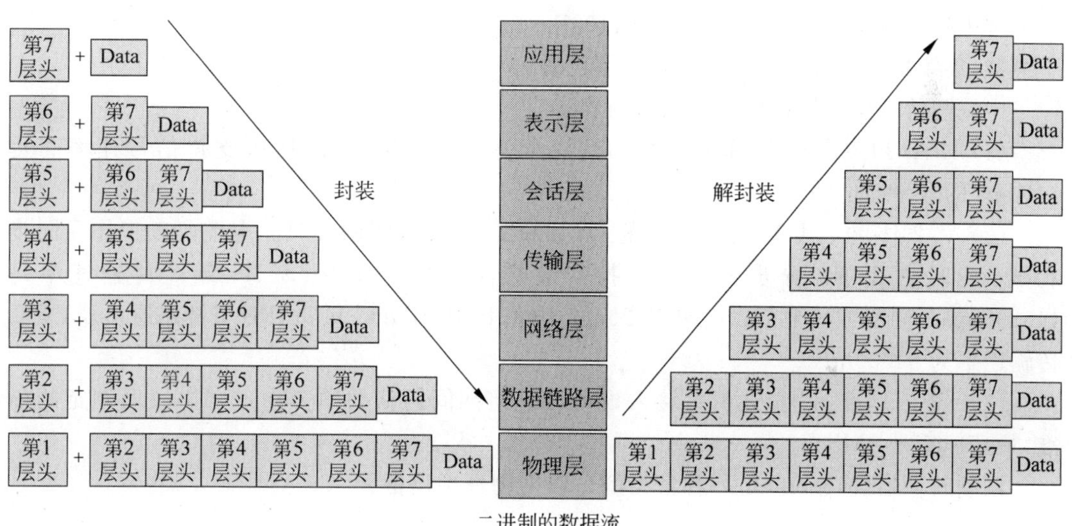

图 2-3 数据封装与解封装

2.2.4 物理层

物理层(Physical Layer)是 OSI 参考模型的最低层或称为第 1 层，其功能是在终端设备间传输比特流。

物理层并不是指物理设备或物理媒介，而是有关物理设备通过物理媒体进行互连的描述和规定。物理层协议定义了通信传输介质的物理特性。

(1) 机械特性：说明了接口所用接线器的形状和尺寸、引线数目和排列等，例如各种规格的电源插头的尺寸都有严格的规定。

(2) 电气特性：说明在接口电缆的每根线上出现的电压、电流范围。

(3) 功能特性：说明某根线上出现的某一电平的电压表示何种意义。

(4) 规程特性：说明对不同功能的各种可能事件的出现顺序。

物理层以比特流的方式传送来自数据链路层的数据,而不理会数据的含义或格式。同样,它接收数据后直接传给数据链路层。也就是说,物理层只能看到0和1,它不能理解所处理的比特流的具体意义。

常见的物理层传输介质主要有同轴电缆(Coaxial Cable)、双绞线(Twisted Pair)、光纤(Fiber)、串行电缆(Serial Cable)和电磁波等。

双绞线是一种在局域网上最为常用的电缆线。每一对双绞线由一对直径约1mm的绝缘铜线缠绕而成,这样可以有效抗干扰。双绞线分为屏蔽双绞线(Shielded Twisted Pair, STP)和非屏蔽双绞线(Unshielded Twisted Pair,UTP)。屏蔽双绞线具有很强的抗电磁干扰和无线电干扰能力,但是价格相对昂贵;非屏蔽双绞线易于安装,价格便宜,但是抗干扰能力相对较弱,传输距离较短。

光纤是另外一种网络传输介质,不受电磁信号的干扰。光纤由玻璃纤维和屏蔽层组成,传输速率高,传输距离远。但是光纤比其他介质更昂贵。

Xerox公司制定的以太网和IEEE 802.3标准定义了以太网物理层常用的线缆标准。其中常用的接口线缆标准有10Base-T、100Base-TX/FX、1000Base-T、1000Base-SX/LX等。中继器、集线器都是典型的局域网物理层设备。

广域网物理层常用接口包括以下内容。

(1) EIA/TIA-232:又称RS-232,是一个公共物理层标准,用来支持信号速率高达64Kbps的非平衡电路。

(2) V.24标准:由ITU-T定义的DTE和DCE设备间的接口。电缆可以工作在同步和异步两种方式下。异步方式下支持封装链路层协议PPP、SLIP,最高传输速率是115200bps。同步方式下可以封装X.25、帧中继、PPP、HDLC和LAPB等链路层协议,最高传输速率为64000bps。

(3) V.35标准:为描述网络接入设备和分组网间通信的同步物理层协议而制定的标准,最高速率是2Mbps。

调制解调器(Modem)是一种常见的广域网物理层设备。

2.2.5 数据链路层

数据链路层的目的是负责在某一特定的介质或链路上传递数据。因此数据链路层协议与链路介质有较强的相关性,不同的传输介质需要不同的数据链路层协议给予支持。

数据链路层的主要功能包括以下内容。

(1) 帧同步:即编帧和识别帧。物理层只发送和接收比特流,而并不关心这些比特的次序、结构和含义;而在数据链路层,数据以帧(Frame)为单位传送。因此发送方需要链路层将比特编成帧,接收方需要链路层能从接收到的比特流中明确地区分出数据帧起始与终止的地方。帧同步的方法包括字节计数法、使用字符或比特填充的首尾定界符法以及违法编码法等。

(2) 数据链路的建立、维持和释放:当网络中的设备要进行通信时,通信双方有时必须先建立一条数据链路,在建立链路时需要保证安全性,在传输过程中要维持数据链路,而在通信结束后要释放数据链路。

(3) 传输资源控制:在一些共享介质上,多个终端设备可能同时需要发送数据,此时必须由数据链路层协议对资源的分配加以裁决。

(4) 流量控制：为了确保正常地收发数据，防止发送数据过快，导致接收方的缓存空间溢出，网络出现拥塞，就必须及时控制发送方发送数据的速率。数据链路层控制的是相邻两节点之间数据链路上的流量。

(5) 差错控制：由于比特流传输时可能产生差错，而物理层无法辨别错误，所以数据链路层协议需要以帧为单位实施差错检测。最常用的差错检测方法是 FCS(Frame Check Sequence，帧校验序列)。发送方在发送一个帧时，根据其内容，通过诸如 CRC(Cyclic Redundancy Check，循环冗余校验)这样的算法计算出校验和(Checksum)，并将其加入此帧的 FCS 字段中发送给接收方。接收方通过对校验和进行检查，检测收到的帧在传输过程中是否发生差错。一旦发现差错，就丢弃此帧。

(6) 寻址：数据链路层协议应该能够标识介质上的所有节点，并且能寻找到目的节点，以便将数据发送到正确的节点。

(7) 标识上层数据：数据链路层采用透明传输的方法传送网络层包(Packet)，它对网络层呈现为一条无错的线路。为了在同一链路上支持多种网络层协议，发送方必须在帧的控制信息中标识载荷(包)所属的网络层协议，这样接收方才能将载荷提交给正确的上层协议来处理。

为了在对网络层协议提供统一的接口的同时对下层的各种介质进行管理控制，局域网的数据链路层又被划分为 LLC(Logic Link Control，逻辑链路控制)和 MAC(Media Access Control，介质访问控制)两个子层。

IEEE 的数据链路层标准是当今最为流行的 LAN 标准。这些标准统称为 IEEE 802 标准。

(1) 802.1 小组描述了基本的局域网需要解决的问题，例如 802.1d 描述了生成树协议。

(2) 802.2 小组负责 LLC 子层标准的制定。

(3) 802.3 小组负责 MAC 子层标准的制定，典型技术如 CSMA/CD(Carrier Sense Multiple Access with Collision Detection)。

(4) 802.4 小组负责令牌总线标准的制定。

(5) 802.5 小组负责令牌环网标准的制定，IBM 的令牌环小组和 IEEE 802.5 小组建立的标准是基本相同的。

(6) 802.11 小组负责无线局域网标准的制定。

目前，我国应用最为广泛的 LAN 标准是基于 IEEE 802.3 的以太网标准。以太网交换机就是一种典型的数据链路层设备。

广域网常见的数据链路层标准有 HDLC(High-level Data Link Control，高级数据链路控制)、PPP(Point-to-Point Protocol，点到点协议)、X.25、帧中继(Frame Relay)协议等。

HDLC 是 ISO 开发的一种面向位同步的数据链路层协议，它规定了使用帧字符和校验和的同步串行链路的数据封装方法。

PPP 由 RFC(Request for Comment)1661 描述。PPP 协议由 LCP(Link Control Protocol)、NCP(Network Control Protocol)以及 PPP 扩展协议族组成。LCP 规定了链路的建立、维护以及拆除。PPP 协议支持同步和异步连接，支持多种网络层协议。

帧中继是一种交换式的数据链路协议。相对于 X.25 来说，帧中继通过使用无差错校验机制,加快了数据转发速度,因此比 X.25 更有效。

2.2.6 网络层

在网络层,数据的传送单位是包(Packet,也称为分组或报文)。网络层的任务就是要选择合适的路径并转发数据包,使数据包能够正确无误地从发送方传递到接收方。

网络层的主要功能包括以下内容。

(1) 编址:网络层为每个节点分配标识,这就是网络层的地址(Address)。地址的分配也为从源到目的的路径选择提供了基础。

(2) 路由选择:网络层的一个关键作用是要确定从源到目的的数据传递应该如何选择路由,网络层设备在计算路由之后,按照路由信息对数据包进行转发。执行网络层路由选择的设备称为路由器(Router)。

(3) 拥塞控制:如果网络同时传送过多的数据包,可能会产生拥塞,导致数据丢失或延迟,网络层也负责对网络上的拥塞进行控制。

(4) 异种网络互联:通信链路和介质类型是多种多样的,每一种链路都有其特殊的通信规定,网络层必须能够工作在多种多样的链路和介质类型上,以便能够跨越多个网段提供通信服务。

网络层处于传输层和数据链路层之间,它负责向传输层提供服务,同时负责将网络地址翻译成对应的物理地址。网络层协议还能协调发送、传输及接收设备的处理能力的不平衡性,如网络层可以对数据进行分段和重组,以使得数据包的长度能够满足该链路的数据链路层协议所支持的最大数据帧长度。

注意:由于早期对英文名词的中文翻译缺乏标准,在通信领域中,Packet 一词被习惯性地翻译成"包""分组""报文"等多种形式。本书将根据特定场合不加区分地使用这些中文名称。

1. 网络层地址

网络层地址如图 2-4 所示。

	网络地址	主机地址
IP地址	10.	8.2.48

	网络地址	主机地址
IPX地址	1aceb0b1.	0000.0c00.6e25

图 2-4 网络层地址

网络层地址存在于 OSI 参考模型的第 3 层,是对通信节点的标识,也是数据在网络中进行转发的依据。不同的网络层协议具有不同的地址格式。IP 地址由 4 字节组成,通常用点分十进制数字表示;IPX 地址由 10 字节组成,其中前 4 字节代表网络地址,后 6 字节代表主机地址,通常用十六进制数字表示。

网络层地址通常具有层次化结构,以便将一个巨大的网络区分成若干小块,以便寻址和管理。一种常见的方法是将网络层地址分为"网络地址"和"主机地址",这样在转发数据包时就可以先将其发送到网络地址所标识的网络,再由所在网络上的网关将其发给主机地址所标识的目的主机。

网络层地址通常是由管理员从逻辑上分配的,因此也称为逻辑地址。为了唯一地标识通信节点,任何一个网络层地址在网络中应该是唯一的。

2. 路由协议与可路由协议

路由协议与可路由协议如图 2-5 所示。

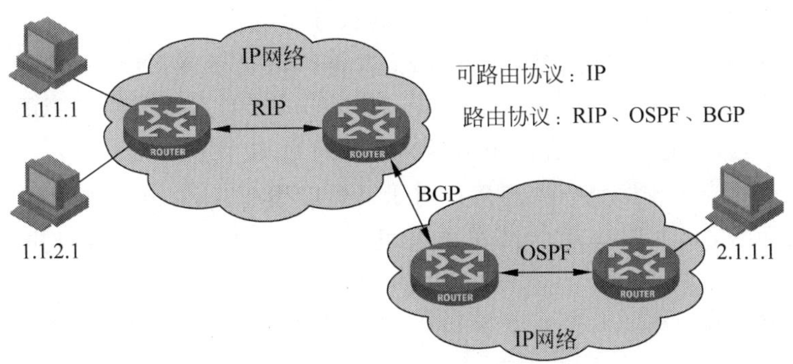

图 2-5 路由协议与可路由协议

可路由协议(Routed Protocol)是定义数据包内各个字段的格式和用途的网络层封装协议,该网络层协议允许将数据包从一个网络设备转发到另外一个网络设备。常见的可路由协议有 TCP/IP 协议族中的 IP 协议、Novell IPX/SPX 协议族中的 IPX 协议。

路由协议(Routing Protocol)运行于路由器上,在路由器之间传递信息,计算用于转发的路由并形成路由表(Routing Table),以便为可路由协议提供路由选择服务。路由协议使路由信息能够在相邻路由器之间传递,确保所有路由器了解到达各个目的的路径。

对于一种可路由协议可以设计出多种路由协议为其服务。例如对于 IP 协议而言,其常见的路由协议有 RIP(Routing Information Protocol,路由信息协议)、OSPF(Open Shortest Path First,开放式最短路径优先)、IS-IS(Intermediate System to Intermediate System)等。

3. 面向连接和无连接服务

在计算机通信中,面向连接的服务(Connect-oriented Service)和无连接服务(Connectionless Service)是一对重要的概念。

使用面向连接的服务进行通信时,两个实体在通信前首先要建立连接,而在通信完成后释放连接。当被叫用户拒绝连接时,连接宣告失败。

在建立连接阶段,有关的服务原语以及协议数据单元中,必须给出源主机和目的主机的地址,建立虚链路连接;在数据传输阶段,可以使用一个连接标识符来表示上述这种连接关系。

通常面向连接的服务提供可靠的报文序列服务。接收方确认收到的每一份报文,使发送方确信它发送的报文已经到达目的地。确认过程增加了额外的开销和延迟,但如果报文丢失,发送方可以重新发送。在建立连接之后,每个用户可以发送可变长度(在某一限度之内)的报文,这些报文按顺序发送给远端的实体。在正常情况下,当两个报文发往同一目的地时,先发的先收到,但是先发的报文在途中有可能被延误,造成后发的报文反而先收到。接收方利用序列号判断接收的报文是否乱序,并对其按正确的顺序进行排列。面向连接的服务比较适用于在一定时间内向同一个目的地发送很多报文的情况,对于短报文数据的发送而言,面向连接的服务显得开销过大。

在无连接服务中,两个实体之间的通信不需要先建立好一个连接,因此其下层的有关资源不需要事先进行预定保留,这些资源是在数据传输时动态地进行分配的。无连接服务是以邮政系统为模型的，每个报文(信件)带有完整的目的地址，并且每一个报文都独立于其他报文，经由系统选定的路线传递。无连接服务提供尽力而为(Best-Effort)服务，即网络以当前拥有的资源尽力转发报文，但并不保证确切的服务质量。

无连接服务的特征是它不需要通信的两个实体同时处于激活状态，而只需要正在工作的实体处于激活状态。它的优点是灵活方便且比较迅速，但无连接服务不能防止报文的丢失、重复或失序。因此它比较适合传送少量的零星的报文。

并不是所有的应用程序都需要连接。对于某些应用而言，百分之百的可靠性没有必要；对另一些应用而言，其上层应用已经实现了可靠应答机制，所以其本身也不必再确保可靠性。

OSI参考模型的网络层协议通常提供无连接的服务，不保证数据包的有序可靠传输。数据可靠传输功能通常在传输层实现。

4. 网络层协议操作

图2-6演示了数据从主机到服务器的发送过程。

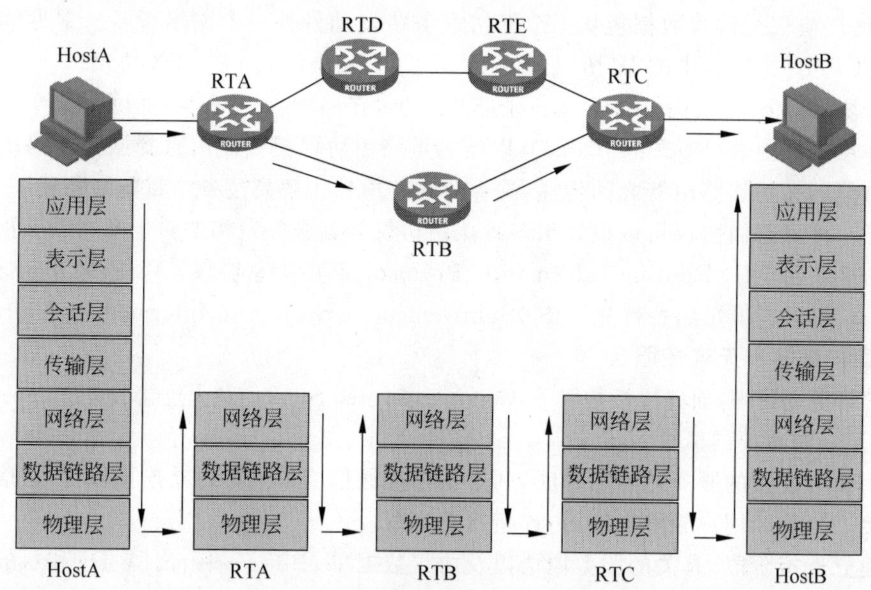

图2-6 网络层协议操作

当主机HostA上的应用程序需要发送数据到位于另一个网络的HostB时，首先将应用层信息转化为能够在网络中传播的数据；随后，在表示层给数据加上表示层报头，协商数据格式，是否加密，转化成对端能够理解的数据格式；然后，数据在会话层又加上会话层报头；以此类推，传输层加上传输层报头成为段(Segment)，网络层将段封装成包(Packet)，数据链路层加上数据链路层头封装为帧(Frame)，最终在物理层转换为比特流。HostA将比特流发送给网络中距自己最近的网关(Gateway)——路由器RTA。

RTA接收到比特流后，辨认出数据帧并检查该帧，确定被携带的网络层数据类型，然后去掉链路层帧头，得到网络层包。网络层路由转发进程检查包头以决定目的地址所在网段，然后通过查找路由转发信息获取相应输出接口及下一跳的路由器RTB。输出接口的链路层为该包加上链路层帧头，封装成数据帧并发送到RTB。

在随后的转发过程中，包在每一跳路由器都经历这一过程，直至包到达路由器 RTC。RTC 在查找路由转发信息时发现目的主机 HostB 与自己处于同一链路上，随即将包封装成目的网络的链路层数据帧，发送给相应的目的主机。目的主机 HostB 接收到该包后，由下而上经过各层的处理，最终送达相应的应用程序。

2.2.7 传输层

传输层(Transport Layer)的功能是为会话层提供无差错的传送链路，保证两台设备间传递信息的正确无误。传输层传送的数据单位是段(Segment)。

传输层从会话层接收数据，并传递给网络层，如果会话层数据过大，传输层将其切割成较小的数据单元——段进行传送。

传输层负责创建端到端的通信连接。通过这一层，通信双方主机上的应用程序之间通过对方的地址信息直接进行对话，而不用考虑其间的网络上有多少个中间节点。

传输层既可以为每个会话层请求建立一个单独的连接，也可以根据连接的使用情况为多个会话层请求建立一个单独的连接，这称为多路复用(Multiplexing)。但不论如何，这种传输层服务对会话层都是透明的。

传输层的一个重要工作是差错校验和重传。包在网络传输中可能出现错误，也可能出现乱序、丢失等情况，传输层必须能检测并更正这些错误。一个数据流中的包在网络中传递时如果通过不同的路径到达目的，就可能造成到达顺序的改变。接收方的传输层应该可以识别出包的顺序，并且在将这些包的内容传递给会话层之前将它们恢复成发送时的顺序。接收方传输层不仅要对数据包重新排序，还需验证所有的包是否都已被收到。如果出现错误和丢失，接收方必须请求对方重新传送丢失的包。

为了避免发送速度超出网络或接收方的处理能力，传输层还负责执行流量控制(Flow Control)，在资源不足时降低流量，而在资源充足时提高流量。

2.2.8 会话层、表示层和应用层

会话层(Session Layer)是利用传输层提供的端到端服务，向表示层或会话用户提供会话服务。就像它的名字一样，会话层建立会话关系，并保持会话过程的畅通，决定通信是否被中断以及下次通信从何处重新开始发送。例如，某个用户登录到一个远程系统，并与之交换信息。会话层管理这一进程，控制哪一方有权发送信息，哪一方必须接收信息，这其实是一种同步机制。

会话层也处理差错恢复。例如，若一个用户正在网络上发送一个大文件的内容，而网络忽然发生故障，当网络恢复工作时，用户是否必须从该文件的起始处开始重传呢？回答是否定的，因为会话层允许用户在一个长的信息流中插入检查点，只需将最后一个检查点以后丢弃的数据重传。

如果传输在低层偶尔中断，会话层将努力重新建立通信。例如当用户通过拨号向 ISP(因特网服务提供商)请求连接到因特网时，ISP 服务器上的会话层向用户的 PC 客户机上的会话层进行协商连接。若用户的电话线偶然从墙上插孔脱落，终端机上的会话层将检测到连接中断并重新发起连接。

表示层(Presentation Layer)负责将应用层的信息“表示”成一种格式，让对端设备能够

正确识别,它主要关注传输信息的语义和语法。在表示层,数据将按照某种统一的方法对数据进行编码,以便使用相同表示层协议的计算机能互相识别数据。例如,一幅图像可以表示为JPEG格式,也可以表示为BMP格式,如果对方程序不识别本方的表示方法,就无法正确显示这幅图片。

表示层还负责数据的加密和压缩。加密(Encryption)是对数据编码进行一定的转换,让未授权的用户不能截取或阅读的过程。如有人未授权时就截取了数据,看到的将是加过密的数据。压缩(Compression)是指在保持数据原意的基础上减少信息的比特数。如果传输很昂贵的话,压缩将显著地降低费用,并提高单位时间发送的信息量。

应用层(Application Layer)是OSI的最高层,它直接与用户和应用程序打交道,负责对软件提供接口以使程序能使用网络服务。这里的网络服务包括文件传输、文件管理、电子邮件的消息处理等。必须强调的是应用层并不等同于一个应用程序。例如,在网络上发送电子邮件,你的请求就是通过应用层传输到网络的。

2.3 TCP/IP模型

OSI参考模型的诞生为清晰地理解互联网络、开发网络产品和网络设计等带来了极大的方便。但是OSI过于复杂,难以完全实现。OSI各层功能具有一定的重复性,效率较低。再加上OSI参考模型提出时,TCP/IP协议已逐渐占据主导地位,因此OSI参考模型并没有流行开来,也从来没有存在一种完全遵守OSI参考模型的协议族。

TCP/IP模型起源于20世纪60年代末美国政府资助的一个分组交换网络研究项目,到20世纪90年代已发展成为计算机之间最常用的网络协议。它是一个真正的开放系统,因为协议族的定义及其多种实现可以免费或花很少的钱获得。它已成为"全球互联网"或"因特网"(Internet)的基础协议族。

2.3.1 TCP/IP模型的层次结构

TCP/IP模型的层次结构如图2-7所示。

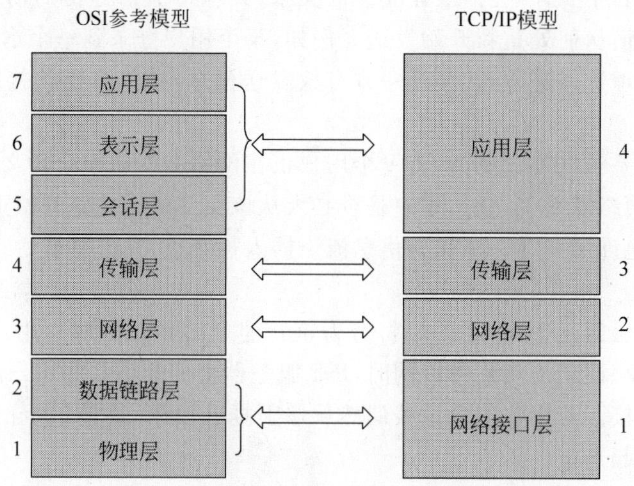

图2-7 TCP/IP模型的层次结构

与 OSI 参考模型一样，TCP/IP(Transfer Control Protocol/Internet Protocol，传输控制协议/网际协议)模型也采用层次化结构，每一层负责不同的通信功能。但是 TCP/IP 模型简化了层次设计，只分为四层——应用层、传输层、网络层和网络接口层。

2.3.2 网络接口层

TCP/IP 本身对网络层之下并没有严格的描述。但是 TCP/IP 主机必须使用某种下层协议连接到网络，以便进行通信。而且，TCP/IP 必须能运行在多种下层协议上，以便实现端到端、与链路无关的网络通信。TCP/IP 的网络接口层正是负责处理与传输介质相关的细节，为上层提供一致的网络接口。因此，TCP/IP 模型的网络接口层大体对应于 OSI 模型的数据链路层和物理层，通常包括计算机和网络设备的接口驱动程序和网络接口卡等。

TCP/IP 可以基于大部分局域网或广域网技术运行，这些协议便可以划分到网络接口层中。

典型的网络接口层技术包括常见的以太网、FDDI(Fiber Distributed Data Interface，光纤分布式数据接口)和令牌环(Token Ring)等局域网技术，用于串行连接的 SLIP(Serial Line IP，串行线路 IP)、HDLC 和 PPP 等技术，以及常见的 X. 25、帧中继(Frame Relay)和 ATM(Asynchronous Transfer Mode，异步传输模式)等分组交换技术。

2.3.3 网络层

网络层是 TCP/IP 模型的关键部分。它的主要功能是使主机能够将信息发往任何网络并传送到正确的目标。

基于这些要求，网络层定义了包格式及其协议——IP(Internet Protocol，互联网协议)。网络层使用 IP 地址(IP Address)标识网络节点；使用路由协议(Routing Protocol)生成路由信息，并且根据这些路由信息实现包的转发，使包能够准确地传送到目的地；使用 ICMP、IGMP 这样的协议协助管理网络。TCP/IP 网络层在功能上与 OSI 网络层极为相似。

ICMP(Internet Control Message Protocol，互联网控制消息协议)通常也被当作一个网络层协议。ICMP 通过一套预定义的消息在互联网上传递 IP 协议的相关信息，从而对 IP 网络提供管理控制功能。ICMP 的一个典型应用是探测 IP 网络的可达性。

2.3.4 传输层

TCP/IP 模型的传输层位于应用层和网络层之间，主要负责为两台主机上的应用程序提供端到端的连接，使源、目的端主机上的对等实体可以进行会话。TCP/IP 的传输层协议主要包括 TCP(Transmission Control Protocol，传输控制协议)和 UDP(User Datagram Protocol，用户数据报协议)。

TCP/IP 模型传输层协议的主要作用包括以下内容。

(1) 提供面向连接或无连接的服务：传输层协议定义了通信两端点之间是否需要建立可靠的连接关系。TCP 是面向连接的，而 UDP 是无连接的。

(2) 维护连接状态：TCP 在通信前建立连接关系，传输层协议必须在其数据库中记录这种连接关系,并且通过某种机制维护连接关系,及时发现连接故障等。

(3) 对应用层数据进行分段和封装：应用层数据往往是大块的或持续的数据流,而网络只能发送长度有限的数据包,传输层协议必须在传输应用层数据之前将其划分成适当尺寸的段(Segment),再交给 IP 协议发送。

(4) 实现多路复用(Multiplexing)：一个 IP 地址可以标识一个主机,一对"源—目的"IP 地址可以标识一对主机的通信关系,而一个主机上却可能同时有多个程序访问网络,因此 TCP/UDP 采用端口号(Port Number)来标识这些上层的应用程序,从而使这些程序可以复用网络通道。

(5) 可靠地传输数据：数据在跨网络传输过程中可能出现错误、丢失、乱序等种种问题,传输层协议必须能够检测并更正这些问题。TCP 通过序列号和校验等机制检查数据传输中发生的错误,并可以重新传递出错的数据。而 UDP 提供非可靠性数据传输,数据传输的可靠性由应用层保证。

(6) 执行流量控制(Flow Control)：当发送方的发送速率超过接收方的接收速率时,或者当资源不足以支持数据的处理时,传输层负责将流量控制在合理的水平；反之,当资源允许时,传输层可以放开流量,使其增加到适当的水平。通过流量控制防止网络拥塞造成数据包的丢失。TCP 通过滑动窗口机制对端到端流量进行控制。

2.3.5 应用层

TCP/IP 模型没有单独的会话层和表示层,其功能融合在 TCP/IP 模型应用层中。应用层直接与用户和应用程序打交道,负责对软件提供接口以使程序能使用网络服务。这里的网络服务包括文件传输、文件管理、电子邮件的消息处理等。典型的应用层协议包括 Telnet、FTP、TFTP、SMTP、SNMP、HTTP 等。

Telnet(TELecommunications NETwork)的名字具有双重含义,既指这种应用也指协议自身。Telnet 给用户提供了一种通过联网的终端登录远程服务器的方式。

FTP(File Transfer Protocol,文件传输协议)是用于文件传输的 Internet 标准。FTP 支持文本文件(例如 ASCII、二进制等)和面向字节流的文件结构。FTP 使用传输层协议 TCP 在支持 FTP 的终端系统间执行文件传输,因此,FTP 被认为提供了可靠的面向连接的文件传输能力,适合于远距离、可靠性较差的线路上的文件传输。

TFTP(Trivial File Transfer Protocol,简单文件传输协议)也用于文件传输,但 TFTP 使用 UDP 提供服务,被认为是不可靠的、无连接的。TFTP 通常用于可靠的局域网内部的文件传输。

SMTP(Simple Mail Transfer Protocol,简单邮件传输协议)支持文本邮件的 Internet 传输。所有的操作系统具有使用 SMTP 收发电子邮件的客户端程序,绝大多数 Internet 服务提供者使用 SMTP 作为其输出邮件服务的协议。SMTP 被设计成在各种网络环境下进行电子邮件信息的传输,实际上,SMTP 真正关心的不是邮件如何被传送,而只关心邮件顺利到达目的地。SMTP 具有健壮的邮件处理特性,这种特性允许邮件依据一定标准自动路由。SMTP 具有当邮件地址不存在时立即通知用户的能力,并且具有把在一定时间内不可传输的邮件返回发送方的特点。

SNMP(Simple Network Management Protocol,简单网络管理协议)负责网络设备监控

和维护，支持安全管理、性能管理等。

HTTP(HyperText Transfer Protocol，超文本传输协议)是 WWW(World Wide Web，万维网)的基础，Internet 上的网页主要通过 HTTP 进行传输。

2.4　本章总结

(1) OSI 参考模型和 TCP/IP 模型的出现，为清晰地理解互联网络、开发网络产品和网络设计等带来了极大的方便，推动了计算机网络的飞速发展。

(2) OSI 参考模型分为七层结构；而 TCP/IP 模型分为四层结构。

2.5　习题和解答

2.5.1　习题

1. OSI 参考模型按顺序有(　　)。
   A. 应用层、传输层、网络层、物理层
   B. 应用层、表示层、会话层、网络层、传输层、数据链路层、物理层
   C. 应用层、表示层、会话层、传输层、网络层、数据链路层、物理层
   D. 应用层、会话层、传输层、物理层
2. 在 OSI 七层模型中，网络层的功能有(　　)。
   A. 确保数据的传送正确无误　　B. 确定数据包如何转发与路由
   C. 在信道上传送比特流　　D. 纠错与流控
3. 在 OSI 七层模型中，(　　)实现对数据的加密。
   A. 传输层　　B. 表示层　　C. 应用层　　D. 网络层
4. 网络层传输的数据称为(　　)。
   A. 比特　　B. 包　　C. 段　　D. 帧
5. TCP/IP 协议栈中传输层的协议有(　　)。
   A. TCP　　B. ICMP　　C. UDP　　D. IP
6. 数据从上到下封装的格式为(　　)。
   A. 比特　包　帧　段　数据　　B. 数据　段　包　帧　比特
   C. 比特　帧　包　段　数据　　D. 数据　包　段　帧　比特

2.5.2　习题答案

1. C　　2. B　　3. B　　4. B　　5. AC　　6. B

第3章

网络设备及其操作系统介绍

构建各种规模的企业网络的主要设备是路由器(Router)和交换机(Switch)。传统意义上,路由器是利用第三层IP地址信息进行报文转发的互联设备,交换机是利用第二层MAC地址信息进行数据帧交换的互联设备。本章将对路由器和交换机的上述区别和其他特点进行描述分析。(在本书中,如无特殊说明,"路由器"均指IP路由器,"交换机"均指以太网交换机。)

H3C公司提供全系列路由器、交换机及其他网络设备。本章在描述路由器和交换机的一般通用概念后,将向学员简单介绍H3C的路由器和交换机产品系列。

控制路由器和交换机工作的核心软件是网络设备的操作系统。H3C网络设备使用的操作系统软件是H3C Comware。本章将说明H3C Comware的概念、作用与特点。

3.1 本章目标

学习完本章,应该能够达到以下目标。

(1) 了解路由器、交换机的主要作用和特点。

(2) 了解路由器、交换机的组成。

(3) 掌握H3C网络设备操作系统Comware的作用和特点。

3.2 路由器与交换机的作用与特点

3.2.1 路由器的作用与特点

作为网络互联的一种关键设备,路由器是伴随着Internet和网络行业发展起来的。正如其名字的寓意一样,这种设备最重要的功能是在网络中对IP报文寻找一条合适的路径进行"路由",也就是向合适的方向转发。它的实质是完成了TCP/IP协议族中IP层提供的无连接、尽力而为的数据报传送服务。

如图3-1所示,PCA和PCB分别处于两个网段当中,因此,PCA和PCB的通信必须依靠路由器这类网络中转设备来进行。先来考察PCA向PCB发送报文时,沿途经过的路由器的作用。

首先,PCA会对IP报文的目的地址进行判断,对需要到达其他网段的报文,一律交给

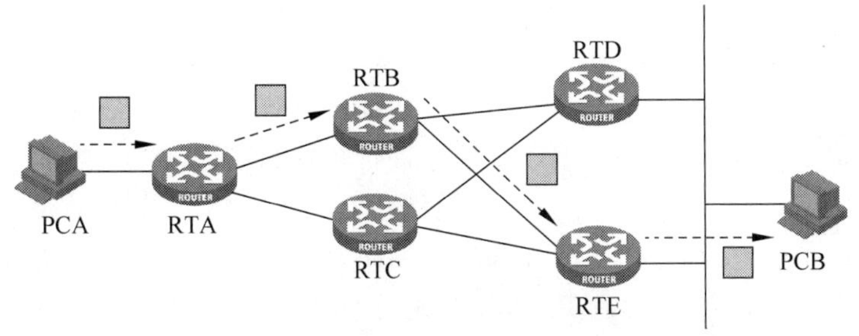

图 3-1 路由器的作用

其默认网关进行转发，在图 3-1 所示网络中，PCA 的默认网关设置为 RTA。RTA 为了完成转发任务，会检查 IP 报文的目的地址，找到与自身维护的路由转发信息相匹配的项目，从而知道应该将报文从哪个接口转发给哪个下一跳路由器。在图 3-1 所示网络中，假设 RTA 通过路由转发将报文发送给了 RTB。类似地，RTB 经过路由查找将报文发送给 RTE。因为 RTE 通过 IP 报文的目的地址判断 PCB 处于其直连网络上，所以将报文直接发送给 PCB。（以上是对路由器进行 IP 报文转发过程和原理的大致描述，在后续的章节中，还将进一步学习路由信息和转发过程的细节。）

在图 3-1 所示网络中，路由器之间的连接可以是同样的链路类型，也可以是完全不同的链路类型。比如，对于 RTD 来讲，它的一侧使用时分复用的串行链路，而另外一侧使用共享介质同时与 RTE 和 PCB 连接。因此，路由器的第二个重要作用就是用来连接"异质"的网络。

最后，路由器进行报文转发依赖自身所拥有的路由转发信息，这些信息可以手工配置，但更常见的情况是路由器之间自动地进行路由信息的交换，以适应网络动态变化和扩展的要求，因此，路由器的另一个重要作用是交互路由等控制信息并进行最优路径的计算。

了解了路由器的作用，对路由器的特点就比较容易理解了。

(1) 按照 ISO/OSI 参考模型，路由器主要工作在物理层、数据链路层和网络层。当然，为了实现一些管理功能，比如路由器本身也可以作为 FTP 的服务器端，因此路由器也要实现传输层和应用层的某些功能。但从作为网络互联设备的角度讲，提供物理层、数据链路层和网络层的功能是路由器的基本特点。

(2) 路由器的接口类型比较丰富，因此可以用来连接不同介质的"异质"网络。比照第一个特点，也可以看出，路由器因此要支持较为丰富的物理层和链路层的协议和标准。

(3) 在图 3-1 所示网络中看到，路由器要依靠路由转发信息对 IP 报文进行转发。这是 IP 层也是路由器的核心功能。

(4) 为了形成路由表和转发表，路由器要交互路由等协议控制信息。这种信息交互通过路由协议实现。因此路由器通常支持一种或多种路由协议。

3.2.2 交换机的作用与特点

从功能上看，交换机的主要作用是连接多个以太网物理段，隔离冲突域，利用桥接和交换提高局域网性能，扩展局域网范围。

如图 3-2 所示，PCA、PCB、PCC、PCD 和交换机 SWA 与 SWB 处于同一个局域网中，因此，SWA 和 SWB 的核心作用是利用桥接和交换将局域网进行扩展。

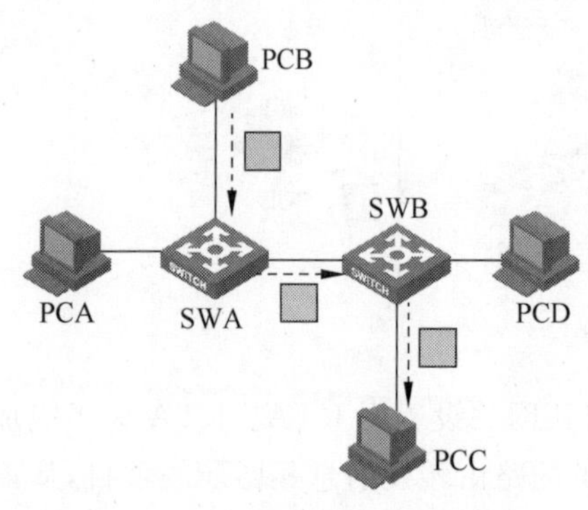

图 3-2 交换机的作用

从数据转发机制上看，交换机是利用 MAC 地址信息进行转发的。

假设 PCB 要和 PCC 进行通信，由于两者处于同一个网络，PCB 首先要根据 PCC 的 2 层地址（即 MAC 地址）信息，将信息封装成以太网帧，并通过自身的网络接口发出，于是 SWA 将收到此帧。与路由器不同，SWA 不是依靠第 3 层 IP 目的地址，而是第 2 层的 MAC 地址来决定如何转发报文。SWA 在 MAC 地址表中查找与报文目的 MAC 地址匹配的表项，从而知道应该将报文从与 SWB 相连的端口转发出去；如果没有匹配的项目，报文将广播到除收到报文的入端口外的所有其他端口。SWB 也会执行同样的操作，直到把报文交给 PCC。

不难发现，在整个发送过程中，PCB 并不需要了解 SWA 的存在，而 SWA 同样不需要了解 SWB 的存在，因此这种交换过程是透明的。

至此，从交换机的作用和转发报文过程看，可以将传统以太网交换机的特点归纳如下。

(1) 它主要工作在 OSI 模型的物理层、数据链路层，不依靠第 3 层地址和路由信息。

(2) 传统交换机提供以太局域网间的桥接和交换，而非连接不同种类的网络。

(3) 交换机上的数据交换依靠 MAC 地址映射表，这个表是交换机自行学习到的，而不需要相互交换目的地的位置信息。

3.2.3 路由器和交换机的发展趋势

路由器和交换机的发展趋势体现在两个融合上。

首先，路由器和交换机在功能上逐渐走向融合。路由主要体现在第 3 层（IP）互联的功能，而交换特指以太网数据链路层的交换。现在，越来越多的路由器开始提供 2 层以太网交换模块与功能；交换机也不仅仅提供 2 层交换的基本功能，而增加了路由等 3 层功能。如今，路由器和交换机依然是网络互联主要和关键的设备，交换和路由的融合扩展了这两种设备的应用范围，增加了设备使用的灵活性。

其次，网络设备逐渐融合多种业务功能。在网络应用的驱动下，安全、语音、无线等业务功能逐步被集成到路由器和交换机中。使得传统的路由交换设备不仅仅完成网络互联功能，还可以提供一定的增值业务功能。同时，这方面的特征还体现在设备厂商开放一定的接口，以促成厂商间在网络设备上实现一定程度的集成。

路由器和交换机有多种分类方法。可以根据设备的功能和性能分为高端、中端和低端路由器或交换机。也可以根据设备所在的网络位置，分为核心、汇聚、接入路由器或交换机。另外，其他的一些分类方法，如多业务路由器或交换机则从另一个角度展示了路由器和交换机的用途和发展趋势。

3.3 H3C 路由器和交换机介绍

作为行业内的领先厂商，H3C 基于 IP 天然的标准化和开放性，利用自身丰富而全面的产品系列，提供包括网络、安全、多媒体、存储在内的端到端的整体 IT 解决方案。本节将对 H3C 主要的路由器和交换机产品加以介绍。

3.3.1 H3C 系列路由器

H3C CR16K 是 H3C 自主研发的核心路由器，采用业界先进的 CLOS 交换架构，整机交换容量高达 54.42Tbps，采用 Comware V7 网络操作系统，提供丰富的业务特性和强大的自愈功能，主要应用在运营商 IP 骨干网、数据中心骨干互联节点以及各种行业大型 IP 网络的核心和汇聚位置。

对于大型企业网络的核心和骨干层，H3C 提供 SR8800 系列路由器，该系列路由器采用了分布式的高性能网络处理器（NP）硬件转发技术和 Crossbar 无阻塞交换技术，保障了高处理性能。作为核心路由器，SR8800 提供双路由交换主控板，可支持 12 个业务板插槽，可支持万兆（10GB）业务板。SR8800 同时融合了以太网交换机的特性，提供了常用 2 层功能，是典型的路由交换一体化设备，如图 3-3 所示。

SR6600 系列产品是 H3C 基于高端路由器平台自主研发的业务承载路由器。采用了全业务分布式处理架构，业务全部内置无须另外购置业务板卡，同时具备弹性可扩展业务处理能力，并采用自主研发的集路由转发与业务处理于一体的 Apollo 硬件芯片内核，实现高性能业务线速转发。SR6600 创新地以 IRF2 技术为基础，实现了广域网汇聚虚拟化，在降低运维、管理成本的同时，大幅提高网络可靠性。

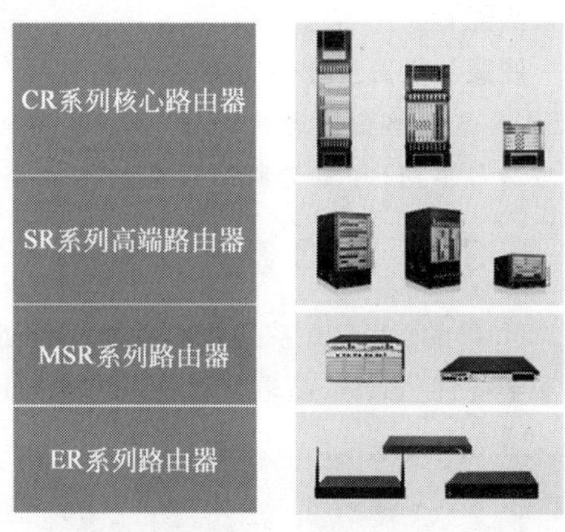

图 3-3 H3C 路由器系列

MSR（Multiple Services Router）多业务开放路由器是 H3C 专门面向行业分支机构和大中型企业而推出的新一代网络产品。包括 MSR56、MSR36 和 MSR26 等系列。MSR 路由器在硬件设计上充分地考虑了业务综合集成的需要，采用了 N-Bus 多总线设计方案，即语音、数据、交换、安全四大业务分别经由不同的总线，由专门的处理引擎并行完成处理，有利于消除总线和 CPU 的性能瓶颈。

MSR 路由器另外一个显著的特点是采用了 OAA（Open Application Architecture）开放应用体系架构，产品提供了一个公开软/硬件接口及标准规范的开放平台，任何厂商与合作伙伴均可以基于此平台开发更为深层智能的网络应用功能。

此外，H3C 还提供 ER 系列模块化路由器，作为大型网络的汇聚或接入路由器以及小型网络的核心设备。

图 3-4 所示为 H3C MSR36-40 路由器的直观图。MSR36-40 是一种模块化的路由器，前面板主要包括配置口（Console）和 CF 卡插槽以及多种类型的接口模块插槽。前面板还

配置了系统指示灯、接口指示灯、CF 卡指示灯，以辅助用户对系统运行状态进行监控和判断。

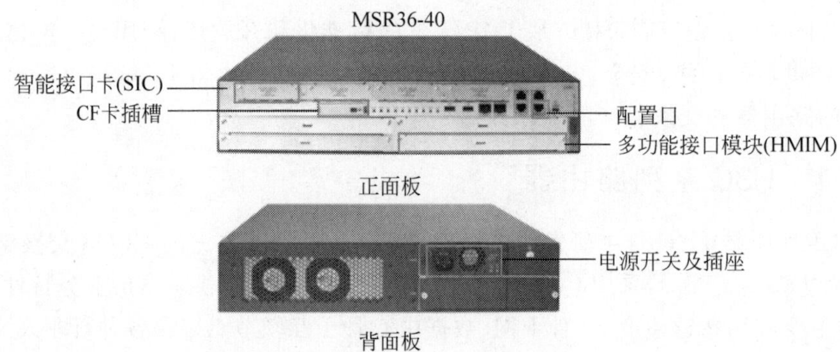

图 3-4 典型 H3C MSR36-40 路由器面板

MSR36-40 不仅支持多种可插拔的业务扩展模块，后面板上的电源模块也可以根据业务的需要进行灵活配置，并支持热插拔。

MSR36 系列路由器提供对通用模块 SIC(智能接口卡)和 HMIM(多功能接口模块)接口卡的支持，每个接口模块的大小、接口类型和数目也各不相同，用户可以根据实际情况进行灵活配置。

注意：不同型号路由器的体系结构、安装、操作和配置等均可能有所差别。本课程基于 MSR36 系列路由器进行讲解，并以其作为实验操作的练习设备。如果读者所采用的设备型号与本书不同，可参考所用设备的相关手册。

3.3.2 H3C 系列交换机

H3C 的 S12500 系列核心路由交换机，提供大容量、高性能的 L2/L3 转发服务，并集成了安全特性。H3C 高端交换机还包括 S10500、S9500E、S7500E 系列，如图 3-5 所示。

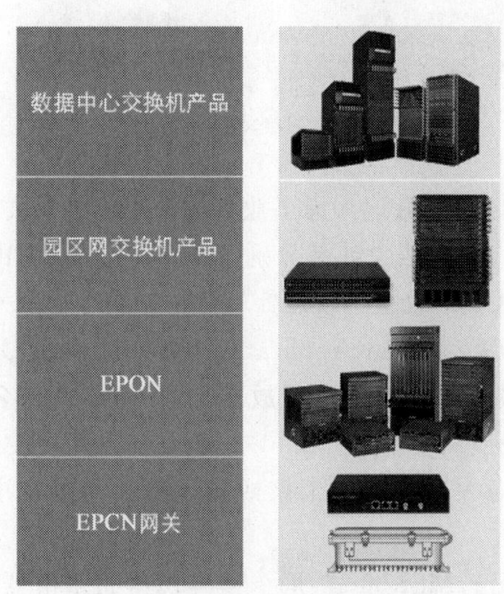

图 3-5 H3C 交换机系列

H3C 中低端交换机系列产品类型较多，包括 S5830、S5820、S5800V2、S5800、S5500-EI/SI、S5120-HI/EI/SI、S3600V2-EI/SI、S3100V2 系列等。

本课程选用的 S5820V2 交换机系列产品是 H3C 基于全新软硬件平台开发的支持 IPv4/IPv6 双栈的路由交换机设备。根据提供接口与类型的不同又可分为 S5820V2-52Q、S5820V2-52QF、S5820V2-54QS-GE 等。

图 3-6 所示为 H3C S5820V2 系列交换机面板。与路由器类似，交换机也提供 Console 口进行设备参数的配置。

对各型号交换机的进一步命名主要根据交换机提供的以太网端口数目、接口类型等。如

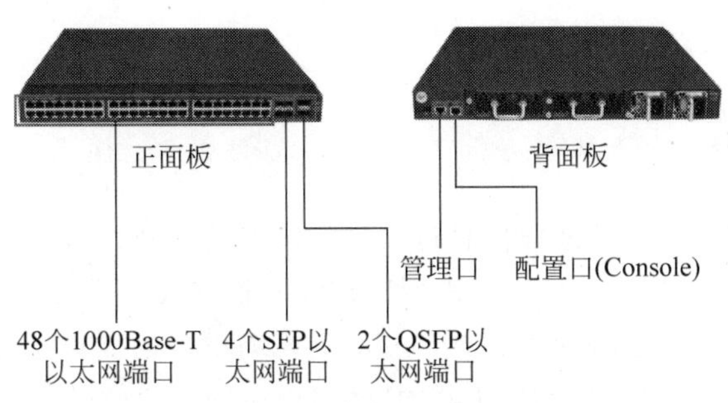

图 3-6　H3C S5820V2 系列交换机面板

S5820V2-54QS-GE 交换机提供了 48 个 10/100/1000Mbps 自适应以太端口、4 个 SPF 类型的 GE/10GE 以太端口，还提供了 2 个 QSFP 类型的 10GE/40GE 以太端口。

注意：不同型号交换机的体系结构、安装、操作和配置等均可能有所差别。本课程基于 S5820V2 交换机进行讲解，并以其作为实验操作的练习设备。如果读者所采用的设备型号与本书不同，可参考所用设备的相关手册。

3.4　H3C 网络设备操作系统 Comware

H3C 网络设备使用 Comware 操作系统，它经历了从多产品多平台向统一平台发展和变革的过程。Comware 是网络设备共用的核心软件平台。就像计算机的操作系统控制 PC 的作用一样，Comware 负责整个硬件和软件系统的正常运行，并为用户提供了管理设备的接口和界面。

类似于 OSI 和 TCP/IP 协议栈的分层思想，Comware 也是采用模块化的方法构建的。一方面，Comware 对硬件驱动和底层系统进行了封装，为上层各个模块提供了统一的编程接口。另一方面，Comware 集成了丰富的链路层、IP 转发、路由、安全等功能，可以适应复杂的网络环境和应用需求。

最后，Comware 也制定了内部软硬件接口标准和规范，对第三方厂商提供了开放平台与接口。

Comware 的特点可以归纳如下。

(1) 支持 IPv4 和 IPv6 双协议栈。IPv6 是下一代的 IP 标准及技术，可以解决 IPv4 地址缺乏等相关重要问题。

(2) 支持多核 CPU，增强网络设备的处理能力。

(3) 同时提供路由和交换功能。作为网络设备的操作系统平台，可以同时被路由器和交换机所共用。

(4) Comware 注重了系统的高可靠性和弹性扩展功能，提供了 IRF(Intelligent Resilient Framework，智能弹性架构)特性。

(5) Comware 采取组件化设计并提供开放接口，便于软件的灵活裁减和定制，因此具有良好的伸缩性和可移植性。

注意：不同版本的 Comware 软件的操作和命令等均可能有所差别。本课程基于

Comware V7 版本进行讲解。如果读者所采用的版本与本书不同，可参考所用版本的相关手册。

3.5 本章总结

(1) 路由器是利用三层 IP 地址信息进行报文转发的互联设备。

(2) 交换机是利用二层 MAC 信息进行数据帧交换的互联设备。

(3) 路由器、交换机的运行依赖的软件核心是网络设备的操作系统。

(4) H3C Comware 软件平台是 H3C IP 网络设备的核心软件平台。

3.6 习题和解答

3.6.1 习题

1. 以下属于路由器特性的是(　　)。

A. 逐跳转发数据包　　B. 维护路由表

C. 执行路由查找　　D. 接口类型丰富

2. 以下属于二层交换机特性的是(　　)。

A. 利用 IP 包头中的信息进行转发　　B. 维护 MAC 地址表

C. 隔离冲突域　　D. 寻找到目的以太网段的最佳路径

3. 以下关于 Comware 的描述，正确的有(　　)。

A. Comware 是 H3C 网络设备共用的核心软件平台

B. Comware 支持 IPv4 和 IPv6 双协议栈

C. Comware 支持路由和交换功能

D. 注重系统的高可靠性和弹性扩展功能

E. 采取组件化设计并提供开放接口

4. 以下关于 H3C 产品的描述，正确的有(　　)。

A. MSR 系列路由器主要应用于大型网络的骨干和核心

B. MSR 系列路由器采用了先进的 OAA 架构

C. ER 系列路由器主要应用于大型网络的骨干和核心

D. H3C 中低端交换机都是二层交换机

3.6.2 习题答案

1. ABCD　　2. BC　　3. ABCDE　　4. B

第4章

网络设备操作基础

H3C Comware 采用基于命令行的用户接口(Command Line Interface,CLI)进行管理和操作。用户可以通过 Console、AUX、Telnet 和 SSH 等多种方法连接到网络设备。为了提高网络配置的安全性和可管理性,H3C Comware 采用了配置权限的分级控制方法。H3C Comware 还提供了友好的操作界面和灵活而丰富的配置命令,以便用户更好地使用网络设备,本章将介绍一些常用的命令行特性和操作配置命令。

4.1 本章目标

学习完本章,应该能够达到以下目标。

(1) 了解配置网络设备的基本方法。

(2) 使用分级命令行。

(3) 使用网络设备的常用配置命令。

4.2 访问网络设备的命令行接口

4.2.1 连接到命令行接口的方法

为了通过命令行接口对设备进行管理和操作,必须使用基于字符的终端或远程登录方式连接到网络设备。H3C 网络设备提供了访问 CLI 的多种方法,包括以下方法。

(1) 通过 Console 口本地访问。

(2) 通过 AUX 口远程访问。

(3) 通过 Telnet 访问。

(4) 通过 SSH 访问。

(5) 通过异步串口访问。

下面将详细介绍前四种访问方式。第五种方式并不常用,本书不做详细讲解。

4.2.2 通过 Console 进行连接

用终端登录到网络设备的 Console(控制台)端口就是一种最基本的连接方式。路由器和交换机都提供一个 Console 口,端口类型为 EIA/TIA-232 DCE。如图 4-1 所示,用户需要把一台字符终端的串行接口通过专用的 Console 线缆连接到网络设备的 Console 口上，然后通过终端访问 CLI。

图 4-1 使用 Console 口连接网络设备

Console 线的一端为 RJ-45 接头，用于连接路由器或交换机的 Console 口，另一端为 DB9 接头，用于与终端的串口相连。由于 Console 线缆的长度和传输距离是有限的，这种方法只适用于本地操作。

Console 口连接是最基本的连接方式，也是对设备进行初始配置时最常用的方式。路由器和交换机的 Console 口用户默认拥有最大权限，可以执行一切操作和配置。

在实际应用时，通常会用运行终端仿真程序的计算机替代终端。下面以使用 Windows 7 操作系统的个人计算机为例讲解连接方法。

首先，需要在计算机上安装终端仿真软件 PuTTY，以便后续通过该软件登录设备，对设备进行配置，如图 4-2 所示。

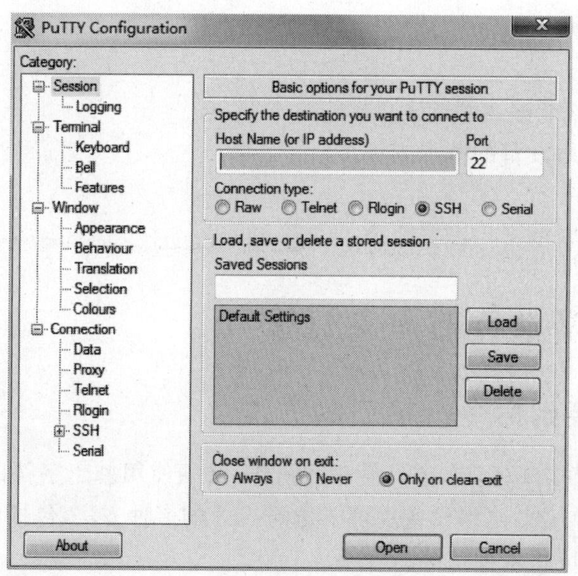

图 4-2 PuTTY 操作界面

打开软件后，在连接方式 Connection type 处选择串口 Serial，串口线需根据实际连接情况选择，本例中使用串口 COM4。波特率使用默认的 9600 即可，如图 4-3 所示。

注意：大部分 H3C 网络设备的默认波特率为 9600，但有些设备可能采用其他的默认波特率，具体操作时可参考网络设备的相关手册。

设置好通信参数后，直接单击 Open 按钮，就可进入如图 4-4 所示的设备命令行界面了。

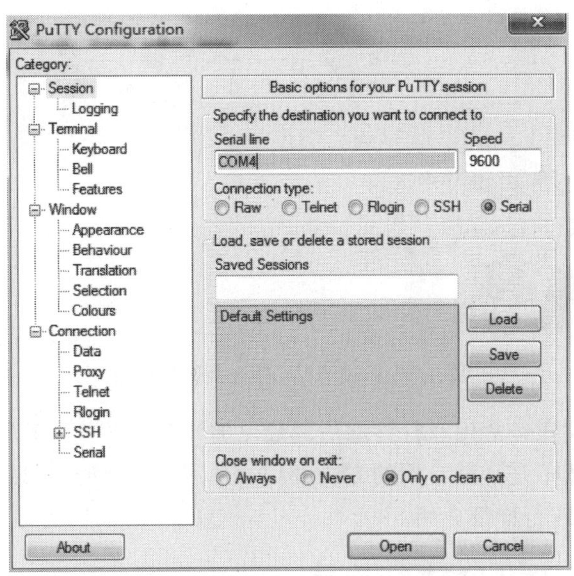

图 4-3　选择 Serial 接口

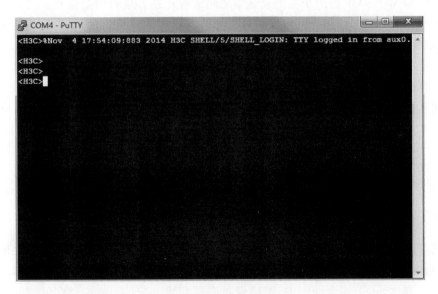

图 4-4　设备命令行界面

4.2.3　通过 AUX 口进行连接

网络设备提供的 AUX 端口(Auxiliary port,辅助端口)通常用于对设备进行远程操作和配置,端口类型为 EIA/TIA-232 DTE。通过 AUX 口连接网络设备的连接方式如图 4-5 所示,在这种配置环境中,用户字符终端通过 PSTN(公共交换电话网络)建立拨号连接,接入网络设备的 AUX 口。当然,为了建立这个连接,用户终端和网络设备双方都需要一台 Modem(调制解调器)。其中网络设备的 AUX 口通过 AUX 电缆连接到 Modem,终端则用串口通过 Modem 线缆连接到 Modem。

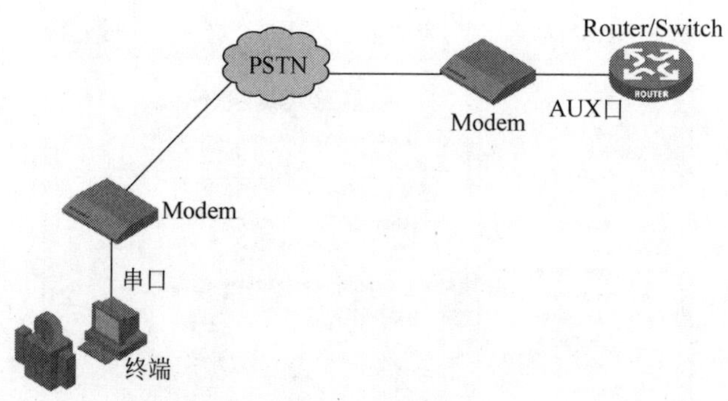

图 4-5 通过 AUX 口连接网络设备

在实际应用时，同样经常用运行终端仿真程序的计算机替代终端。

AUX 口配置虽然不是一种常用的方法，但在 IP 网络中断时，可以满足远程操作设备的需求。本书对此不再进行详细介绍。

4.2.4 通过 Telnet 进行连接

Telnet 是基于 TCP 的用于主机或终端之间远程连接并进行数据交互的协议。它遵循客户机/服务器的模型，使用户的本地计算机能够与远程计算机连接，成为远程主机的一个终端，从而允许用户登录到远程主机系统进行操作。

网络设备可以作为 Telnet 服务器，为用户提供远程登录服务。在这种连接模式下，用户通过一台作为 Telnet 客户端的计算机直接对网络设备发起 Telnet 登录，登录成功后即可对设备进行操作配置，如图 4-6 所示。

图 4-6 通过 Telnet 连接网络设备

使用 Telnet 方式有一些先决条件。首先，客户端与作为服务器的网络设备之间必须具备 IP 可达性，这意味着网络设备和客户端必须配置了 IP 地址，并且其中间网络必须具备正确的路由。其次，出于安全性考虑，网络设备必须配置一定的 Telnet 验证信息，包括用户名、口令等。另外，中间网络还必须允许 TCP 和 Telnet 协议报文通过，而不能被禁止。

当然，网络设备也可以作为 Telnet 客户端登录到其他网络设备上。

4.2.5 通过 SSH 进行连接

使用 Telnet 远程配置网络设备时，所有的信息都是以明文的方式在网络上传输的。为了提高交互数据的安全性，可以使用 SSH(Secure Shell，安全外壳)终端进行配置。用户通过一个不能保证安全的网络环境远程登录到设备时，SSH 特性可以提供安全保障和强大的验证功能，以保护设备不受诸如 IP 地址欺诈、明文密码截取等攻击。

SSH 技术标准由传输协议、验证协议和连接协议三个部分组成，并且也是基于 TCP 实现的，使用 TCP 端口号 22。如同 Telnet 一样，一台网络设备可以接受多个 SSH 客户端的连接。

网络设备还支持作为 SSH 客户端的功能，允许用户与支持 SSH 服务器的设备建立 SSH 连接，用户从而可以从本地设备通过 SSH 登录到远程设备上，如图 4-7 所示。

图 4-7 通过 SSH 连接网络设备

SSH 提供以下两种验证方法。

(1) Password 验证：客户端向服务器发出 Password 验证请求，将用户名和密码加密后发送给服务器；服务器将该信息解密后得到用户名和密码的明文，与设备上保存的用户名和密码进行比较，并返回验证成功或失败的消息。在这种方式下，传输的数据会被加密，但是客户端无法了解要连接的服务器是否是真正的服务器。

(2) Publickey 验证：用户需要创建一对密钥，并将公共密钥保存在服务器端。客户端发送 RSA 验证请求和自己的公钥模数给服务器端；服务器进行合法性检查，如果不合法，则直接发送失败消息，否则产生一个 32 字节的随机数，按 MSB(Most Significant Bit，最高位)优先排列成一个 MP(多精度)型整数，并用客户端的公钥加密后向客户端发起一个验证挑战；客户端收到挑战消息后用自己的私钥解密得到 MP 型整数，用它和会话 ID(密钥和算法协商阶段生成的中间产物)生成消息摘要 MD5 值，把这个 16 字节的 MD5 值加密后发送给服务器；服务器接收后还原出 MD5 值并与它自己计算出的 MD5 值相比较，如果相同，验证成功，发送成功消息；否则失败，发送失败消息。

4.3 命令行使用入门

4.3.1 命令视图

命令视图是 Comware 命令行接口对用户的一种呈现方式。用户登录到命令行接口后总会处于某种视图之中。当用户处于某个视图中时，就只能执行该视图所允许的特定命令和操作，只能配置该视图限定范围内的特定参数，只能查看该视图限定范围内允许查看的数据。

命令行接口提供多种命令视图，比较常见的命令视图类型包括以下内容。

(1) 用户视图：网络设备启动后的默认视图，在该视图下可以查看启动后设备基本运行状态和统计信息。

(2) 系统视图：这是配置系统全局通用参数的视图，可以在用户视图下使用 system-view 命令进入该视图。

(3) 路由协议视图：在后续的章节中会学习路由和路由协议，路由协议的大部分参数是在路由协议视图下进行配置的。比如 OSPF 协议视图、RIP 协议视图等。在系统视图下，使用路由协议启动命令可以进入相应的路由协议视图。

(4) 接口视图：配置接口参数的视图称为接口视图。在该视图下可以配置与接口相关的物理属性、链路层特性及 IP 地址等重要参数。使用 interface 命令并指定接口类型及接口编号可以进入相应的接口视图。

(5) 用户线视图：用户线视图(Line View)是系统提供的一种视图，主要用来管理工作在流方式下的异步接口。通过在用户界面视图下的各种操作,可以达到统一管理各种用户配置的目的。

与设备的配置方法相对应,用户界面视图分为以下四种。

(1) Console 用户界面视图:此视图用于配置 Console 用户界面相关参数。通过 Console 口登录的用户使用 Console 用户界面。

(2) AUX 用户界面视图:此视图用于配置 AUX 用户界面相关参数。通过 AUX 口登录的用户使用 AUX 用户界面。

(3) TTY(True Type Terminal,实体类型终端)用户界面视图:此视图用于配置 TTY 用户界面相关参数。以终端通过异步串口连接网络设备的登录用户使用 TTY 用户界面。这是一种不常用的登录方法,本书不做详细讲解。

(4) VTY(Virtual Type Terminal,虚拟类型终端)用户界面视图:此视图用于配置 VTY 用户界面相关参数。通过 VTY 方式登录的用户使用此界面。VTY 是一种逻辑终端线,用于对设备进行 Telnet 或 SSH 访问。目前每台设备最多支持 5 个 VTY 用户同时访问。

每一个用户界面的特定参数配置,都在相应的用户界面视图下执行。例如要配置 Console 用户线的验证方式,首先需要在系统视图下执行命令 line class console 进入用户线视图,然后在此视图下用 authentication-mode 命令进行配置。而如果要配置 Telnet 用户线的验证方式,则可以通过 line vty 0 63 命令一次性配置 64 个用户的验证方式。

如图 4-8 所示,视图具备层次化结构。要进入某个视图,可能必须首先进入另一个视图。例如,要进入接口视图,必须首先进入系统视图。退出时则按照相反的次序。例如用 quit 命令退出接口视图后,随即回到系统视图。

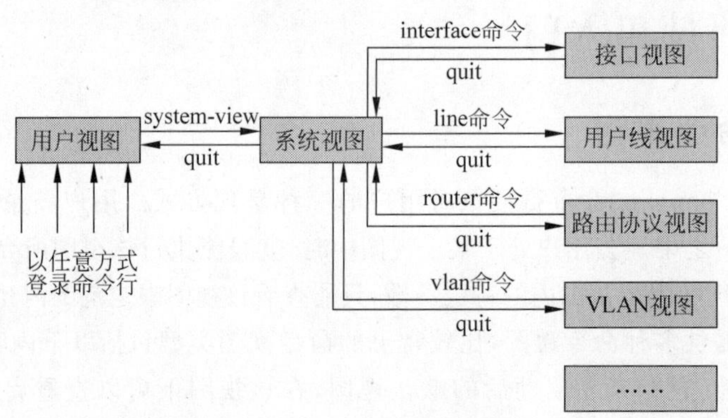

图 4-8 各种视图之间的关系

要进入某个视图,需要使用相应的特定命令。而要从当前视图返回上一层视图,使用 quit 命令。如果要从任意的非用户视图立即返回到用户视图,可以执行 return 命令,也可以直接按组合键 Ctrl+Z。

图 4-9 显示了使用命令视图的一个实例。在该例中,按 Enter 键后,即进入用户视图,输入 system-view 命令后,进入系统视图。在系统视图下,输入 interface GigabitEthernet0/0 命令即进入 GigabitEthernet0/0 的接口视图。在该接口下,用 description 命令对接口用途进行描述,用 ip address 命令为该接口配置 IP 地址,然后用 quit 命令退回到系统视图。最后用 line vty 0 63 命令进入 VTY 用户视图,为 VTY 登录指定了验证方法。

```
******************************************************************************
* Copyright (c) 2004-2014 Hangzhou H3C Tech. Co., Ltd. All rights reserved.  *
* Without the owner's prior written consent,                                 *
* no decompiling or reverse-engineering shall be allowed.                    *
******************************************************************************

Line aux0 is available.



Press ENTER to get started.
<H3C>%Oct 13 09:16:14:706 2013 H3C SHELL/5/SHELL_LOGIN: TTY logged in from aux0.

<H3C>system-view
System View: return to User View with Ctrl+Z.
[H3C]interface GigabitEthernet 0/0
[H3C-GigabitEthernet0/0]description to_MyPC
[H3C-GigabitEthernet0/0]ip add 192.168.0.1 255.255.255.0
[H3C-GigabitEthernet0/0]quit
[H3C]user-interface vty 0 63
[H3C-line-vty0-63]authentication-mode scheme
```

图 4-9 使用命令视图

4.3.2 命令行类型

Comware 系统的命令行是控制用户权限的最小单元。根据命令作用的不同，将命令分为以下三类。

(1) 读类型：用于显示系统配置信息和维护信息，如显示命令 display、显示文件信息的命令 dir。

(2) 写类型：用于对系统进行配置，如使能信息中心功能的命令 info-center enable、配置调试信息开关的命令 debugging。

(3) 执行类型：用于执行特定的功能，如 ping 命令、与 FTP 服务器建立连接的命令 ftp。

如表 4-1 所示，系统预定义了多种用户角色，部分角色拥有默认的用户权限。如果系统预定义的用户角色无法满足权限管理的需求，管理员还可以自定义已有用户角色或是创建新的角色，来实现更精细化的权限控制。

表 4-1 用户级别

用户角色	用户权限
network-admin	可操作系统所有的功能和资源
network-operator	可执行系统所有的功能和资源相关的 display 命令(display history-command all 除外)
level-n (n = 0～15)	level-0 ～ level-14 可以由管理员为其配置权限 其中 level-0、level-1 和 level-9 有默认用户权限，具体权限请查看官网配置手册 level-15 的用户权限和 network-admin 相同，管理员无法对其进行配置

4.3.3 命令行帮助特性

命令行接口提供方便易用的在线帮助手段，便于用户使用。

(1) 输入“?”获取该视图下所有的命令及其简单描述,如图 4-10 所示。

```
<H3C>?
User view commands:
  archive              Archive configuration
  backup               Backup the startup configuration file to a TFTP server
  boot-loader          Software image file management
  bootrom              Update/read/backup/restore bootrom
  cd                   Change current directory
  clock                Specify the system clock
  copy                 Copy a file
  debugging            Enable system debugging functions
  delete               Delete a file
  diagnostic-logfile   Diagnostic log file configuration
  dialer               Specify Dial-on-Demand Routing(DDR) configuration
                       information
  dir                  Display files and directories on the storage media
  display              Display current system information
  exception            Exception information configuration
  firmware             Firmware update
  fixdisk              Check and repair a storage medium
  format               Format a storage medium
 ---- More ----
```

```
[H3C]interface Vlan-interface ?
  <1-4094>  Vlan-interface interface number
[H3C]interface Vlan-interface 1 ?
  <cr>
```

图 4-10 使用命令行帮助特性(1)

(2) 命令后接以空格分隔的“?”,如果该位置为关键字,则列出全部关键字及其简单描述;如果该位置为参数,则列出有关的参数描述,如图 4-10 所示。

(3) 字符串后紧接“?”,列出以该字符串开头的所有命令,如图 4-11 所示。

```
<H3C>di?
  diagnostic-logfile
  dialer
  dir
  display

<H3C>dis?
  display

<H3C>dis
<H3C>display v?
  version
  version-update-record
  vlan
  vlan-group
  voice
  vrrp

<H3C>display ver?
  version
  version-update-record
```

此处按Tab键可以补全命令

图 4-11 使用命令行帮助特性(2)

（4）命令后接一字符串紧接“?”，列出命令以该字符串开头的所有关键字，如图 4-11 所示。

（5）输入命令的某个关键字的前几个字母，按 Tab 键，如果以输入字母开头的关键字唯一，则可以显示出完整的关键字；如果不唯一，反复按 Tab 键，则可以循环显示所有以输入字母开头的关键字。

4.3.4 错误提示信息

用户输入的命令如果通过语法检查则正确执行，否则向用户报告错误信息。常见错误提示信息如表 4-2 所示。

表 4-2　常见错误提示信息

英文错误提示信息	错误原因
Unrecognized command	没有查找到命令
	没有查找到关键字
	参数类型错误
	参数值越界
Incomplete command	输入命令不完整
Ambiguous command found at '^' position	以输入的字母开头的命令不唯一，无法识别
Too many parameters	输入参数过多
Wrong parameter	输入参数错误

4.3.5 命令行历史记录功能

命令行接口将用户最近使用过的历史命令自动保存在历史命令缓冲区中，用户可以通过 display history-command 显示这些命令，也可以随时查看或调用保存的历史命令，并编辑或执行。默认情况下，每个用户的历史命令缓冲区的容量都是 10，即命令行接口为每个用户保存 10 条历史命令，可以在用户界面视图下通过 history-command max-size 命令来设置用户界面历史命令缓冲区的容量。

用户可以调出历史命令重新执行或进行编辑。用上光标键“↑”或组合键 Ctrl＋P，如果缓冲区中还有比当前命令更早的历史命令，则取出此命令；用下光标键“↓”或组合键 Ctrl＋N，如果缓冲区中还有比当前命令更晚的历史命令，则取出此命令。

4.3.6 命令行编辑功能

命令行接口提供了基本的命令编辑功能，每条命令的最大长度为 256 个字符。主要的编辑键及其功能如表 4-3 所示。更多的编辑功能和组合键定义，参照相关操作手册和命令手册。

表 4-3　命令行编辑功能键

按　　键	功　　能
普通字符键	若编辑缓冲区未满，则插入当前光标位置，并向右移动光标
Backspace	删除光标位置的前一个字符，光标前移

续表

按　　键	功　　能
←或组合键 Ctrl＋B	光标向左移动一个字符位置
→或组合键 Ctrl＋F	光标向右移动一个字符位置
组合键 Ctrl＋A	将光标移动到当前行的开头
组合键 Ctrl＋E	将光标移动到当前行的末尾
组合键 Ctrl＋D	删除当前光标所在位置的字符
组合键 Ctrl＋W	删除光标左侧连续字符串内的所有字符
组合键 Esc＋D	删除光标所在位置及其右侧连续字符串内的所有字符
组合键 Esc＋B	将光标移动到左侧连续字符串的首字符处
组合键 Esc＋F	将光标向右移到下一个连续字符串之前
组合键 Ctrl＋X	删除光标左侧所有的字符
组合键 Ctrl＋Y	删除光标右侧所有的字符

4.3.7 分页显示

命令行接口提供了分页显示特性。在一次显示信息超过一屏时，会暂时停止继续显示，这时用户可以有三种选择。

(1) 按 Space 键：继续显示下一屏信息。

(2) 按 Enter 键：继续显示下一行信息。

(3) 按组合键 Ctrl＋C：停止显示和命令执行。

4.4 常用命令

4.4.1 常用设备管理命令

设备的名称对应于命令行接口的提示符，如果设备的名称为 RTA，则用户视图的提示符为 RTA。用户可以在系统视图下使用 sysname 命令用来设置设备的名称。

sysname *sysname*

为了保证与其他设备协调工作，用户可以用 display clock 命令查看当前系统时间，在用户视图下用 clock datetime 命令设置系统时间。

clock datetime *time date*

欢迎信息是用户在连接到设备、进行登录验证以及开始交互配置时系统显示的一段提示信息。管理员可以根据需要，通过 header 命令设置相应的提示信息。系统支持的欢迎信息包括以下内容。

(1) shell 欢迎信息，也称 session 条幅。进入控制台会话时显示。

(2) 用户接口欢迎信息，也称 incoming 条幅。主要用于 TTY Modem 激活用户接口时显示。

(3) 登录欢迎信息，也称 login 条幅。主要用于配置密码验证和 scheme 验证时显示。

(4) motd 欢迎信息。在启动验证前显示，该特性的支持情况与设备的型号有关，请以设备的实际情况为准。

(5) 授权欢迎信息,也称 legal 条幅。系统在用户登录前会给出一些版权或者授权信息,然后显示 legal 条幅,并等待用户确认是否继续进行验证或者登录。如果用户输入 Y 或者直接按 Enter 键,则进入验证或登录过程;如果输入 N,则退出验证或登录过程。Y 和 N 不区分大小写。

4.4.2 常用信息查看命令

系统提供了丰富的信息查看命令,以便用户查看系统运行和配置参数、状态等信息。本节介绍一些基本的信息查看命令。

通过 display version 命令可以查看网络设备使用的操作系统版本号等信息。通过 display current-configuration 命令可以查看设备当前运行的配置。

为了查看设备的接口信息,可以使用 display interface 命令。该命令将显示设备所有接口的类型、编号、物理层状态、数据链路层协议、IP 地址、接口报文收发统计等全面信息。如果只想查看接口 IP 状态等简要信息,也可以使用 display ip interface brief 命令。

因为各个功能模块都有其对应的信息显示命令,所以一般情况下,要查看各个功能模块的运行信息,用户需要逐条运行相应的 display 命令。为便于一次性收集更多信息,方便日常维护或问题定位,用户可以在任意视图下执行 display diagnostic-information 命令,显示系统当前各个主要功能模块运行的统计信息。

4.5 配置远程登录

在对服务器端路由器进行远程登录前,必须要对设备进行配置。第一次对设备做配置时,必须通过 Console 口进行本地配置。本节讲解 Telnet 和 SSH 远程登录路由器的基本配置。交换机的相关配置非常近似,细节可参照相关操作手册和命令手册。

4.5.1 通过 Telnet 登录路由器的配置

在网络设备上配置 Telnet 服务器的步骤如下。

第 1 步:配置至少一个 IP 地址,以便提供 IP 连通性。

[H3C-ethernet0/0]**ip address** *ip-address* { *mask* | *mask-length* }

第 2 步:启动 Telnet 服务器。

[H3C]**telnet server enable**

第 3 步:进入 VTY 用户界面视图。

[H3C]**line vty** *first-num2* [*last-num2*]

VTY 的编号为 0~63,第一个登录的远程用户为 VTY 0;第二个为 VTY 1,以此类推。此处可以选择要配置的 VTY 编号。

第 4 步:为 VTY 用户界面视图配置验证方式。

[H3C-ui-vty0]**authentication-mode { none** | **password** | **scheme }**

这里有三种方式可以选择。关键字 **none** 表示不验证;**password** 表示使用单纯的密码验证方法，登录时只需要输入密码；**scheme** 表示使用用户名/密码验证方法，登录时须输入用户名及其密码。

第 5 步：为 Telnet 用户配置验证信息。

如果选择了 password 验证方法，则须配置一个验证密码。

[H3C-ui-vty0]**set authentication password { hash | simple }** *password*

并可以在用户界面视图下配置通过本用户界面登录后的用户角色。

[H3C-ui-vty0] **user-role** *role-name*

如果选择了 scheme 验证方法，则系统默认采用本地用户数据库中的用户信息进行验证，因此须配置本地用户名、密码、用户角色等信息，用户服务类型选择为 telnet，供远程登录验证使用。

[H3C]**local-user** *username*
[H3C-luser-xxx]**password { hash | simple }** *password*
[H3C-luser-xxx]**service-type telnet**
[H3C-luser-xxx]**authorization-attribute user-role** *role-name*

注意：当本地用户的用户角色与其登录时所用用户线中的用户角色不同时，系统优先采用前者作为登录后的实际用户角色。

更改当前用户的角色后，需要退出并重新登录，修改后的级别才会生效。

一个客户端通过 Telnet 连接路由器的配置示例如图 4-12 所示。本例假设客户端主机 PCA 与路由器 RTA 直接通过以太网相连，用户级别要求位置为 2 级。按图示命令配置好路由器 RTA，并对 PCA 配置 IP 地址和子网掩码，启动 Telnet 客户端，即可登录 RTA 的命令行了。

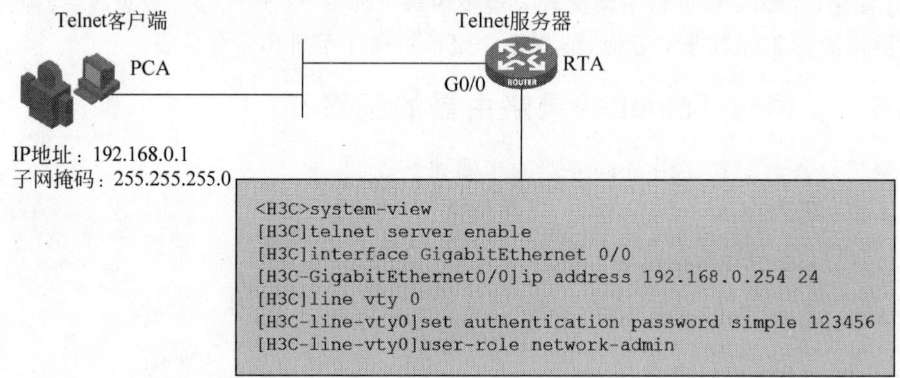

图 4-12　Telnet 配置示例

在 PCA 的 Telnet 终端软件上输入路由器的 IP 地址，与路由器建立连接，在提示输入密码时，正确输入事先配置好的密码 123456，即可通过验证，并出现命令行提示符<H3C>。随后就可以对路由器进行操作了。

如果登录过程中提示 All user interfaces are used, please try later!，说明系统允许登录的 Telnet 用户数已经达到上限，待其他用户断开以后再连接。

注意：Telnet 连接依赖于 IP 可达性。如果客户端与服务器端不处于同一网段，还需要正确地配置 IP 路由。IP 路由的配置超出本章内容，可参考本书相关章节。

4.5.2 通过 SSH 登录路由器的配置

采用密码验证方案时，在网络设备上配置 SSH 服务器的过程如下。

第 1 步：配置至少一个 IP 地址，以便提供 IP 连通性。

第 2 步：启动 SSH 服务器。

```
[H3C] ssh server enable
```

第 3 步：配置用户界面使用 scheme 验证方法，使其支持 SSH 远程登录协议。

```
[H3C-ui-vty0-4]authentication-mode scheme
[H3C-ui-vty0-4]protocol inbound ssh
```

配置结果将在下次登录请求时生效。

第 4 步：为服务器配置 SSH 本地用户，供 SSH 远程登录验证使用。

```
[H3C]local-user username
[H3C-luser-xxx]password { hash | simple } password
[H3C-luser-xxx]service-type ssh
[H3C-luser-xxx]authorization-attribute user-role role-name
```

为了完成 SSH 验证和会话，需要利用主机密钥对等参数，生成会话密钥和会话 ID。要生成主机密钥对，使用 public-key local create rsa 命令。服务器密钥和主机密钥的最小长度为 512 位，最大长度为 2048 位。在 SSH2 中，有的客户端要求服务器端生成的密钥长度必须大于或等于 768 位。生成密钥对时，如果已经有了 RSA 密钥对，系统会提示是否替换原有密钥。

对于已经生成的 RSA 密钥对，可以根据指定格式在屏幕上显示 RSA 主机公钥或用命令 public-key local export rsa ssh2 导出 RSA 主机公钥到指定文件，从而为在远端配置 RSA 主机公钥做准备；也可以用命令 public-key local destroy rsa 命令手工销毁当前的密钥对。

注意：SSH 连接依赖于 IP 可达性。如果客户端与服务器端不处于同一网段，还需要正确地配置 IP 路由。IP 路由的配置非本章内容，可参考本书相关章节。

图 4-13 所示为一个典型的 SSH 配置示例。

配置完 SSH 服务器之后，为了完成 SSH 登录，还必须启动并配置 SSH 客户端软件，并连接到作为 SSH 服务器的网络设备。SSH 客户端软件有很多，本节以客户端软件 PuTTY 为例，说明 SSH 客户端的配置方法。

SSH 客户端要与服务器建立连接，需要做如下基本配置。

(1) 指定服务器 IP 地址。

(2) 选择远程连接协议为 SSH。通常客户端可以支持多种远程连接协议，如 Telnet、Rlogin、SSH 等。要建立 SSH 连接，必须选择远程连接协议为 SSH。

(3) 选择 SSH 版本。由于设备目前支持的版本是 SSH 服务器 2.0 版本，客户端可以选择 2.0 或 2.0 以下版本。

如图 4-14 所示，配置好终端参数后，单击 Open 按钮，可发起与服务器端(网络设备)的连接，并弹出如图 4-15 所示的命令行界面。

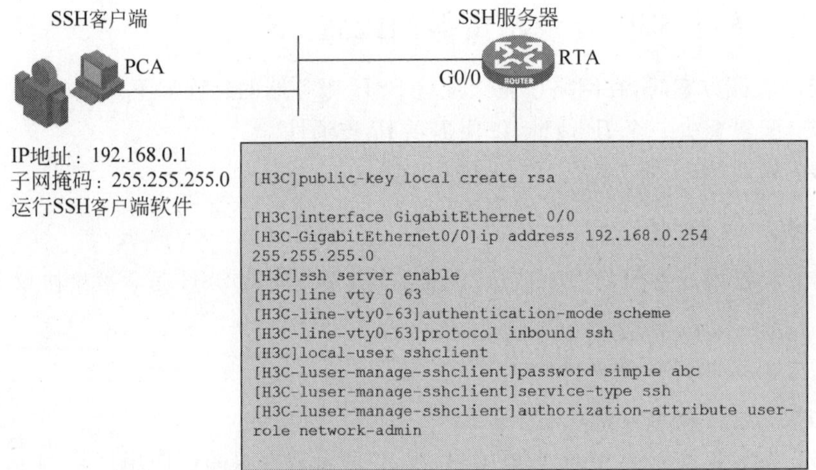

图 4-13 SSH 配置示例——配置 SSH 服务器

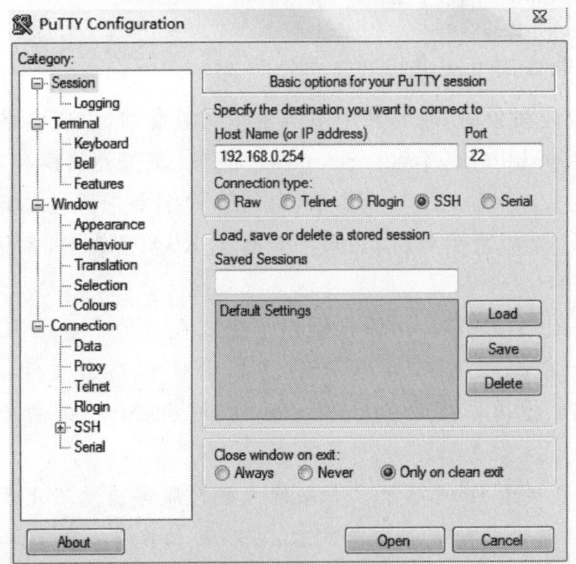

图 4-14 SSH 配置示例——配置 PuTTY 客户端

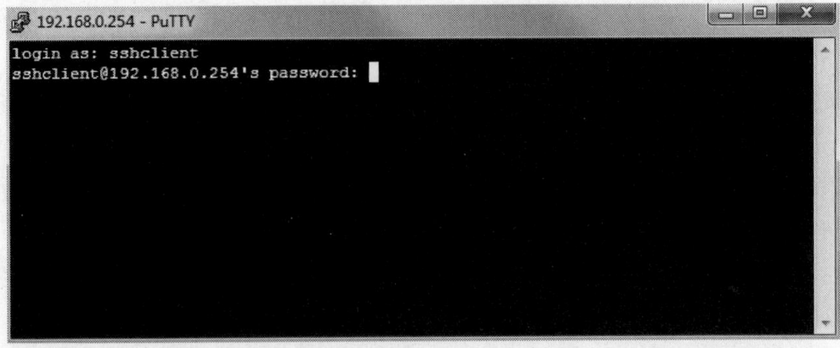

图 4-15 SSH 登录网络设备——输入用户名和密码

输入预先设置的用户名和密码，即可进入命令行界面，如图 4-16 所示。

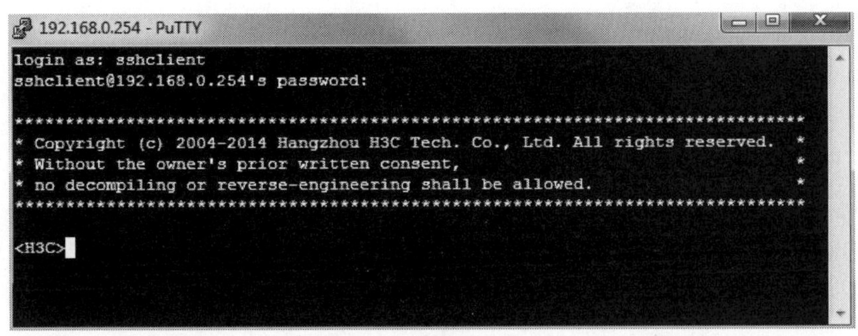

图 4-16　SSH 登录网络设备——登录后的界面

4.6　本章总结

(1) 支持 Console 口本地配置、AUX 口本地或远程配置、Telnet 或 SSH 本地或远程配置。

(2) 命令行提供多种命令视图。

(3) 系统命令行采用分级保护方式，命令行划分为读类型、写类型、执行类型三种类型。

4.7　习题和解答

4.7.1　习题

1. 要远程连接到某路由器执行配置，可使用(　　)连接方式。

A. Console　　B. AUX　　C. Telnet　　D. SSH

2. 要为一个接口配置 IP 地址，应在(　　)下进行配置。

A. 用户视图　　B. 系统视图　　C. 用户接口视图　　D. 接口视图

3. 要为交换机配置主机名 SWA，可采用下列(　　)命令。

A. sysname SWA　　B. hostname SWA

C. SYSNAME SWA　　D. system-name SWA

4. 要查看网络设备使用的操作系统版本等信息，可采用下列(　　)命令。

A. display version　　B. display current-configuration

C. display system　　D. show system

5. 要查看网络设备使用的当前配置信息，可采用下列(　　)命令。

A. show current-configuration　　B. display current-configuration

C. show configuration　　D. display configuration

4.7.2　习题答案

1. CD　　2. D　　3. AC　　4. A　　5. B

第5章

网络设备文件管理

设备以文件系统的方式对保存在设备存储介质中的文件(如操作系统文件、配置文件等)进行管理。本章将介绍 H3C 网络设备文件系统的操作命令。

配置文件是用来保存用户对设备所进行的配置,记录用户的配置信息的文本格式文件。本章介绍了如何对配置文件进行管理维护。

同时本章将介绍 BootROM 和操作系统软件的升级方法及使用 FTP 和 TFTP 加载系统文件的操作。

5.1 本章目标

学习完本章,应该能够达到以下目标。

(1) 了解 H3C 网络设备文件系统的作用与操作方法。

(2) 掌握配置文件保存、擦除、备份与恢复的操作方法。

(3) 掌握网络设备软件的升级等操作方法。

(4) 掌握用 FTP 和 TFTP 传输系统文件的方法。

5.2 网络设备文件系统介绍

5.2.1 什么是网络设备文件系统

网络设备启动时需要一些基本的程序和数据,运行中也会产生一些重要数据,这些数据都以文件的方式保存在存储器中,以便调用和管理。

网络设备通过文件系统对这些文件进行管理和控制,并为用户提供了操作和管理文件系统的工具。

在文件系统中保存的文件类型主要包括以下几类。

(1) 应用程序文件：Comware 操作系统用于引导设备启动的程序文件,设备必须具有 Boot 包和 System 包才能正常运行。启动软件包有 BIN 文件和 IPE 文件两种发布形式。

(2) 配置文件：系统将用户对设备的所有配置以命令的方式保存成文本文件,称为配置文件,这种文件的扩展名为.cfg。

(3) 日志文件：系统在运行中产生的文本日志可以存储在文本格式的日志文件中,称为日志文件。

5.2.2　网络设备的存储方式

网络设备上具有三种存储介质。

(1) ROM(Read-Only Memory,只读存储器):用于存储 BootROM 程序。BootROM 程序是一个微缩的引导程序,主要任务是查找应用程序文件并引导到操作系统,在应用程序文件或配置文件出现故障时提供一种恢复手段。

(2) Flash 存储器(快闪存储器):用于存储应用程序文件、保存的配置文件和运行中产生的日志文件等。默认情况下,网络设备从 Flash 存储器读取应用程序文件和配置文件进行引导。Flash 存储器的形式是多样的,根据设备型号的不同,可能是 CF(Compact Flash)卡、内置 Flash 存储器等。

(3) RAM(Random-Access Memory,随机访问存储器):只用于系统运行中的随机存储,例如存储当前运行的 Comware 系统程序和运行中的当前配置等。系统关闭或重启后其信息会丢失。

图 5-1 所示为网络设备的存储方式。

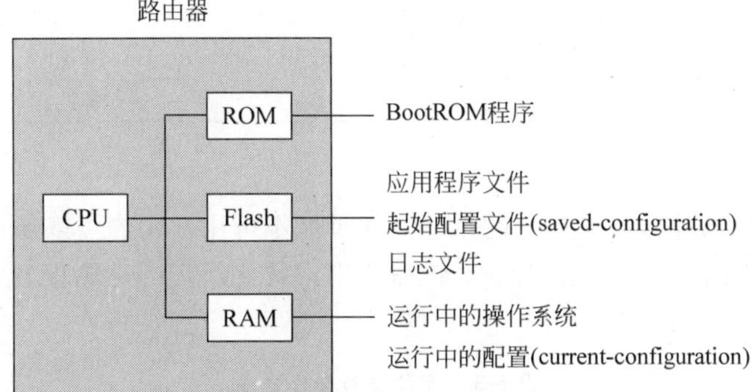

图 5-1　网络设备的存储方式

5.2.3　文件系统的操作

文件系统的功能主要包括目录的创建和删除、文件的复制和显示等。

默认情况下,对于有可能导致数据丢失的命令(比如删除文件、覆盖文件等命令),文件系统将提示用户进行确认。

根据操作对象的不同,可以把文件系统操作分为以下几类。

1. 目录操作

目录操作包括创建/删除目录、显示当前工作路径以及显示指定目录下的文件或目录的信息等。可以在用户视图下使用如表 5-1 所示的命令来进行相应的目录操作。

2. 文件操作

文件操作包括删除文件、恢复删除的文件、彻底删除文件、显示文件的内容、重命名文件、复制文件、移动文件、显示指定的文件的信息等。可以使用如表 5-2 所示的命令来进行相应的文件操作。

表 5-1 目录操作命令

操 作	命 令	说明
创建目录	**mkdir** *directory*	可选
删除目录	**rmdir** *directory*	可选
显示当前的工作路径	**pwd**	可选
显示文件或目录信息	**dir** [**/all**] [*file-url*]	可选
改变当前目录	**cd** *directory*	可选

表 5-2 文件操作命令

操 作	命 令	说 明
删除文件	**delete** [**/unreserved**] *file-url*	可选
恢复删除文件	**undelete** *file-url*	可选
彻底删除回收站中的文件	**reset recycle-bin** [*file-url*] [**/force**]	可选
显示文件的内容	**more** *file-url*	可选 目前只支持显示文本文件
重命名文件	**rename** *fileurl-source fileurl-dest*	可选
复制文件	**copy** *fileurl-source fileurl-dest*	可选
移动文件	**move** *fileurl-source fileurl-dest*	可选
显示目录或文件信息	**dir** [**/all**] [*file-url*]	可选
执行批处理文件	**execute** *filename*	可选

3. 存储设备操作

由于异常操作等原因,存储设备的某些空间可能不可用。用户可以通过 fixdisk 命令来恢复存储设备的空间。也可以通过 format 命令来格式化指定的存储设备,表 5-3 所示为存储设备操作命令。

表 5-3 存储设备操作命令

操 作	命 令	说 明
恢复存储设备的空间	**fixdisk** *device*	可选
格式化存储设备	**format** *device*	可选
挂载存储设备	**mount device-name**	可选 默认情况下,存储设备插入时已经处于连接状态,不需要再挂载
卸载存储设备	**umount device-name**	可选

注意:格式化操作将导致存储设备上的所有文件丢失,并且不可恢复。尤其需要注意的是,格式化 Flash,将丢失全部应用程序文件和配置文件。

对于可支持热插拔的存储设备(如 CF 卡、USB 存储器等),可以在用户视图下用 mount 和 umount 命令挂载和卸载该存储设备。卸载存储设备是逻辑上让存储设备处于非连接状态,此时用户可以安全地拔出存储设备;挂载存储设备是让卸载的存储设备重新处于连接状态。

注意:在拔出处于挂载状态的存储设备前,先执行卸载操作,以免损坏存储设备。

在执行挂载或卸载操作过程中,禁止对单板或存储设备进行插拔或倒换操作;在进行文件操作过程中也禁止对存储设备进行插拔或倒换操作。否则，可能会引起文件系统的损坏。

4. 设置文件系统操作的提示方式

用户可以通过命令修改当前文件系统的提示方式。文件系统支持 alert 和 quiet 两种提示方式。在 alert 方式下，当用户对文件进行有危险性的操作时，系统会跟用户进行交互确认。在 quiet 方式下，用户对文件进行任何操作，系统均不作提示。该方式可能会导致一些因粗心而发生的、不可恢复的、对系统造成破坏的操作发生。表 5-4 所示为文件系统操作的提示方式设置命令。

表 5-4 文件系统操作的提示方式设置命令

操 作	命 令	说 明
设置文件系统的提示方式	**file prompt** { **alert** | **quiet** }	可选 默认情况下，文件系统的提示方式为 **alert**

5.3 文件的管理

5.3.1 配置文件介绍

配置文件是指以文本格式保存设备配置命令的文件。配置文件记录用户的配置信息，通过配置文件，用户可以非常方便地了解这些配置信息。

设备启动时根据读取的配置文件进行初始化工作，该配置称为起始配置（Saved-Configuration）。如果设备中没有配置文件，则系统在启动过程中使用默认参数进行初始化。与起始配置相对应，系统运行时采用的配置称为当前配置（Current-Configuration）。当前配置实际上是启动时的起始配置和启动后用户对设备执行的增量配置的叠加。启动后的增量配置存放在设备的临时存储器中，没有保存的话重启后会丢失。

配置文件为一个文本文件，其中以文本格式保存了非默认的配置命令。配置文件中的命令组织以命令视图为基本框架，同一命令视图的命令组织在一起，形成一节，节与节之间通常用空行或注释行隔开（以＃开始的为注释行，空行或注释行可以是一行或多行）。整个文件以 return 结束。

网络设备可以保存多个配置文件。系统启动时，如果用户指定了启动配置文件，且配置文件存在，则系统以启动配置文件进行初始化；如果用户没有指定任何启动配置文件，或用户指定的启动配置文件不存在，则以空配置进行初始化。

注意： 大部分 H3C 网络设备支持配置文件的 main/backup 属性，使得设备上可以同时存在主用、备用两种属性的配置文件。当主用配置文件损坏或丢失时，可以用备用配置文件来启动或配置设备。该特性的细节超出本书范围，读者可参考相关手册。

5.3.2 配置文件的管理

用户通过命令行可以修改设备的当前配置，而且这些配置是暂存于 RAM 中的，设备一旦重启或断电就立即丢失。如果要使当前配置在系统下次重启时继续生效，在重启设备前，应在用户视图下用 save 命令将当前配置保存到配置文件中。

用户通过命令可以在用户视图下用 reset saved-configuration 命令擦除设备中的配置文件。配置文件被擦除后，设备下次上电时，系统将采用默认的配置参数进行初始化。

要设置下次启动采用的配置文件，使用以下命令。

< H3C > **startup saved-configuration** *filename*

在任意视图下执行 display saved-configuration 命令可显示起始配置的内容；用 display current-configuration 命令可显示当前配置信息；用 display startup 命令可显示系统当前和下次启动时使用的配置文件；另外，在任意视图下执行 display this 命令，可显示当前视图下生效的配置信息。

Backup/Restore 特性主要实现通过命令行对设备下次启动配置文件进行备份和恢复的功能。设备与服务器之间使用 TFTP 协议进行数据的传输，其中 Backup 特性用于将设备下次启动配置文件备份至 TFTP 服务器上；而 Restore 特性用于将 TFTP 服务器上保存的配置文件下载到设备并设置为下次启动配置文件。在后续的章节中将进一步学习如何使用 TFTP 服务。可使用下列命令备份/恢复下次启动配置文件。

< H3C > **backup startup-configuration to** *dest-addr* [*filename*]
< H3C > **restore startup-configuration from** *src-addr filename*

5.3.3 使用 FTP 传输文件

可以用 FTP(File Transfer Protocol，文件传输协议)来进行网络设备文件的传输，如图 5-2 所示。

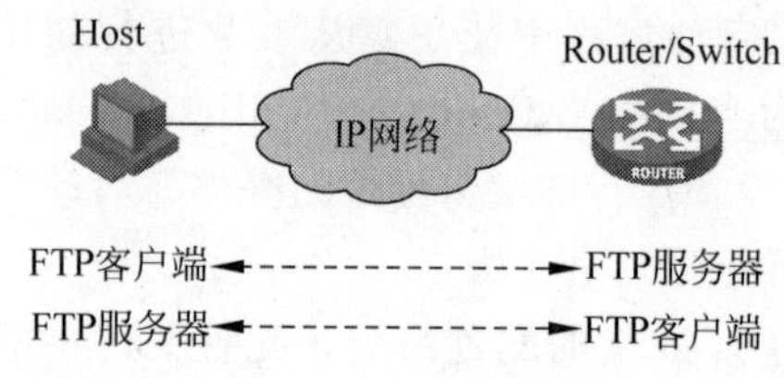

图 5-2 用 FTP 传输文件的工作方式

网络设备的 FTP 实现支持两种方式。

(1) 设备作为 FTP 客户端：用户在设备的命令行终端上执行 ftp 命令，建立设备与远程 FTP 服务器的连接，下载远程 FTP 服务器上的文件或上传本地文件。

(2) 设备作为 FTP 服务器：用户在其他主机上运行 FTP 客户端程序，登录到设备上进行文件上传和下载操作。在用户登录前，网络管理员需要事先在网络设备上配置好 FTP 服务器的相关参数。

以网络设备作为 FTP 服务器时，需要进行如表 5-5 所示配置。

表 5-5 以网络设备为 FTP 服务器的配置内容

设 备	操 作	说 明
网络设备(FTP 服务器)	启动 FTP 服务器功能	默认情况下，系统关闭 FTP 服务器功能可以通过 display ftp-server 命令查看设备上 FTP 服务器功能的配置信息
	配置 FTP 服务器的验证和授权	配置 FTP 用户的用户名、密码、授权的工作目录
	配置 FTP 服务器的运行参数	配置 FTP 连接的超时时间
主机(FTP 客户端)	使用 FTP 客户端程序登录设备	—

主要配置命令包括以下几方面。

（1）使能 FTP 服务器端功能。

[H3C]**ftp server enable**

（2）创建用户。

[H3C]**local-user username**

（3）设置用户的服务类型及登录密码。

[H3C-luser-xxx]**service-type ftp**
[H3C-luser-xxx]**password { hash | simple }** *password*

在网络设备上配置好相应 FTP 服务后，就可以在 FTP 客户端主机上登录网络设备。验证通过后，就可执行文件上传和下载操作了。

图 5-3 显示了在 PC 上执行 FTP 命令向作为 FTP 服务器的路由器上载配置文件的实例。在本例中，PC 从路由器下载了启动软件包 msr36-cmw710-security-r0105p06.bin。这是一种常用的设备配置和维护手段。

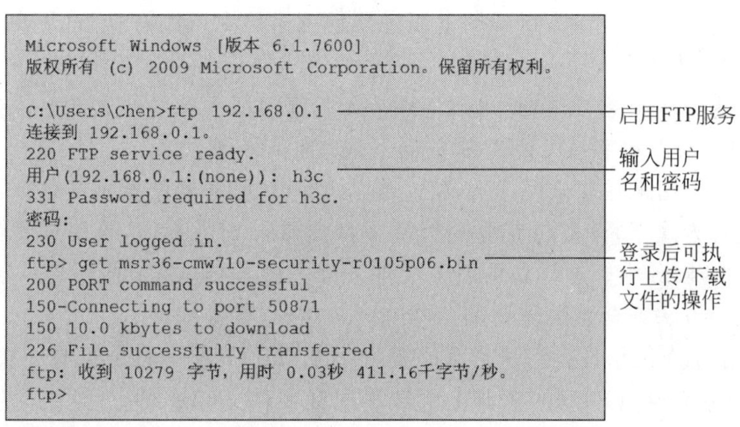
Microsoft Windows [版本 6.1.7600]
版权所有 (c) 2009 Microsoft Corporation。保留所有权利。
C:\Users\Chen>ftp 192.168.0.1
连接到 192.168.0.1。
220 FTP service ready.
用户(192.168.0.1:(none)): h3c
331 Password required for h3c.
密码:
230 User logged in.
ftp> get msr36-cmw710-security-r0105p06.bin
200 PORT command successful
150-Connecting to port 50871
150 10.0 kbytes to download
226 File successfully transferred
ftp: 收到 10279 字节，用时 0.03秒 411.16千字节/秒。
ftp>
启用FTP服务
输入用户名和密码
登录后可执行上传/下载文件的操作

图 5-3　FTP 操作示例

5.3.4　使用 TFTP 传输文件

TFTP（Trivial File Transfer Protocol，简单文件传输协议）也是用于在远端服务器和本地主机之间传输文件的协议。相对于 FTP，TFTP 没有复杂的交互存取接口和认证控制，适用于客户端和服务器之间不需要复杂交互的环境。TFTP 协议的运行基于 UDP 协议，因此只适用于相对可靠的网络介质上，图 5-4 所示为用 TFTP 传输文件的工作方式。

TFTP 协议传输是由客户端发起的。当需要下载文件时，由客户端向 TFTP 服务器发送读请求包，然后从服务器接收数据，并向服务器发送确认；当需要上传文件时，由客户端向 TFTP 服务器发送写请求包，然后向服务器发送数据，并接收服务器的确认。TFTP 传输文件有两种模式：一

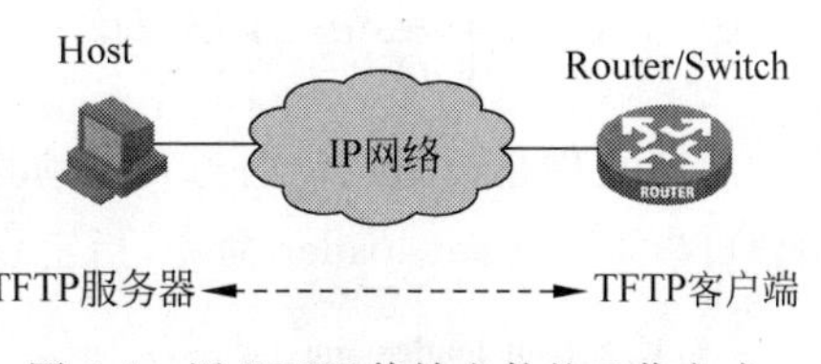
Host
Router/Switch
IP网络
TFTP服务器
TFTP客户端

图 5-4　用 TFTP 传输文件的工作方式

种是二进制模式,用于传输程序文件;另一种是ASCII码模式,用于传输文本文件。

网络设备可以作为TFTP客户端,从TFTP服务器上传或下载文件。设备作为TFTP客户端时,需要进行如表5-6所示配置。

表5-6 以网络设备为TFTP客户端的配置内容

设 备	操 作	说 明
网络设备 (TFTP客户端)	(1) 配置设备接口的IP地址,使其和TFTP服务器的IP地址在同一网段 (2) 可以直接使用TFTP命令登录远端的TFTP服务器上传或下载文件	TFTP适用于客户端和服务器之间不需要复杂交互的环境。请保证设备和TFTP服务器之间路由可达
主机 (TFTP服务器)	启动TFTP服务器,并做了TFTP工作目录的配置	—

这些配置好功能都通过**tftp**命令实现。

tftp *server-address* { **get** | **put** | **sget** } *source-filename* [*destination-filename*] [**source** { **interface** *interface-type interface-number* | **ip** *source-ip-address* }]

在执行上传/下载操作时,到TFTP服务器的可达路由可能有多条,用户可以配置客户端TFTP报文的源地址。

当设备作为TFTP客户端时,可以使用put关键字把本设备的文件上传到TFTP服务器,还可以使用get关键字从TFTP服务器下载文件到本地设备。

tftp sget命令用来在安全模式下,将文件从TFTP服务器的指定文件下载并保存到本地设备。在这种方式下,设备将获取的远端文件先保存到内存中,等用户文件全部接收完毕,才将它写到Flash中。这样如果系统文件下载失败,原有的系统文件不会被覆盖,设备仍能启动。这种方法安全系数较高,但需要较大的内存空间。

图5-5显示了在网络设备上执行TFTP命令从TFTP服务器上下载配置文件的实例。在本例中,网络设备从TFTP服务器上下载了配置文件config.cfg。这也是一种常用的设备配置和维护手段。

```
<H3C>tftp 192.168.0.10 get config.cfg
config.txt already exists. Overwrite it? [Y/N]:y
Press CTRL+C to abort.
  % Total    % Received % Xferd  Average Speed   Time    Time     Time  Current
                                 Dload  Upload   Total   Spent    Left  Speed
100  3124  100  3124    0     0  65729      0 --:--:-- --:--:-- --:--:--  254k
```

图5-5 TFTP操作示例

5.3.5 指定启动文件

启动文件是设备启动时选用的应用程序文件。当存储介质中有多个应用程序文件时,用户可以通过boot-loader命令,指定设备下次启动时所采用的启动文件。

<H3C> **boot-loader file** *file-url*

这实际上为系统进行操作系统软件升级提供了一个便利的途径，也就是说，若需要进行操作系统升级时，只需要将新的应用程序文件上载到设备中，并将其指定为启动文件，重新启动设备，即可由系统自行完成操作系统的升级。因为旧的应用程序文件仍然存在，所以能很容易地恢复到此前的系统版本。

通过 display boot-loader 命令可以查看系统当前和下次启动使用的启动文件。

5.3.6 重启设备

当指定了新的启动文件操作系统软件或者执行了 BootROM 升级之后，需要重启设备完成系统软件的升级。

用户可以用 reboot 命令使设备立即重启；也可以通过 schedule 命令设置一个时刻，让设备定时自动重启，或设置一个时延，让设备经过指定时间后自动重启。

```
<H3C>schedule reboot at hh:mm [ date ]
<H3C>schedule reboot delay { hh:mm | mm }
```

可以用 display schedule reboot 命令查看设备的重启时间。

5.4 网络设备软件维护基础

5.4.1 网络设备的一般引导过程

虽然网络设备的启动过程根据设备型号、软件版本等各自有所不同，但基本上都要经历硬件自检、BootROM 软件引导、Comware 系统初始化等几个阶段，之后，操作系统将接管设备的控制，完成大部分业务功能。

如图 5-6 所示，路由器加电后，首先进行硬件的自检。紧接着是 BootROM 的启动过程。BootROM 是存放在主板 ROM 中的一段程序，可以将它类比为个人计算机 CMOS 中的基本输入/输出系统(BIOS)，在设备的操作系统真正运行前负责系统的引导，并维护系统的一些底层参数。接下来，在 BootROM 程序的引导下，设备开始查找 Comware 应用程序文件，找到后即将其解压缩并加载运行。随后，Comware 将读取并复原设备的配置文件。

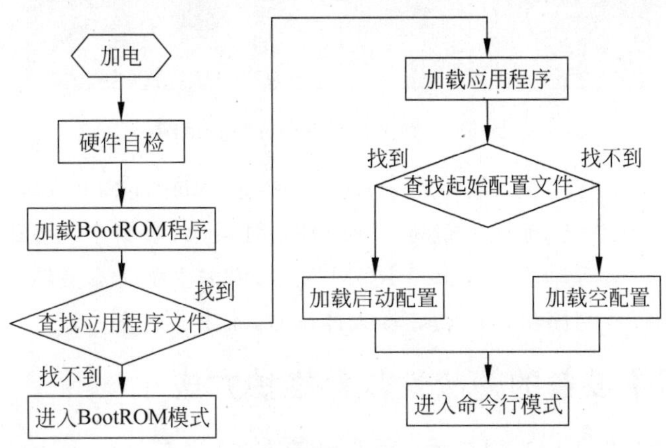

图 5-6 网络设备的一般引导过程

整个系统启动后,用户就可进入命令行界面进行相关操作了。

如果 BootROM 程序无法找到 Comware 应用程序文件,或 Comware 应用程序文件发生损坏,则系统进入 BootROM 模式,管理员可根据 BootROM 菜单进行修复操作。管理员也可以强制中断启动过程,进入 BootROM 模式。

网络设备可以保存多个配置文件。系统启动时优先选择用户指定的启动配置文件,如果没有指定任何启动配置文件,则以空配置启动。

注意:正如支持多配置文件一样,出于安全考虑,网络设备也支持多映像功能。系统可以同时保存多个应用程序文件,应用程序文件可以分为主程序文件、备份程序文件和安全程序文件,系统亦将以此顺序选择这三个文件来启动路由器。

此功能的细节超出本书范围,读者可自行参考相关手册。

图 5-7 显示了路由器的典型启动信息输出。在本例子中,BootROM 的版本为 1.42。在 BootROM 启动末段,根据提示输入 Ctrl+B,系统将中断引导,进入 BootROM 模式;否则,系统将进入程序解压过程。

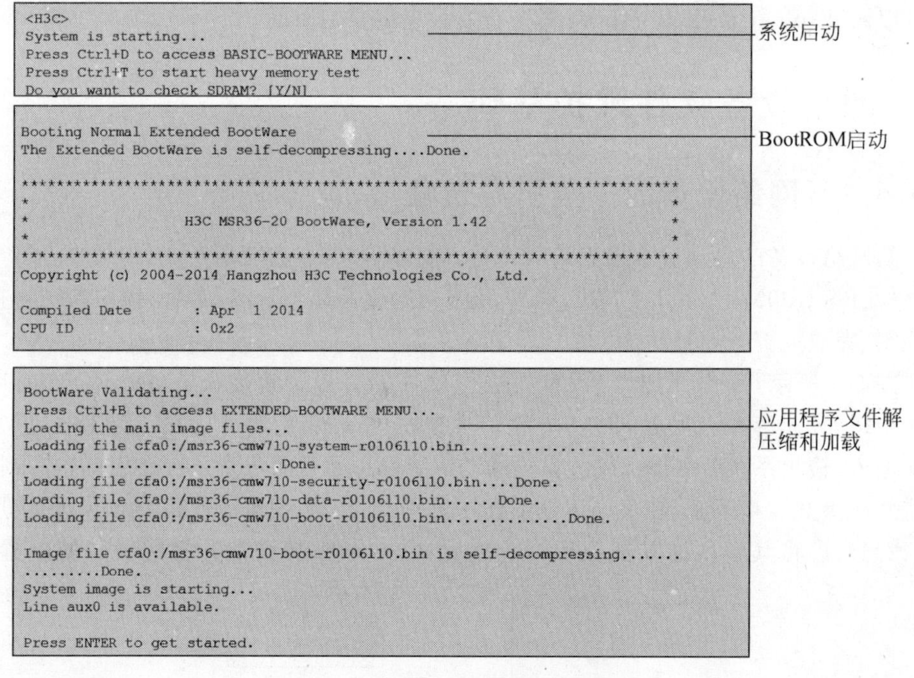

图 5-7 路由器系统引导过程示例

注意:必须在出现"Press Ctrl+B to access EXTENDED-BOOTWARE MENU..."提示的 6 秒之内输入 Ctrl+B,系统方能进入 BootROM 菜单,否则系统将进入程序解压过程。若程序进入解压过程后再希望进入 BootROM 菜单,则需要重新启动路由器。

交换机的启动过程与路由器启动过程大体一致,本书不再图示。

5.4.2 网络设备的一般性软件维护方法

H3C 网络设备提供了丰富而灵活的软件维护方法。

(1) 在命令行模式中采用 TFTP/FTP 来上传/下载应用程序或配置文件,实现应用程序升级或配置管理。

(2) 在 BootROM 模式中通过以太口采用 TFTP/FTP 完成应用程序软件升级。

(3) 在 BootROM 模式中通过 Console 口采用 XModem 协议完成 BootROM 及应用程序的升级。

在常规情况下,设备可以正常引导到命令行模式,而管理员希望对操作系统软件进行升级或备份,或者希望快速导入导出配置文件。此时可以直接在命令行模式中采用 TFTP/FTP 方式进行文件的上传/下载,这是比较方便的一种方式。

在某些情况下,设备无法引导到命令行模式,只能进入 BootROM 模式,而管理员希望对操作系统软件进行恢复或升级。此时可以在 BootROM 模式中利用 BootROM 菜单提供的操作功能,采用 TFTP/FTP 方式上传应用程序文件,使设备能够正常启动并引导到命令行模式。在这种模式下,必须将 TFTP/FTP 服务器连接到设备的特定以太端口上。

在上述情况下,如果无法实现 TFTP/FTP 服务器与设备的网络连接(例如端口损坏或无服务器软件),则可以在 BootROM 模式中通过 Console 口采用 XModem 协议完成 BootROM 及应用程序的升级,使设备能够正常启动并引导到命令行模式。

注意:错误的 BootROM、配置文件或应用程序文件管理操作可能导致设备无法启动。只有理解了 BootROM 相关选项或参数作用,并且在确有必要的情况下才可进行相关操作。

5.5 本章总结

(1) 设备对存储介质中的文件以文件系统的方式管理。

(2) 文件系统操作包括目录操作、文件操作、介质操作等。

(3) 配置文件包括起始配置和当前配置。

(4) 通过指定启动文件可以进行操作系统软件升级。

(5) 可用 FTP 和 TFTP 远程加载配置文件、操作系统软件和 BootROM 等系统文件。

5.6 习题和解答

5.6.1 习题

1. 在交换机上保存配置时,系统配置被存入(　　)存储器。

A. RAM　　B. ROM　　C. Flash　　D. 寄存器

2. 管理员对某路由器执行了多次配置、保存操作,在某次配置时突然断电,重启后将使用下列(　　)工作。

A. 当前配置　　B. 默认配置　　C. 空配置　　D. 起始配置

3. 可以(　　)更新路由器的配置。

A. 通过 FTP 上传配置文件　　B. 通过 TFTP 下载配置文件

C. 通过命令行输入命令　　D. 格式化存储器

4. 要将当前配置保存下来,应使用命令(　　)。

A. save current-configuration　　B. save

C. write D. write saved-configuration

5. 在 MSR 路由器的引导过程中，下列( )最先执行。

A. 加载 BootROM 程序 B. 加载启动配置

C. 查找应用程序文件 D. 进入 BootROM 模式

5.6.2 习题答案

1. C 2. D 3. ABC 4. B 5. A

第6章

网络设备基本调试

网络按照初始目标组建配置完成后，首要的任务是检查网络的连通性。网络的连通性是指一台主机或设备上的一个IP地址到另一台主机或设备上的一个IP地址的可达性。本章将介绍检测网络连通性的常用命令。

为了达到网络连通性，单个网络设备及网络设备之间同时还运行各种协议或交互相关控制信息。有时，为了定位这些协议或模块是否正常运行，需要使用调试工具。本章对如何使用调试工具以及如何控制调试信息的输出和显示也进行了介绍。

6.1 本章目标

学习完本章，应该能够达到以下目标。

(1) 用ping命令检查网络连通性。

(2) 用tracert命令探查网络路径。

(3) 使用debug等命令进行网络系统基本调试。

6.2 网络连通性测试

6.2.1 使用ping测试网络连通性

ping实际上是基于ICMP(Internet Control Message Protocol，因特网控制消息协议)开发的应用程序，它是在计算机的各种操作系统或网络设备上广泛使用的检测网络连通性的常用工具。通过使用ping命令，用户可以检查指定地址的主机或设备是否可达，测试网络连接是否出现故障。

ICMP定义了多种类型的协议报文，ping主要使用了其中Echo Request(回波请求)和Echo Reply(回波响应)两种报文。源主机向目的主机发送ICMP Echo Request报文探测其可达性，收到此报文的目的主机则向源主机回应ICMP Echo Request报文，声明自己可达。源主机收到目的主机回应的ICMP Echo Request报文后即可判断目的主机可达，反之则可判断其不可达。

ping命令提供了丰富的可选参数。

ping [**ip**] [**-a** *source-ip* | **-c** *count* | **-f** | **-h** *ttl* | **-i** *interface-type interface-number* | **-m** *interval* |

-n | **-p** *pad* | **-q** | **-r** | **-s** *packet-size* | **-t** *timeout* | **-tos** *tos* | **-v**] * *remote-system*

其中主要参数说明如下。

(1) **-a** *source-ip*：指定 ICMP Echo Request 报文中的源 IP 地址。

(2) **-c** *count*：指定发送 ICMP Echo Request 报文的数目，取值范围为 1～4294967295，默认值为 5。

(3) **-f**：将长度大于接口 MTU 的报文直接丢弃，即不允许对发送的 ICMP Echo Request 报文进行分片。

(4) **-h** *ttl*：指定 ICMP Echo Request 报文中的 TTL 值，取值范围为 1～255，默认值为 255。

(5) **-i** *interface-type interface-number*：指定发送报文的接口的类型和编号。

(6) **-m** *interval*：指定发送 ICMP Echo Request 报文的时间间隔，取值范围为 1～65535，单位为毫秒(ms)，默认值为 200ms。如果在 timeout 时间内收到目的主机的响应报文，则下次 ICMP Echo Request 报文的发送时间间隔为报文的实际响应时间与 interval 之和；如果在 timeout 时间内没有收到目的主机的响应报文，则下次 ICMP Echo Request 报文的发送时间间隔为 timeout 与 interval 之和。

(7) **-n**：不进行域名解析。默认情况下，系统将对 hostname 进行域名解析。

(8) **-p** *pad*：指定 ICMP Echo Request 报文 Data 字段的填充字节，格式为十六进制。比如，若将 *pad* 设置为 ff，则 Data 字段将被全部填充为 ff。默认情况下，填充的字节从 0x01 开始，逐渐递增，直到 0x09，然后又从 0x01 开始循环填充。

(9) **-q**：除统计数字外，不显示其他详细信息。默认情况下，系统将显示包括统计信息在内的全部信息。

(10) **-r**：记录路由。默认情况下，系统不记录路由。

(11) **-s** *packet-size*：指定发送的 ICMP Echo Request 报文的长度(不包括 IP 和 ICMP 报文头)，取值范围为 20～8100，单位为字节，默认值为 56B。

(12) **-t** *timeout*：指定 ICMP Echo Reply 报文的超时时间，取值范围为 1～65535，单位为毫秒(ms)，默认值为 2000ms。

(13) **-tos** *tos*：指定 ICMP Echo Request 报文中的 ToS(Type of Service，服务类型)域的值，取值范围为 0～255，默认值为 0。

(14) **-v**：显示接收到的非 Echo Reply 的 ICMP 报文。默认情况下，系统不显示非 Echo Reply 的 ICMP 报文。

图 6-1 所示了一个 ping 命令的实际输出结果示例。在本例中，用户在 RTA 上 ping 地址为 192.168.3.1 的目的主机 RTC。RTA 在超时时间内收到了目的设备 RTC 对每个 ICMP Echo Request 报文的响应，因此 RTA 上输出了响应报文的字节数、报文序号、TTL (Time To Live，生存时间)、响应时间。在最后的几行中输出了 ping 过程报文的统计信息，主要包括发送报文个数、接收到响应报文个数、未响应报文数百分比、响应时间的最小值、平均值和最大值。通过这些信息不但可以确定本机到目的主机 192.168.3.1 是可达的，而且可以粗略评估两台设备之间的网络性能状况。

```
[RTA]ping 192.168.3.1
Ping 192.168.3.1 (192.168.3.1): 56 data bytes, press CTRL_C to break
56 bytes from 192.168.3.1: icmp_seq=0 ttl=64 time=1.824 ms
56 bytes from 192.168.3.1: icmp_seq=1 ttl=64 time=1.591 ms
56 bytes from 192.168.3.1: icmp_seq=2 ttl=64 time=1.204 ms
56 bytes from 192.168.3.1: icmp_seq=3 ttl=64 time=1.402 ms
56 bytes from 192.168.3.1: icmp_seq=4 ttl=64 time=0.919 ms

--- Ping statistics for 192.168.3.1 ---
5 packets transmitted, 5 packets received, 0.0% packet loss
round-trip min/avg/max/std-dev = 0.919/1.388/1.824/0.312 ms
[RTA]%Oct 17 07:45:09:111 2013 RTA PING/6/PING_STATISTICS: Ping
statistics for 192.168.3.1: 5 packets transmitted, 5 packets received,
0.0% packet loss, round-trip min/avg/max/std-dev =
0.919/1.388/1.824/0.312 ms.
```

图 6-1 ping 命令输出示例

6.2.2 使用 tracert 检测网络连通性

通过使用 tracert 命令,用户可以查看报文从源设备传送到目的设备所经过的路由器。当网络出现故障时,用户可以使用该命令分析出现故障的网络节点。

tracert 命令提供了丰富的参数选项。

tracert [**-a** *source-ip* | **-f** *first-ttl* | **-m** *max-ttl* | **-p** *port* | **-q** *packet-number* | **-w** *timeout*] * *remote-system*

主要的参数和选项含义如下。

(1) **-a** *source-ip*:指明 tracert 报文的源 IP 地址。

(2) **-f** *first-ttl*:指定一个初始 TTL,即第一个报文所允许的跳数。取值范围为 1~255,且小于最大 TTL,默认值为 1。

(3) **-m** *max-ttl*:指定一个最大 TTL,即一个报文所允许的最大跳数。取值范围为 1~255,且大于初始 TTL,默认值为 30。

(4) **-p** *port*:指明目的设备的 UDP 端口号,取值范围为 1~65535,默认值为 33434。用户一般不需要更改此选项。

(5) **-q** *packet-number*:指明每次发送的探测报文个数,取值范围为 1~65535,默认值为 3。

(6) **-w** *timeout*:指定等待探测报文响应的报文的超时时间,取值范围是 1~65535,单位为毫秒(ms),默认值为 5000ms。

(7) *remote-system*:目的设备的 IP 地址或主机名(主机名是长度为 1~20 的字符串)。

图 6-2 的上半部分显示了 RTA 执行 tracert 命令后的输出,对于每个 TTL 递增的报文,RTA 都要重复发三次,因此输出结果中显示了每一跳接收响应的时延。最后一跳是跟踪的目的地。

图 6-2 的下半部分显示了 RTA 执行 tracert 命令后的调试信息(在后面的小节中将详细讲解如何获得调试信息),调试信息显示了中间跳路由器和最后目的跳路由器对 RTA 的不同响应方法。

```
[RTA]tracert 192.168.3.1
traceroute to 192.168.3.1 (192.168.3.1), 30 hops at most, 52 bytes each packet,
press CTRL_C to break
 1  192.168.1.2 (192.168.1.2)  0.691 ms  0.497 ms  0.491 ms
 2  192.168.3.1 (192.168.3.1)  0.996 ms  0.896 ms  0.902 ms
```

```
*Oct 17 09:17:11:996 2013 RTA IPFW/7/IPFW_PACKET:
Sending, interface = GigabitEthernet0/0, version = 4, headlen = 20, tos = 0,
pktlen = 52, pktid = 33516, offset = 0, ttl = 1, protocol = 17,
checksum = 45434, s = 192.168.1.1, d = 192.168.3.1
prompt: Sending the packet from local at GigabitEthernet0/0.

*Oct 17 09:17:11:996 2013 RTA IPFW/7/IPFW_PACKET:
Receiving, interface = GigabitEthernet0/0, version = 4, headlen = 20, tos = 0,
pktlen = 80, pktid = 32, offset = 0, ttl = 255, protocol = 1,
checksum = 14393, s = 192.168.1.2, d = 192.168.1.1
prompt: Receiving IP packet.

*Oct 17 09:17:11:997 2013 RTA SOCKET/7/ICMP:
Time(s):1382001431   ICMP Input:
 ICMP Packet: src = 192.168.1.2, dst = 192.168.1.1
              type = 11, code = 0 (ttl-exceeded)
 Original IP: src = 192.168.1.1, dst = 192.168.3.1
              proto = 17, first 8 bytes = 82EC829A 00200000
```

图 6-2　tracert 命令输出示例

6.3　系统调试

6.3.1　系统调试概述

对于设备所支持的各种协议和特性，系统基本上都提供了相应的调试功能，帮助用户对错误进行诊断和定位。

调试信息的输出可以由以下两个开关控制。

(1) 协议调试开关：也称为模块调试开关，控制是否输出某协议模块的调试信息。

(2) 屏幕输出开关：控制是否在某个用户屏幕上显示调试信息。

协议调试开关和屏幕输出开关的关系如图 6-3 所示。用户只有将两个开关都打开，调试信息才会在终端显示出来。

6.3.2　系统调试操作

要打开调试信息的屏幕输出开关，使用 terminal debugging 命令，控制是否在某个用户的命令行终端界面上显示调试信息。

要打开协议调试开关，使用 debugging 命令。该命令后面要指定相关的协议模块名称，如 ATM、ARP 等。当然模块名称可能不止一个参数，比如关心 IP 层如何处理报文时，可以使用 debugging ip packet 命令。

terminal monitor 命令用于开启控制台对系统信息的监视功能。调试信息属于系统信息的一种，因此，这是一个更高一级的开关命令。只不过该命令在需要观察调试信息的时候是可选的，因为默认情况下，控制台的监视功能就处于开启状态。

最后，通过 display debugging 命令可以查看系统当前哪些协议调试信息开关是打

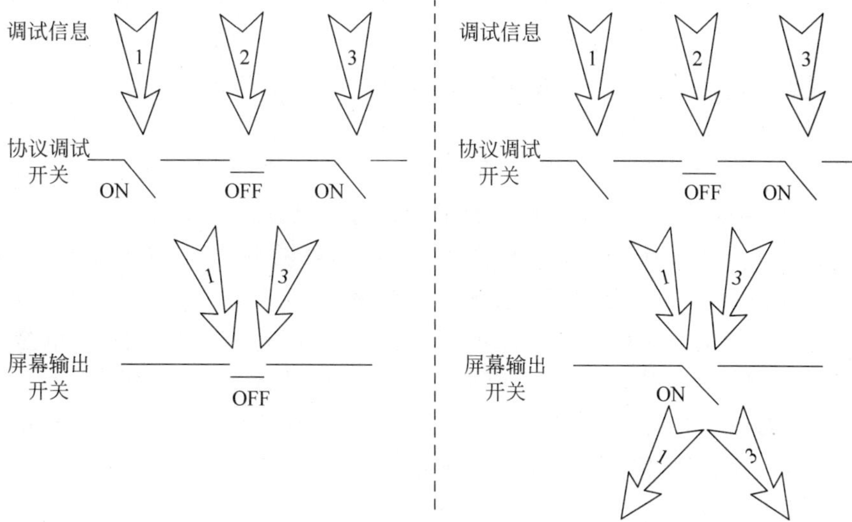

图 6-3 调试信息输出开关

开的。

6.3.3 调试信息输出示例

图 6-4 是一个为了观察 ping 命令执行过程，打开 debug ip packet 协议调试开关的例子。该例显示了当 RTA 发出一个 ICMP Echo Request 报文和收到一个 ICMP Echo Reply 报文时，IP 协议层处理的详细过程。

```
<RTA>ping -c 1 192.168.1.2
Ping 192.168.1.2 (192.168.1.2): 56 data bytes, press CTRL_C to break
56 bytes from 192.168.1.2: icmp_seq=0 ttl=64 time=1.802 ms

--- Ping statistics for 192.168.1.2 ---
1 packets transmitted, 1 packets received, 0.0% packet loss
round-trip min/avg/max/std-dev = 1.802/1.802/1.802/0.000 ms

<RTA>*Oct 17 08:28:50:880 2013 RTA IPFW/7/IPFW_PACKET:
Sending, interface = GigabitEthernet0/0, version = 4, headlen = 20, tos = 0,
pktlen = 84, pktid = 79, offset = 0, ttl = 255, protocol = 1,
checksum = 14342, s = 192.168.1.1, d = 192.168.1.2
prompt: Sending the packet from local at GigabitEthernet0/0.

*Oct 17 08:28:50:882 2013 RTA IPFW/7/IPFW_PACKET:
Receiving, interface = GigabitEthernet0/0, version = 4, headlen = 20, tos = 0,
pktlen = 84, pktid = 3446, offset = 0, ttl = 64, protocol = 1,
checksum = 59871, s = 192.168.1.2, d = 192.168.1.1
prompt: Receiving IP packet.

*Oct 17 08:28:50:882 2013 RTA IPFW/7/IPFW_PACKET:
Delivering, interface = GigabitEthernet0/0, version = 4, headlen = 20, tos = 0,
pktlen = 84, pktid = 3446, offset = 0, ttl = 64, protocol = 1,
checksum = 59871, s = 192.168.1.2, d = 192.168.1.1
prompt: IP packet is delivering up.

%Oct 17 08:28:50:886 2013 RTA PING/6/PING_STATISTICS: Ping statistics for
192.168.1.2: 1 packets transmitted, 1 packets received, 0.0% packet loss, round-
trip min/avg/max/std-dev = 1.802/1.802/1.802/0.000 ms.
```

图 6-4 调试 ping 命令执行过程

该例中,执行 ping 命令时使用了-c 参数,因此只发出一个 ICMP 请求回应报文。"*Oct 17 08:28:50:880 2013 RTA IPFW/7/IPFW_PACKET:"为屏幕打出的系统信息,提示以下将是调试信息的输出,并且说明了调试信息的输出时间及相关的模块名 IPFW-IP 转发模块。

调试信息分为三个段落。第一段说明承载该 ICMP 报文的 IP 报头实际内容,包括报文长度、报文 ID、偏移量、协议号、源地址和目的地址等。经过查找路由表/转发表,该 ICMP 报文将从本地的 GigabitEthernet0/0 转发出去。第二段说明 RTA 从 GigabitEthernet0/0 收到了一个报文,和第一段类似,RTA 打印出了该报文 IP 头的相关内容。可以看出,这个报文就是对刚刚发出的 ICMP 回声请求报文的应答。最后一段与第二段描述的是同一个报文,由于 RTA 就是此报文的目的地,它要被递交给本地 IP 转发层的上层进行处理。

在图 6-4 中最后的几列中显示了 ping 过程报文的统计信息,主要包括以下几个方面。

(1) 发送了一个报文,接收到一个响应报文。

(2) 由于没有未响应报文,因此丢包率是 0%。

(3) 此次 ping 响应时间的最小值、平均值和最大值都是 1.802ms(因为只进行了一次 ICMP 请求和应答)。

6.4 本章总结

(1) ping 命令用于检测网络连通性。

(2) tracert 命令使用 TTL 超时机制检测网络连通性。

(3) 调试信息的输出由协议开关和屏幕开关两个开关控制。

6.5 习题和解答

6.5.1 习题

1. 下列关于 ping 命令的描述正确的是(　　)。

   A. ping 命令基于 IGMP 实现

   B. ping 命令可用于探测 IP 可达性

   C. 使用-a 参数可以指定 ping 命令发送探测包的源地址

   D. 使用-c 参数可以指定 ping 命令发送探测包的数量

2. 下列关于 tracert 命令的描述正确的是(　　)。

   A. tracert 命令基于 IGMP 实现

   B. tracert 命令可用于探测 IP 包转发路径

   C. 使用-a 参数可以指定 tracert 命令发送探测包的源地址

   D. 使用-c 参数可以指定 tracert 命令发送探测包的数量

3. 要打开调试信息的屏幕输出开关,使用(　　)命令。

   A. display debugging　　　　B. debugging display

   C. debugging terminal　　　　D. terminal debugging

4. 要打开协议调试开关,使用(   )命令。

A. debugging   B. display debugging

C. terminal debugging   D. terminal monitor

6.5.2 习题答案

1. BCD   2. BC   3. D   4. A

第2篇

局域网技术基础

第7章

局域网概述

局域网从20世纪70年代诞生，迄今为止已经发展了40多年，大体历经4个发展阶段——20世纪70年代的多种技术出现，20世纪80年代的众多标准形成，20世纪90年代的技术优胜劣汰，以及进入21世纪以后高速而全面的技术更新。

关于局域网最重要的标准是IEEE 802系列标准。从IEEE 802标准制定以来，局域网技术领域获得了长足的发展。经过20世纪90年代市场的竞争，在众多的局域网技术中，以太网和无线局域网技术不断发展壮大，成为主流的局域网技术。交换技术在局域网中的出现与局域网交换机的应用，也引发了局域网领域的重大技术变革。

本章介绍了局域网的技术标准，并简介了几种常见局域网的类型，为详细的局域网技术讨论做了铺垫。

7.1 本章目标

学习完本章，应该能够达到以下目标。

(1) 了解局域网的主要相关标准。

(2) 了解局域网与OSI模型的对应关系。

(3) 了解主要的局域网标准。

(4) 了解主要局域网的类型及其典型拓扑。

7.2 局域网与OSI参考模型

局域网最主要的功能是在一个较小的物理范围内为计算机提高资源共享和通信服务。局域网内的大量资源共享需求决定了局域网应该是速度较高的，而局域网范围内的众多计算机数量决定了局域网应该是多路访问(Multiple-access)的。

局域网技术主要对应于OSI参考模型的物理层和数据链路层。也即TCP/IP模型的网络接口层，如图7-1所示。

常见的局域网物理层标准有以下几方面。

(1) 用于10Base-5的同轴粗缆(Thick Coaxial)和收发器(Transceiver)。

(2) 用于10Base-2的同轴细缆(Thin Coaxial)和BNC(Bayonet Neill-Conselman)接头。

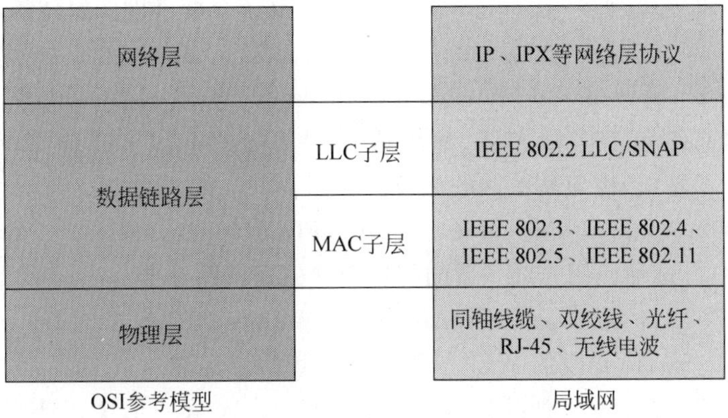

OSI参考模型		局域网
网络层		IP、IPX等网络层协议
数据链路层	LLC子层	IEEE 802.2 LLC/SNAP
	MAC子层	IEEE 802.3、IEEE 802.4、IEEE 802.5、IEEE 802.11
物理层		同轴线缆、双绞线、光纤、RJ-45、无线电波

图 7-1 局域网与 OSI 参考模型

(3) 用于 10Base-T、100Base-TX 和 1000Base-T 的双绞线和 RJ-45 接头。

(4) 用于各种以太网传输的光纤。

(5) 用于 WLAN(Wireless LAN,无线局域网)的特定频段的无线电波。

而常见的局域网数据链路层标准则是 IEEE 802 系列标准,包括 IEEE 802.2、IEEE 802.3、IEEE 802.4、IEEE 802.5、IEEE 802.11 等。

7.3 局域网与 IEEE 802 标准

7.3.1 主要的 IEEE 802 标准

为了规划网络通信的基本标准,1980 年 2 月 IEEE 成立了 802 工作组,制定了一系列的局域网和城域网标准,即通常所称 IEEE 802 系列标准。IEEE 802 系列标准的讨论范围限于可变长分组传输网络,其定义的协议、服务和功能等对应于 OSI 参考模型的物理层和数据链路层,即对应于 TCP/IP 模型的网络接口层。

IEEE 802 系列标准由很多标准文档组成,随着技术的发展和更新,这些标准有的已经不再使用,有的被撤销,有的还在不断扩充和完善当中。以下列出了其中一些主要标准文档。

(1) IEEE 802.1 高层局域网协议(Higher Layer LAN Protocols):包含局域网(Local Area Network,LAN)、城域网(Metropolitan Area Network,MAN)和个域网(Personal Area Network,PAN)体系结构、网络管理、链路安全、与广域网的互联等方面。

(2) IEEE 802.2 逻辑链路控制(Logical Link Control,LLC):它定义了数据链路层的 LLC 子层。

(3) IEEE 802.3 以太网(Ethernet):它定义了 CSMA/CD(Carrier Sense Multiple Access with Collision Detection,载波侦听多路访问与冲突检测)媒体接入控制方式及相关物理层规范。随着技术的发展,IEEE 802.3 又衍生出多个标准,如快速以太网的 IEEE 802.3u、千兆位以太网的 IEEE 802.3ab 和 IEEE 802.3z 等。

(4) IEEE 802.4 令牌总线(Token Bus):它定义了使用令牌传递机制的总线网络的媒体接入控制方式和相关物理层规范。

(5) IEEE 802.5 令牌环网(Token Ring)：它定义了令牌环网的媒体接入控制方式和相关物理层的规范。

(6) IEEE 802.6 城域网(Metropolitan Area Network，MAN)：它定义了以采用1310nm 光波、最高覆盖 160km 范围、速率达 150Mbps 的 DQDB(Distributed Queue Dual Bus，分布式队列双总线)构建城域网的标准。

(7) IEEE 802.8 光纤(Fiber Optic)：定义了 FDDI(Fiber Distributed Data Interface，光纤分布式数据接口)这种使用光纤介质的传递令牌的局域网标准。

(8) IEEE 802.11 无线局域网和网状网(Wireless LAN & Mesh)：定义了采用2.4GHz/3.6GHz/5GHz 频段的 WLAN 网络的一组协议标准。

(9) IEEE 802.15 无线个域网(Wireless PAN)：这是一组关于小范围无线连接的标准。

(10) IEEE 802.16 宽带无线接入(Broadband Wireless Access)：这是一套无线城域网(Wireless Metropolitan Area Networks，Wireless MAN)的标准，该标准还有一个商业化名称——WiMAX(Worldwide Interoperability for Microwave Access，世界范围的微波访问兼容性)。

(11) IEEE 802.17 弹性分组环(Resilient Packet Ring，RPR)：这是一个旨在优化光纤环网上的数据传输的标准，它可以为基于分组交换网络提供 SONET/SDH 网络的快速弹性功能，从而可以大大增强以太网和 IP 通信的效率和可靠性。

(12) IEEE 802.20 移动宽带无线接入(Mobile Broadband Wireless Access，MBWA)：这是一个允许世界范围多厂商兼容的移动宽带无线接入网络标准，旨在提供低代价而永远在线的移动宽带无线网络。

(13) IEEE 802.21 介质独立转接(Media Independent Handoff，MIH)：这是一个允许在包括 IEEE 802.11、IEEE 802.16、Wi-Fi、3G、GPRS 等介质上进行漫游转接的标准。

(14) IEEE 802.22 无线区域网(Wireless Regional Area Network，WRAN)：这是一个使用闲置电视广播频段为偏远、人口稀少地区提供宽带无线接入的标准。

IEEE 802 标准系列定义了局域网和城域网的物理层及数据链路层规范，而并不局限于局域网领域。

7.3.2 数据链路层的两个子层

IEEE 将局域网的数据链路层划分为 LLC(Logic Link Control，逻辑链路控制)和 MAC(Media Access Control，介质访问控制)两个子层。图 7-2 描述了局域网数据链路层结构。上面的 LLC 子层实现数据链路层与硬件无关的功能，比如流量控制，差错恢复等；较低的 MAC 层提供 LLC 和物理层之间的接口。不同局域网的 MAC 层不同，LLC 层相同。

子层的划分将硬件与软件的实现有效地分离。硬件制造商一方面可以设计制造各种各样的网络接口卡，以支持各种不同的局域网；另一方面则可以提供接口相同的驱动程序以方便应用程序使用这些网络接口卡。而软件设计商则无须考虑具体的局域网技术，只需利用标准的驱动程序接口即可。

	IP	IPX	AppleTalk	NetBEUI	
数据链路层	IEEE 802.2 LLC/SNAP				LLC子层
	IEEE 802.3 以太网	IEEE 802.4 令牌总线	IEEE 802.5 令牌环网	IEEE 802.11 无线局域网	MAC子层
	物理层				

图 7-2 数据链路层的 MAC 子层和 LLC 子层

7.3.3 LLC 子层

数据链路层的主要功能之一是封装和标识上层数据，在局域网中这个功能由 LLC 子层实现。IEEE 802.2 定义了 LLC 子层，为 IEEE 802 系列标准共用。

LLC 子层对网络层数据添加 IEEE 802.2 LLC 头进行封装。为了区别网络层数据类型，实现多种协议复用链路，LLC 用 SAP(Service Access Point，服务访问点)标志上层协议。LLC 标准包括两个服务访问点——SSAP(Source Service Access Point，源服务访问点)和 DSAP(Destination Service Access Point，目的服务访问点)，用以分别标识发送方和接收方的网络层协议。SAP 长度为 1B，且仅保留其中 6 位用于标识上层协议，因此其能够标识的协议数不超过 32 种。为保证在 IEEE 802.2 LLC 上支持更多的上层协议，IEEE 发布了 IEEE 802.2 SNAP(Sub Network Access Protocol)标准。IEEE 802.2 SNAP 也用 LLC 头封装上层数据，但其扩展了 LLC 属性，将 SAP 的值置为 AA，而新添加了一个 2B 长的协议类型(Type)字段，从而可以标识更多的上层协议。

7.3.4 MAC 子层

数据链路层的另一个主要功能是适应种类多样的传输介质，并且在任何一种特定的介质上处理信道的占用、站点的标识和寻址问题。在局域网中这个功能由 MAC 子层实现。由于 MAC 子层因不同的物理层介质而不同，它分别由多个标准分别定义。例如 IEEE 802.3 定义了以太网(Ethernet)的 MAC 子层，IEEE 802.4 定义了令牌总线网(Token Bus)的 MAC 子层，而 IEEE 802.5 定义了令牌环网(Token Ring)的 MAC 子层，IEEE 802.11 定义了无线局域网(Wireless LAN，WLAN)。此外，MAC 层还负责对入站数据帧进行完整性校验。

MAC 子层使用 MAC 地址(也称为物理地址)标识每一节点。通常发送方的 MAC 子层将目的计算机的 MAC 地址添加到数据帧上，当此数据帧传递到接收方的 MAC 子层后，它检查该帧的目的地址是否与自己的地址相匹配。如果目的地址与自己的地址不匹配，就将这一帧抛弃；如果相匹配，就将它发送到上一层中。

7.4 主要局域网技术简介

常见的局域网技术包括以太网(Ethernet)、令牌环(Token Ring)、FDDI 等。它们在拓扑结构、传输介质、传输速率、数据格式、控制机制等各方面都有许多不同。

随着以太网带宽的不断提高和可靠性的不断提升,令牌环和 FDDI 的优势已不复存在,渐渐退出了局域网领域。由于其开放、简单、易于实现、易于部署的特性,以太网被广泛应用,迅速成为局域网中占统治地位的技术。另外,无线局域网技术的发展也非常迅速,已经进入大规模安装和普及阶段。

7.4.1 以太网

以太网由 Xerox 公司最早开发,在 Xerox、DEC 和 Intel 公司的推动下形成了 DIX (Digital/Intel/Xerox)标准。1985 年,IEEE 802 委员会吸收以太网为 IEEE 802.3 标准,并对其进行了修改。以太网标准和 IEEE 802.3 标准的主要区别是:以太网标准只描述了使用 50Ω 同轴电缆、数据传输速率为 10Mbps 的总线局域网,而且以太网标准包括 ISO 数据链路层和物理层的全部内容。IEEE 802.3 标准则描述了运行在各种介质上的、数据传输率从 1～10Mbps 的所有采用 CSMA/CD 的局域网,而且 IEEE 802.3 标准只定义了 ISO 参考模型中的数据链路层的 MAC 子层和物理层,而数据链路层的 LLC 子层由 IEEE 802.2 描述。

以太网最初被设计为使多台计算机通过一根共享的同轴电缆进行通信的局域网技术(见图 7-3)。随后又逐渐扩展到包括双绞线的多种共享介质上。由于任意时刻又只有一台计算机能发送数据,共享通信介质的多台计算机之间必须使用某种共同的冲突避免机制,以协调介质的使用。以太网通常采用 CSMA/CD 机制检测冲突。

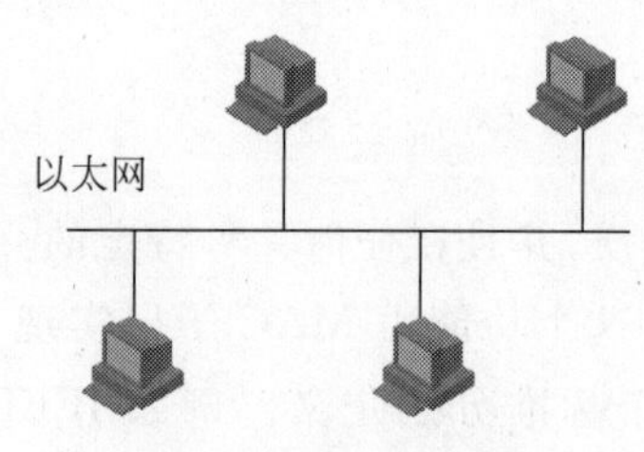

图 7-3 总线型以太网

最初的以太网使用同轴电缆形成总线型拓扑,随即又出现了用集线器(HUB)实现的星型结构,以及用网桥(Bridge)实现的桥接式以太网和用以太网交换机(Switch)实现的交换式以太网。

当今的以太网已形成一系列标准。从早期 10Mbps 的标准以太网,100Mbps 的快速以太网,1Gbps 千兆位以太网,一直到 10Gbps 的万兆位以太网,以太网技术不断发展,成为局域网技术的主流。

以太网标准开放,技术简单,实现方便,加上其速率和可靠性不断提高,成本不断降低,管理和故障排除不断简化,这些都促使其获得越来越广泛的应用。这些都是以太网能从众多局域网技术中脱颖而出的原因所在。

7.4.2 令牌环网

令牌环网(Token Ring)最早由 IBM 公司设计开发,最终被 IEEE 接纳,形成了 IEEE 802.5 标准。

令牌环网在物理上采用了星型拓扑结构。所有工作站通过 IBM 数据连接器(IBM Data Connector)和 IBM 第一类屏蔽双绞线(Type-1 Shielded Twisted Pair)连接到令牌环集线器(HUB)上。但在逻辑上,所有工作站形成一个环型拓扑结构。

一个节点要想发送数据,首先必须获取令牌。令牌是一种特殊的 MAC 控制帧,令牌环帧中有一位标志令牌的"忙/闲"。令牌总是沿着环单向逐站传送,传送顺序与节点在环中排列顺序相同。图 7-4 所示是令牌环网的工作示意图。

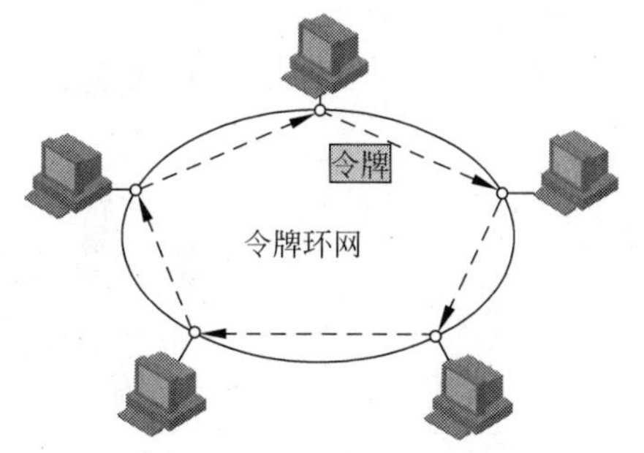

图 7-4 令牌环网结构

如果某节点有数据帧要发送,它必须等待空闲令牌的到来。令牌在工作中有"闲"和"忙"两种状态。"闲"表示令牌没有被占用,即网中没有计算机在传送信息;"忙"表示令牌已被占用,即有信息正在传送。希望传送数据的计算机必须首先检测到"闲"令牌,将它置为"忙"的状态,然后再在该令牌后面传送数据。当所传数据被目的节点计算机接收后,数据从网中被除去,令牌被重新置为"闲"。

老式令牌环网的数据传输速度为 4Mbps 或 16Mbps,新型的快速令牌环网速度可达到 1000Mbps。

令牌环网在理论上具有强于以太网的诸多优势。令牌环网对带宽资源的分配更为均衡合理,避免了无序的争抢,避免了工作站之间发生的介质占用冲突,降低了传输错误的发生概率,提高了资源使用效率。

令牌环网的缺点是机制比较复杂。网络中的节点需要维护令牌,一旦失去令牌就无法工作,需要选择专门的节点监视和管理令牌。令牌环技术的保守、设备的昂贵、技术本身的难以理解和实现都影响了令牌环网的普及。令牌环网的使用率不断下降,其技术的发展和更新也陷于停滞。

7.4.3 FDDI

FDDI 也是一种利用了环型拓扑的局域网技术。其主要特点包括以下内容。

(1) 使用基于 IEEE 802.4 的令牌总线介质访问控制协议。

(2) 使用 IEEE 802.2 协议,与符合 IEEE 802 标准的局域网兼容。

(3) 数据传输速率为 100Mbps,联网节点数最大为 1000,环路长度可达 100km。

(4) 可以使用双环结构,具有容错能力。

(5) 可以使用多模或单模光纤。

(6) 具有动态分配带宽的能力,能支持同步和异步数据传输。

由于 FDDI 在早期局域网环境中具有带宽和可靠性优势,其主要应用于核心机房、办公室或建筑物群的主干网、校园网主干等。图 7-5 描述了 FDDI 网络的结构。

随着以太网带宽的不断提高,可靠性的不断提升,以及成本的不断下降,FDDI 的优势已不复存在。FDDI 的应用日渐减少,主要存在于一些早期建设的网络中。

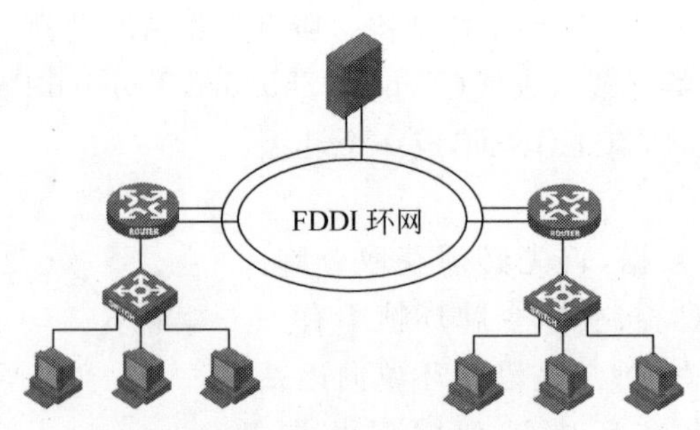

图 7-5 FDDI 网络结构

7.4.4 无线局域网

传统局域网技术都要求用户通过特定的电缆和接头接入网络，无法满足日益增长的灵活性、移动性接入需求。无线局域网(Wireless Local Area Network，WLAN)使计算机与计算机、计算机与网络之间可以在一个特定范围内进行快速的无线通信，因而在与便携式设备的互相促进中获得快速发展，得到了广泛应用。

WLAN 通过射频(Radio Frequency，RF)技术来实现数据传输。WLAN 设备通过诸如展频(Spread Spectrum)或正交频分复用(Orthogonal Frequency-Division Multiplexing，OFDM)这样的技术将数据信号调制在特定频率的电磁波中进行传送。

如图 7-6 所示，在 WLAN 网络中，工作站使用自带的 WLAN 网卡，通过电磁波连接到无线局域网 AP(Access Point，接入点)，形成类似于星型的拓扑结构。AP 的作用类似于以太网的 HUB，或移动电话网的基站。AP 之间可以进行级联以扩大 WLAN 的工作范围。

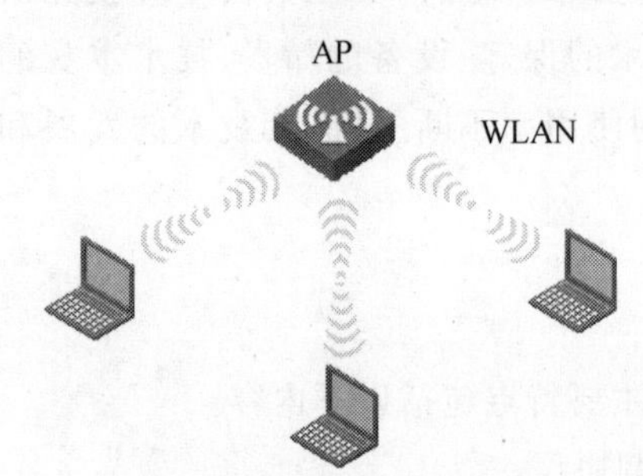

图 7-6 典型 WLAN 拓扑

IEEE 802.11 系列文档提供了 WLAN 标准。最初的 802.11 WLAN 工作于 2.4GHz，提供 2Mbps 带宽，后来又逐渐发展出工作于 2.4GHz 的 11Mbps 的 IEEE 802.11b 和工作于 5GHz 的 54Mbps 的 IEEE 802.11a，以及允许提供 54Mbps 带宽的工作于 2.4GHz 的 IEEE 802.11g。WALN 的标准不断发展，日渐丰富和完善。

WLAN 具有使用方便、便于终端移动、部署迅速而低成本、规模易于扩展、提高工作效率等种种优点，因而获得了相当普及的应用。

然而 WLAN 也具备一些固有的缺点，包括安全性差、稳定性低、连接范围受限、带宽低、电磁辐射潜在地威胁健康等问题。这些方面也是 WLAN 技术发展的热点方向。

7.5 本章总结

(1) 局域网技术主要对应于 OSI 参考模型的物理层和数据链路层，也即 TCP/IP 模型的网络接口层。

(2) 关于局域网最重要的标准是 IEEE 802 标准。

(3) 局域网的数据链路层划分为 LLC 和 MAC 两个子层。

(4) 主要的局域网类型有以太网、令牌环网、FDDI、WLAN 等。

7.6 习题和解答

7.6.1 习题

1. 物理层定义了物理接口的特性是(　　)。

   A. 机械特性　　B. 电气特性　　C. 功能特性　　D. 接口特性

2. 局域网对应 OSI 参考模型的物理层和数据链路层。(　　)

   A. True　　B. False

3. 以下(　　)是数据链路层的功能。

   A. 帧同步　　B. 差错控制　　C. 流量控制　　D. 链路管理

4. 局域网的主要技术有(　　)。

   A. 令牌环网　　B. 以太网　　C. FDDI　　D. 无线局域网

7.6.2 习题答案

1. ABCD　　2. A　　3. ABCD　　4. ABCD

第8章

以太网技术

随着IP技术的飞速发展，以太网作为IP的承载网络已经成为局域网用户必须选择的技术之一。并且随着以太网技术自身的不断发展，它已经超出了局域网的范畴而进入城域网甚至广域网的领域，如现今城域网中广泛采用的10GE技术就是最好的见证。

以太网技术发展经历了从10Mbps到100Mbps，到1000Mbps，再到10Gbps，甚至到目前的40Gbps/100Gbps传输带宽的阶段，对应每一个阶段的发展，都出现了不同而向前兼容的技术标准。同时随着交换机在以太网中的应用，以太网的拓扑结构，从早期的简单的总线型结构发展到现在的层次性结构；运行模式从早期的半双工模式发展到现在的全双工模式，极大地提高了以太网的服务能力。

本章首先介绍以太网的发展历程和标准演进，然后介绍应带宽需求而发展的各种以太网技术的基本原理和实现，主要包括标准以太网、快速以太网、千兆位以太网和万兆位以太网。

8.1 本章目标

学习完本章，应该能够达到以下目标。

(1) 了解以太网的发展历程和相关技术标准。

(2) 掌握各种以太网技术的基本原理。

(3) 描述以太网帧格式。

(4) 理解线缆的规范和连接方式。

8.2 发展历程

从1973年诞生以来，以太网技术经历了标准以太网(10Mbps)、快速以太网(100Mbps)、千兆位以太网(1000Mbps)、万兆位以太网(10Gbps)以及40Gbps/100Gbps以太网的发展。但无论如何变化，它们都遵循了相同的实现机制和基本结构，在链路层采用LLC(Logic Link Control Sublayer，逻辑链路控制子层)和MAC子层(Media Access Control Sublayer，介质访问控制子层)的结构，而在物理层则采用PCS(Physical Code Sublayer，物理编码子层)、PMA(Physical Media Attachment Sublayer，物理介质附属子层)和PMD(Physical Media Dependent，物理介质相关子层)的层次结构，如图8-1所示。

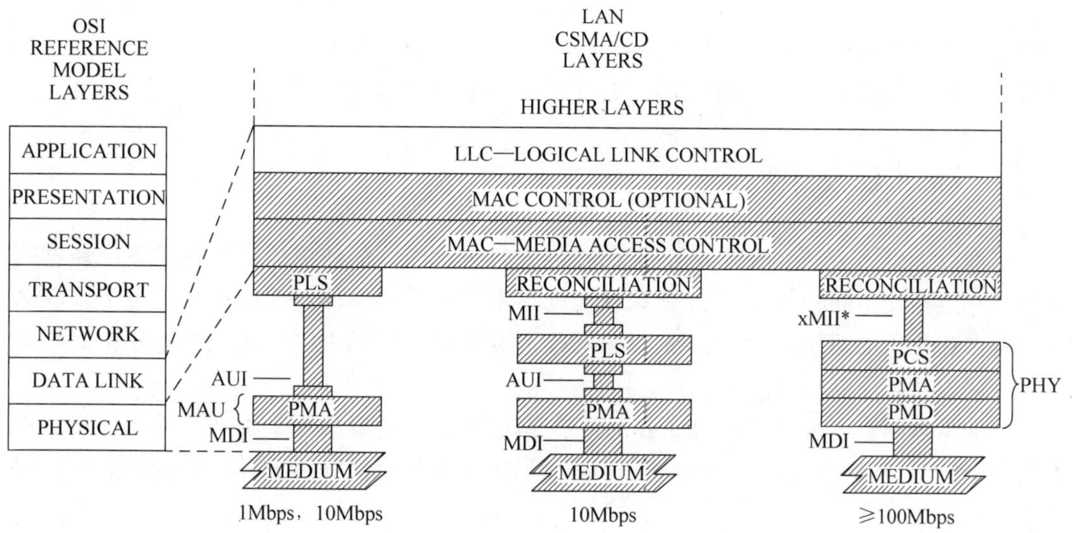

图 8-1 以太网层次结构

图 8-1 展现了以太网的层次结构。由此可知，仅在早期的标准以太网和 1Mbps 速率的以太网中，物理层上的实现存在细小的层次结构差别。以太网技术发展的具体历程如下。

(1) 1973 年，以太网之父罗伯梅特卡夫博士(Dr. Robert Metcalfe)在施乐(Xerox)公司的巴罗阿尔托研究中心推出了以太网技术。

(2) 1985 年，IEEE 正式推出标准以太网 IEEE 802.3 10Base-5 的标准。

(3) 1988 年，IEEE 正式推出标准以太网 IEEE 802.3a 10Base-2 的标准。

(4) 1990 年，IEEE 正式推出标准以太网 IEEE 802.3i 10Base-T 的标准。

(5) 1993 年，IEEE 正式推出标准以太网 IEEE 802.3j 10Base-F 的标准。

(6) 1995 年，IEEE 正式推出快速以太网 IEEE 802.3u 100Base-T 的标准。

(7) 1998 年，IEEE 正式推出千兆位以太网 IEEE 802.3z 1000Base-X 的标准。

(8) 1999 年，IEEE 正式推出千兆位以太网 IEEE 802.3ab 1000Base-T 的标准。

(9) 2002 年，IEEE 正式推出万兆位以太网 IEEE 802.3ae 标准，包含了 10GBase-R、10GBase-W 和 10GBase-X。

(10) 2004 年，IEEE 正式推出万兆位以太网 IEEE 802.3ak 10GBase-CX4 的标准。

(11) 2004 年，IEEE 正式推出以太接入网 IEEE 802.3ah EFM 的标准。

(12) 2005 年，IEEE 正式推出以太网 IEEE 802.3-2005 基本标准。

(13) 2006 年，IEEE 正式推出万兆位以太网 IEEE 802.3an 10GBase-T 的标准，同年还推出了万兆位以太网 802.3aq 10GBase-LRM 的标准。

(14) 2007 年，IEEE 正式推出背板以太网 IEEE 802.3ap 标准。

(15) 2008 年，IEEE 正式推出以太网 IEEE 802.3-2008 基本标准。

(16) 2010 年，IEEE 正式推出以太网 IEEE 802.3ba 基本标准。

在了解以太网技术发展历程的基础上，进一步深入了解这些技术的实现机制。

注意：IEEE 802.3 标准协议族包含了很多的补充协议，分别描述了各种以太网技术的实现基础以及以太网技术的一些辅助功能，如 IEEE 802.3x 就专门描述了以太网上的流控实现。但实际上这些补充协议往往有需要对目前已经存在的协议标准进行适当的修改。所以本文以后不再具体描述到某个补充协议,而只概要地描述成 IEEE 802.3 标准。另外,上述的补充协议绝大部分也已经被并入 IEEE 802.3-2008 基本标准中。

8.3 标准以太网

标准以太网作为最早的以太网标准,在以太网技术的发展和应用中起到了举足轻重的作用。它包括使用同轴电缆、双绞线以及光纤等不同介质传输的以太网技术。由于同轴电缆的建设和使用的不便,已经被新的以太网技术所替代,在现今的以太网技术应用中双绞线和光纤成为经久不衰的主力军。

标准以太网由于采用不同的传输介质进行数据传输,所以出现了不同的标准。它们主要是 10Base-5、10Base-2、10Base-T 和 10Base-F,分别采用粗同轴电缆、细同轴电缆、双绞线和光纤作为传输介质。

8.3.1 以太网帧

1. IEEE 802.3 的 MAC 层帧格式

IEEE 802.3 帧是变长的,其长度从 64～1518B 不等,帧格式如图 8-2 所示。IEEE 802.3 的帧由七个部分组成:前导符、起始符、目的地址、源地址、类型/长度、数据/填充和帧校验序号。其发送顺序是从前导符开始发送,每个字节从最低比特开始发送。前导符是 7 个 10101010 的字节。

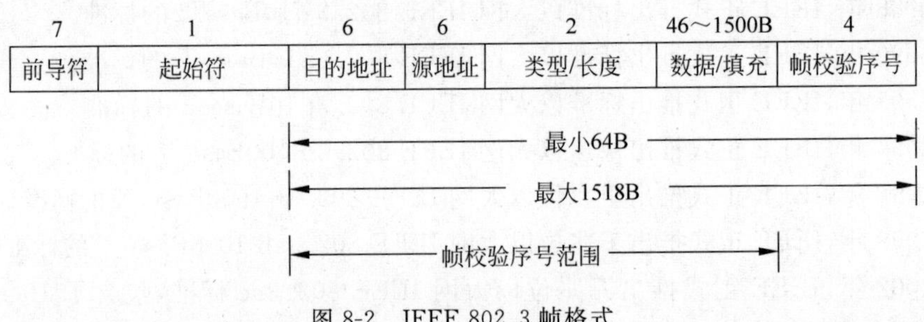

图 8-2 IEEE 802.3 帧格式

(1) 前导符(Preamble):用于接收方的接收时钟与发送方的发送时钟进行同步。

(2) 起始符(Start of Frame Delimiter):为 10101011,标志着一帧的开始。

(3) 目的地址(Destination MAC Address):共 48 位,由 IEEE 分配。首字节的第八位为"0"时表示唯一地址或单播地址(Unicast Address),首字节的第八位为"1"时表示组地址或组播地址(Multicast Address)。MAC 地址所有位全为"1"时为广播地址(Broadcast Address)。目的 MAC 地址为单播地址、组播地址、广播地址的数据帧分别为单播帧、组播帧、广播帧。

(4) 源地址(Source MAC Address):格式等同目的 MAC 地址。

(5) 类型/长度:表示以太帧封装的消息协议类型;长度表示数据段中的字节数,其值可为 0～1500。

(6) 数据/填充:用于数据填充。当用户数据不足 46B 时,要求将用户数据凑足 46B,以保证 IEEE 802.3 的帧长度不小于 64B(14B 帧头+46B 数据+4B CRC)。IEEE 802.3 的最大帧长度是 1518B(14B 帧头+1500B 数据+4B CRC)。为应用方便,一般不限制最大帧长度。将用户报文一次性发送完,既节省软件开销,又可提高网络利用率。特别是像 IEEE 802.3 这样的竞争型网络,帧越短,为发送一次数据所需的竞争次数越多,冲突碎片所占用的网络带宽也就越大。理论分析与实际测量结果都表明,数据帧越长,网络的有效利用率就越高。然而帧长度还受另外两个因素限制:一是网络平均响应时间,帧越长,一次占用信道的时间越长,其他节点等待发送所需要的时间也就越长;二是缓冲区的限制,考虑到典型环境下报文长度多在 500~2000B,故 IEEE 802.3 标准选取最大帧长度为 1518B(其中 1500B 为用户数据)。

(7) 帧校验序号(Frame Check Sequence):使用 32 位循环冗余校验码的错误检验。CRC 码的校验内容范围为目的地址、源地址、长度、数据和填充字段。CRC 码由高位到低位顺序发送。

2. MAC 地址

以太网上的计算机用 MAC 地址(Medium Access Control Address,介质访问控制地址)作为自己的唯一标识。MAC 地址为二进制 48 位,常用 12 位十六进制数表示,如图 8-3 所示。

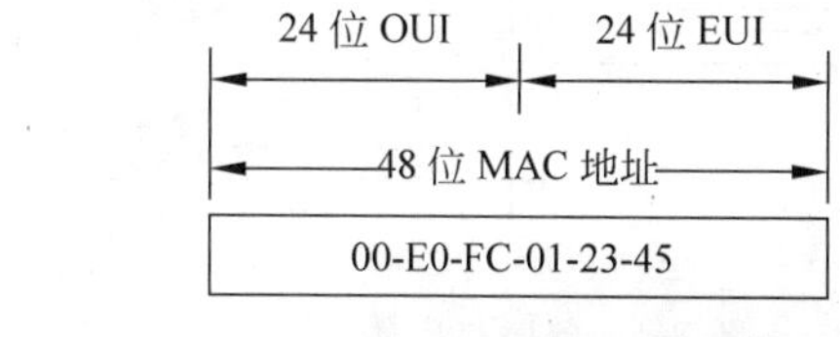

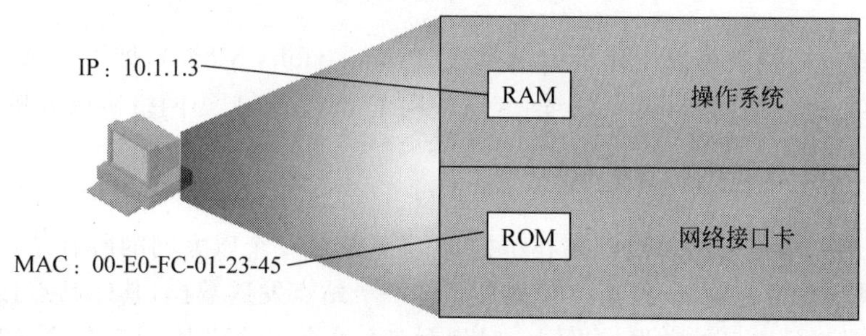

图 8-3 MAC 地址

MAC 地址分为 24 位的 OUI(Organizationally Unique Identifier,组织唯一标识符)和 24 位的 EUI(Extended Unique Identifier,扩展唯一标识符)两部分。IEEE RA(Registration Authority)是 MAC 地址的法定管理机构,负责分配 OUI,组织自行分配其 EUI。

MAC 地址固化在网卡的 ROM(Read Only Memory,只读存储器)中,每次启动时由计算机读取出来,因此也称为硬件地址(Hardware Address)。每块网卡的 MAC 地址是全球唯一的,也即全网唯一的。一台计算机可能有多个网卡,因此也可能同时具有多个 MAC 地址。

3. 以太网单播、广播和组播

以太帧中包含两个 MAC 地址,一个是发送者的 MAC 地址,称为源 MAC 地址;另一个是帧接收者的地址,称为目的 MAC 地址。目的为单一站点的发送称为单播(Unicast);目的为全部站点的发送称为广播(Broadcast);目的为某一组特定站点的发送称为组播(Multicast)。

发送单播时,帧的目的MAC地址填写为目的站点的MAC地址;发送广播时,目的MAC地址填写为以太网广播地址FFFF.FFFF.FFFF,表示发送给全体站点;发送组播时,目的MAC地址填写为某一相应的组播MAC地址。

以太网卡具有过滤(Filtering)功能。网卡只将发送给自己的帧接收、解封装并提交给上层协议处理。对于不是发送给自己的帧则一律丢弃。为了实现这个功能,网卡维护一个接收地址表,表中存储有自己的MAC地址、广播地址以及自己所属的组播组MAC地址。收到一个帧时,网卡首先将其目的地址与此接收地址表中的地址加以比较,若发现匹配则说明此帧是发给自己的。因此,虽然每个帧的物理信号能到达所有的站点,但只有正确的站点才能收到,如图8-4所示。

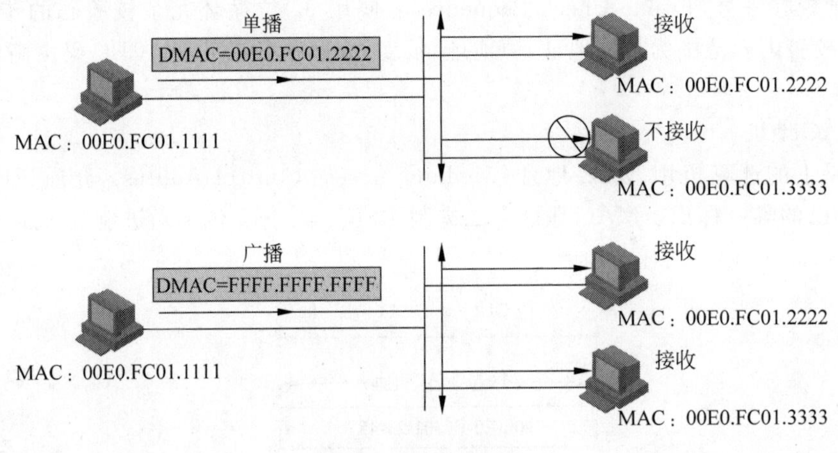

图8-4 单播与广播

不过,还有一些网卡可以工作于混杂模式(Promiscuous Mode),即可以接收任意帧,而不考虑这些帧是否发送给自己。这类网卡通常用于wireshark等网络协议分析工具中。

8.3.2 冲突检测和处理

以太网(Ethernet)采用总线型拓扑结构,由于连接到一个以太网的所有站点使用了公共的电缆系统,共享信道传输,所以某一时刻只允许一个站点发送数据,其他站点接收该数据并检查其是否为发送给自己的数据。当同一时刻有多个站点传输数据,这时就会产生数据冲突。

在一个以太网中所有相互之间可能发生冲突的站点的集合称为一个冲突域。例如对于用同轴电缆互连的以太网,其中所有站点就属于一个冲突域,如图8-5所示中椭圆形区域。

当一个冲突域中的站点数目过多时,冲突就会很频繁。因此,在以太网中站点数目过多将会严重影响网络性能。为了避免数据传输的冲突,以太网采用带有冲突检测的载波侦听多路访问(CSMA/CD)机制规范站点对于共享信道的使用。

1. CSMA/CD

CSMA/CD(Carrier Sense Multiple Access/Collision Detection)网络使用了一些规则来避免站点同时传输的情况。如果站点需要传输数据帧,则检测是否因发生冲突,而需要重新发送。CSMA/CD协议与电话会议比较类似,许多人可以在线路上进行对话,但如果大家都同时讲话,则将听到一片混乱;如果每个人等别人讲完后再讲,则可以听清楚各人所说的话。站点在CSMA/CD网络上进行传输时,必须按下列五个步骤来进行。

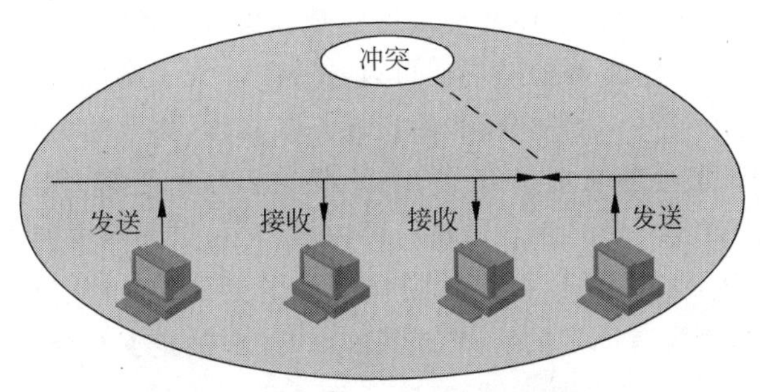

图 8-5　冲突的产生及冲突域

(1) 传输前侦听：各站点不断地监视电缆段上的载波。"载波"是指电缆上的信号，通常由表明电缆正在使用的电信号来识别。如果站点没有监听到载波，则它假定电缆空闲并开始传输。

(2) 如果电缆忙则等待：为了避免冲突，如果站点监听到电缆忙则必须等待。类似于电话会议，如果听到有人在说话，则应一直等到那人讲完才开始讲话。延迟时间是站点试图重传前必须等到线路变成空闲的时间。

(3) 传输并检测冲突：当监听到电缆空闲时，站点就可以传输数据。如果与此同时同一电缆段上的其他站点也传输一个包，则数据包在电缆上将产生冲突。在电缆上发生冲突的数据包变得不可以识别。(如果在电话会议中与他人同时讲话，你们俩讲话将冲突，结果大家都听不清楚。)因此，在传输过程中，站点也应该在电缆段上检测冲突。冲突由电缆上的信号来识别，当电缆上的信号大于或等于由两个或两个以上的收发器同时传输所产生的信号时，则认为冲突产生。如果冲突产生，而其他工作站没有发现冲突信息，则它们可能进行传输。这些站点将产生另一次的冲突。为了避免这种情况，发生冲突的站点将发出一个"冲突信号"，来确保在电缆上的所有站点都能够知道发生了冲突，并停止传输。

(4) 如果冲突发生，重传前等待：如果两个或多个站点在冲突后都立即重传，则它们第二次传输也将产生冲突。因此站点在重传前必须随机地等待一段时间。为了选择何时进行重传，站点实现了一个算法，此算法提供了站点可以进行重传的时间集，该算法被称为"回退算法"。站点随机地从时间集中选择一个回退时间，等待后重传。例如，在电话会议中，若两人同时开始讲话，则语音变得混乱，两人将停止讲话，然后其中一人再次说话，而另一人等待。

(5) 重传或夭折：重传的最大允许次数为 15 次。每次重传的回退时间为一个随机数乘以 512bit 时间，这样不同站点选择的回退时间就很少相等，从而降低了两个或多个站点同时重传的概率。若 $n>15$ 时，停止重传。

理解了电缆段上的传输处理过程之后，再来看一下接收方的情况。在电缆段上活动的工作站实现下列四个步骤。

(1) 检查收到的帧并且校验其是否成为碎片。在 Ethernet 局域网上，帧长度最小为 64B，如果低于 64B，则可能是由冲突引起的碎片。

(2) 检验目标地址。接收站在判明已不是碎片之后，下一步是校验帧的目标地址，看它是否要在本地处理。如果帧的地址是本地工作站地址，或是"广播地址"，或是被认可的多播地址，工作站将校验包的完整性。

(3) 如果目标是本地工作站，则校验帧的完整性。在这一步，接收站已知道帧不是碎片,并且地址是自身或认可的地址,但并不知道包是否具有正确的格式。在电缆段上畸变了的帧,或传输站发出的格式不正确的帧仍然可以被接收。为了避免处理畸变了的帧,接收站必须校验帧的几个特性。第一个必须校验的特性是帧长度,如果帧的长度大于 1518B,则认为此帧为超长帧。超长帧可能是由错误的 LAN 驱动程序所引起。如果帧没有超长,接收站将对包进行校验,检查其内容是否与传输时的内容相同,以太网中使用的是一种循环冗余校验(CRC)。如果 CRC 校验出错,接收站则核实帧定界是否正确。错误定界的帧不是以 8 位为边界。所有的包都含有固定的字节的个数,并且在被定义的字节数后必须结束。没有以字节边界结束的帧校验将失败。例如,帧长度不能是 72B 加 3 位,它必须是 72B 或是 73B。如果帧 CRC 校验没有通过,但以 8 位为边界结束(合适的帧定界),则以为 CRC 错误。到目前为止,已经对数据帧进行了多种校验,看是否包成了碎片,是否帧太长,是否包含 CRC 校验错,是否有合适的帧定位界。所有这些校验确保了在接收站开始进行处理前,帧长度及内容都是有效的。如果数据帧在上述的任何校验中出现错误,则接收站不再将此帧传递到高层协议进行处理。

(4) 处理帧。如果数据帧已通过了所有的校验,则认为数据帧是有效的,其格式正确、长度合法。如果工作站仍然有通信问题,则必须进一步通过查看数据帧来寻找问题。也许是工作站使用了错误的帧类型或其他原因。在 CSMA/CD 网络上,工作站为了处理一个帧,必须完成显示在图 8-6 和图 8-7 中所定义的所有步骤。

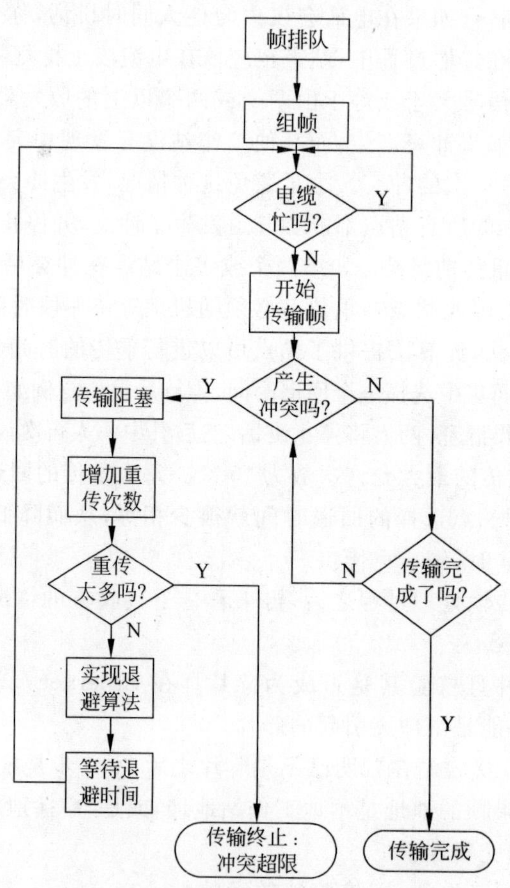

图 8-6 CSMA/CD 数据传输全流程

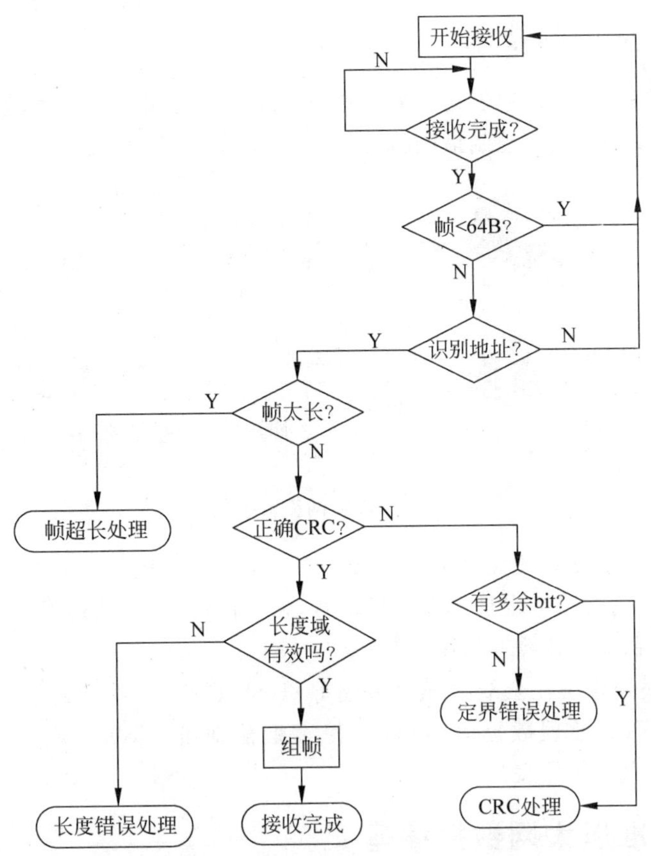

图 8-7　CSMA/CD 数据接收全流程

CSMA/CD 是一种简单而容易实现的机制，并且在以太网上节点不多的情况下工作得很好。但是，如果随着一个冲突域内的节点数量的增加，冲突发生的概率也会急剧增加，各个节点会一次又一次地发生冲突和执行退避，这样会严重影响以太网的信道使用效率。因此，一个以太网冲突域内的主机数量通常不建议超过 50 台。

2. 全/半双工

IEEE 802.3 提供了两种运行模式：半双工模式和全双工模式。在半双工模式下，站点使用 CSMA/CD 机制竞争对物理介质的使用。CSMA/CD 协议仅适用于半双工模式工作的共享式以太网，这种以太网也被称为传统以太网或者 CSMA/CD 网络，例如 10Base-5。

以太网交换机的出现，为以太网运行在全双工方式提供了支持，从而产生了全双工以太网。在全双工的网段上，物理介质必须支持同时的发送与接收而不产生干扰。在这个网段上只能有两个站点，站点之间是全双工点到点的链路。因为不存在多站点争用共享介质，所以传输时没有冲突，不需要 CSMA/CD 机制或者其他多点访问算法。当然，站点必须支持全双工模式，并且配置工作模式为全双工。

早期的全双工模式运行在以太网交换机之间，随着网络技术的发展，现在不仅交换机具有全双工端口，服务器和 PC 都配备了全双工端口。全双工的运行模式使以太网的性能得到成倍的提升。

8.3.3 流量控制技术

在数据传输过程当中，如果发送方发送速率高于接收方接收速率时，就会加剧出现丢帧的情况，这时就需要采取流量控制措施，如图 8-8 所示。

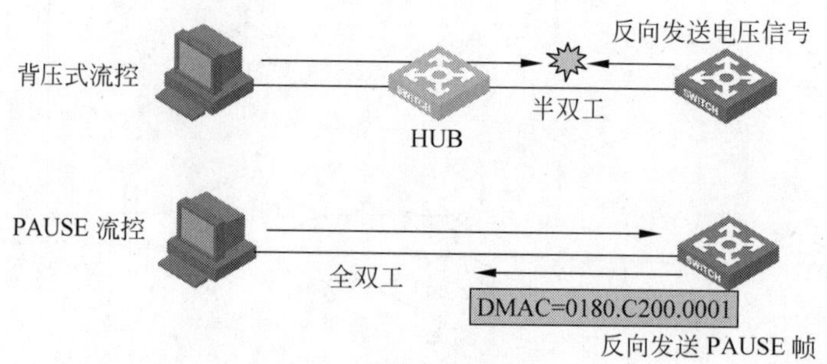

图 8-8 以太网流量控制

在半双工以太网上则利用背压式(Back Pressure)方法进行流量控制。当接收方来不及处理数据时，可以向线路上发送一个电压信号，强行制造冲突，使得发送方暂时退避，从而允许接收方去处理积聚在其缓冲区中的数据。

IEEE 802.3 还规定了在全双工环境中用 PAUSE 操作控制流量的方法。在全双工环境中，当接收方来不及处理数据时，可以向保留组播地址 0180. C200. 0001 发送 64B 的 PAUSE 帧，告诉发送方暂停发送。

8.3.4 标准以太网数据编码

标准以太网采用了最常用的曼彻斯特(Manchester)编码。曼彻斯特编码使用一个时钟周期来表示一个比特。如图 8-9 所示，在时钟周期的中间使用一次电平转换，如果电平转换是由高位到低位则表示为 0，如果电平转换由低位到高位则表示为 1。

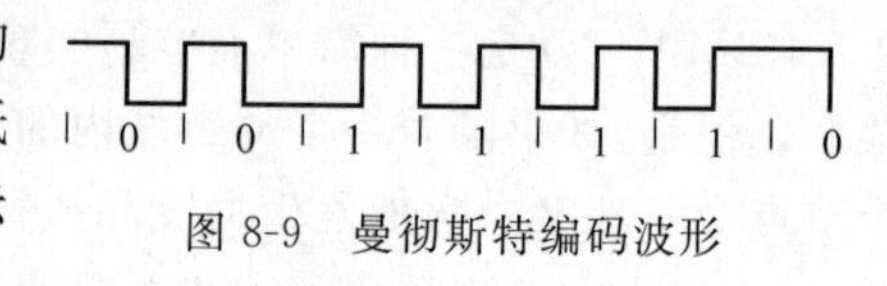

图 8-9 曼彻斯特编码波形

8.3.5 10Base-5

10Base-5 是一种总线型结构的以太网。它使用 50Ω 的同轴粗缆(Thick Cable)作为传输介质，每隔一段可以设置一个收发器(Transceiver)，网内的主机通过收发器电缆(Transceiver Cable)与收发器相连，接入以太网。粗缆的抗干扰性较强，一根粗缆能够传输 500m 远的距离。但粗缆的连接和布设比较烦琐，不便于使用。

1. 物理介质——同轴电缆

20 世纪 80 年代，DEC、Intel 和 Xerox 公司合作推出了以太网。最初设计以太网时，终端设备共享通信带宽，通过物理介质连接形成总线型拓扑网络。同轴线缆就是在当时普遍采用的传输介质。也就是说总线型拓扑结构与同轴线缆主要是应用在早期的以太网中。现在以太网通常采用星型拓扑结构与双绞线。

图 8-10 中描绘了一种典型的同轴电缆。它由四层组成：一根中央铜导线、包围铜线的绝缘层、一个网状金属屏蔽层以及一个塑料保护外皮。它的内部共有两层导体排列在同一

轴上，所以称为“同轴”。其中，铜线传输电磁信号，它的粗细直接决定其衰减程度和传输距离；绝缘材料将铜线与金属屏蔽物隔开；网状金属屏蔽层一方面可以屏蔽噪声；另一方面可以作为信号地，能够很好地隔离外来的电信号，因为网状金属屏蔽层在各个方向上围绕着导线，因此屏蔽是十分有效的。由于具有出色的屏蔽性、中心铜线的芯也比较粗，所以同轴电缆的频率特性较好，拥有较好的固有带宽，能进行高速率的传输。事实上，大多数同轴电缆固有的带宽远远超过最好的双绞线。

同轴电缆有粗缆和细缆两种类型。粗、细是通过同轴电缆中导体的直径大小来区分的。通常，中心导体的芯越粗，信号传输距离就越远。铜线的直径为 0.25 英寸(1 英寸＝2.54cm)的细缆传输距离约 200m(10Base-2)，直径 0.5 英寸的粗缆传输距离为 500m(10Base-5)。在粗缆和细缆的两端都采用 50Ω 的终端电阻(终结器)，吸收发送完毕的信号，以便于新信号的接收，如图 8-11 所示。

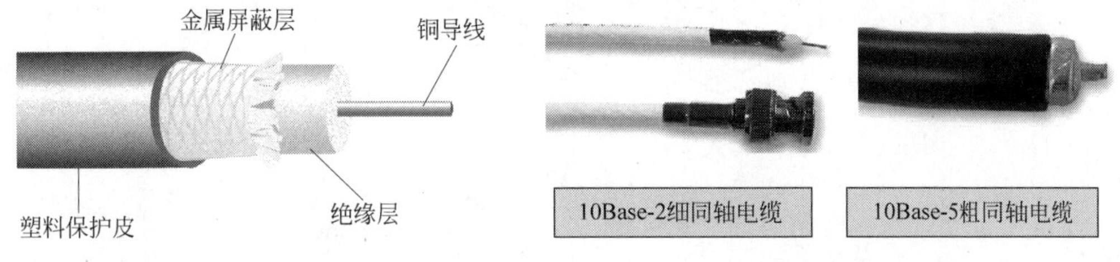

图 8-10　同轴电缆　　　　图 8-11　细缆和粗缆

粗缆适用于比较大型的 LAN，它的线缆很硬，不容易弯曲，安装难度大、总体造价也高。由于有了更好的产品如光纤电缆等来取代它，现在粗同轴电缆已经不经常使用。细同轴电缆的直径与粗同轴电缆相比要小一些，用于小型 LAN 内的设备互连。安装相对容易、造价低。图 8-12 描绘了一种典型使用同轴电缆的总线型 LAN。

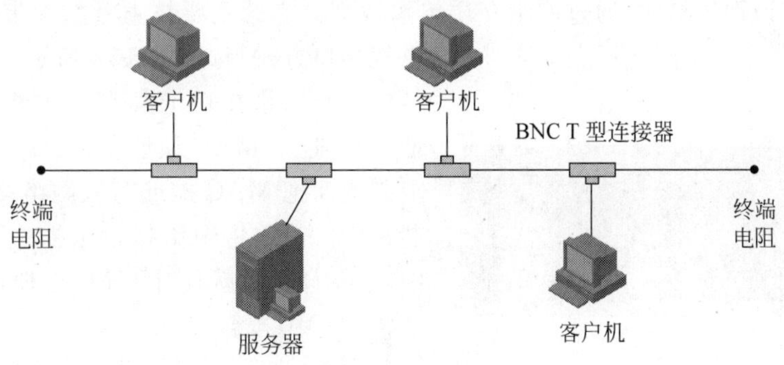

图 8-12　使用同轴电缆的总线型 LAN

随着结构化布线日益发展的需求，人们需要稳定的布线结构来支持 LAN 高速通信，对 LAN 安装、维护管理的要求也越来越高。虽然同轴电缆的电路特性比较好，然而在基于同轴电缆连接的总线型拓扑结构以太网中，网络管理麻烦，任何增加或减少布线点的变动都需要重新布线，网络配置需要在各个布线点操作，并对电缆进行相关改动，同时也会影响网络上的其他用户。而且，当一个节点发生故障时，故障会串联影响到整根缆线上的所有机器，故障的诊断和修复都很麻烦。这种布线方式难以符合现在结构化布线系统的需求，因此，应用于其中的同轴电缆也逐渐退出舞台，被非屏蔽双绞线和光缆所取代。

2. 连接器

计算机与粗缆连接采用的是收发器(Transceiver)。每台计算机需要一个收发器和网络相连。收发器连接在以太网上，计算机再利用一根电缆连接到收发器上，这根电缆被称为连接单元接口(Attachment Unit Interface，AUI)电缆。计算机网络接口卡和收发器上的连接器件则被称为AUI连接器。常用的连接器有N型连接器和同轴活栓连接器。其中同轴活栓连接器如图8-13所示。

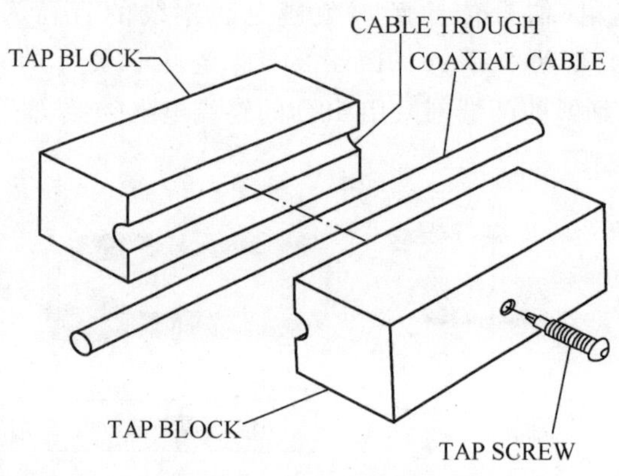

图8-13 同轴活栓连接器

3. 设备

10Base-5以太网和10Base-2以太网使用的主要设备有网卡、中继器等。

(1) 网络接口卡

网络接口卡(Network Interface Card，NIC)负责将设备所要传递的数据转换为网络上其他设备能够识别的格式，通过网络介质传输数据。它的主要技术参数为带宽、总线方式、电气接口方式等，如图8-14所示。

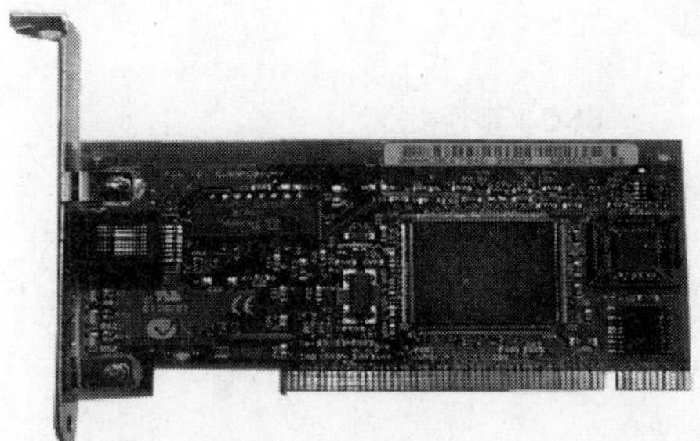

图8-14 网络接口卡

每个网络接口卡都有一个物理地址(MAC地址)。这个MAC地址在它出厂时，由网络接口卡制造商把MAC地址写入网络接口卡的ROM芯片中。假如将网络接口卡插在计算机的主板中，这台计算机就具有了MAC地址。

(2) 中继器

中继器(Repeater)只能简单地重复并放大电信号，因此可以认为中继器属于物理层设备。

4. 拓扑结构及扩展

对于10Base-5和10Base-2而言，拓扑结构都为总线型。当单一线缆段(Cable Segment)距离不足的时候，可以用中继器(Repeater)扩展连接距离。而由中继器连接起来的多个线缆段共同形成一个物理段(Physical Segment)，如图8-15所示。

随着范围的扩展，一个物理段内发生冲突的概率和冲突检测的困难也不断增加，因而这种扩展是有限的。10Base-5和10Base-2最多只能串联4个中继器，扩展到5个线缆段的距

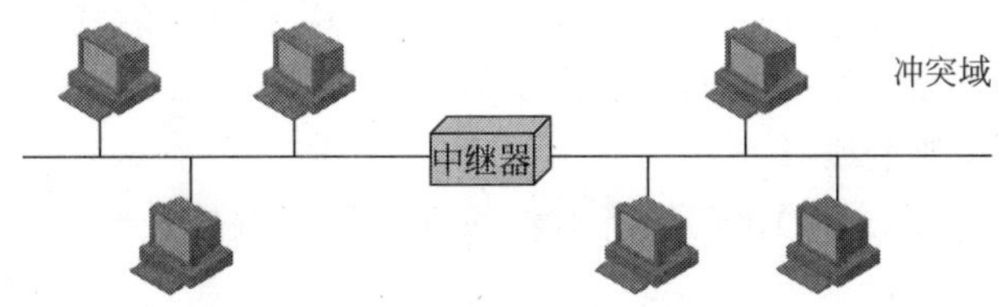

图 8-15 总线型以太网拓扑扩展

离，其中只有 3 个线缆段能连接主机，其余两个仅作为延长段。但不论扩展多远，一个物理段内的所有线缆段全部属于同一个冲突域。

8.3.6 10Base-2

10Base-5 以太网的传输距离尽管可以达到 500m，但是由于这种粗同轴电缆安装的弱可操作性给网络建设带来了很大的不便，同时建设成本也相对颇高，所以在此基础之上，对传输介质进行了进一步的优化设计，将粗同轴电缆更换为细同轴电缆来提高网络建设的可操作性并降低成本。这种使用细同轴电缆的以太网就是人们熟知的 10Base-2 以太网，其传输距离为 185m。而且在连接器方面也做了进一步的改进，它使用了连接更加可靠方便的 BNC T 型连接器。BNC 直接连接在计算机的网络接口卡上，不需要粗缆中的中间连接设备。BNC 连接器有 3 个接口。T 型底部连接到计算机的网络接口卡上，另外两边连接细缆，以便允许信号进出网络接口卡，如图 8-16 所示。

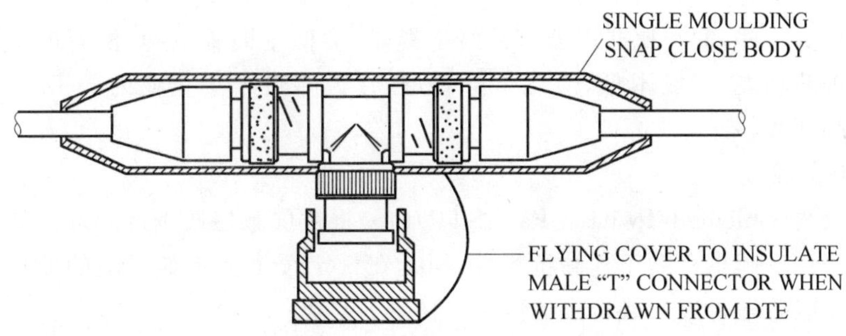

图 8-16 BNC T 型连接器

8.3.7 10Base-T

10Base-T 以太网技术从物理介质和连接器方面进行了根本性的变革设计，并由此使得以太网物理拓扑结构从原来的总线型拓扑结构改为星型拓扑结构。它使用了无论是在制造还是安装上都大大降低了难度的双绞线进行物理信号的传输，并且连接器采用了强可操作性的 RJ-45 连接器。起初它采用集线器(HUB)作为网络的核心，所有的主机都通过双绞线(Twisted-Pair Cable)连接到集线器，双绞线的两端都采用 RJ-45 标准接头。在采用 3 类 UTP(Category 3 Unshielded Twisted Pair，第 3 类无屏蔽双绞线)时一根双绞线的最大距离为 100m；采用 5 类 UTP 时可达 150m。由于部署方便，容易排除故障等原因，10Base-T 逐渐成为流行的以太网标准。

10Base-T 以太网采用双绞线作为物理传输介质，当使用交换机作为网络的核心时，在计算机与交换机之间,使用两对铜质双绞线,一对专门用于数据的发送,另一对专门用于数据的接收,很容易地实现了数据的同时收发功能,即全双工状态。

1. 物理介质——双绞线

双绞线(Twisted Pair,TP)由两根具有绝缘保护层的铜导线组成。每根铜导线都包覆有绝缘材料(如塑料),然后两根线再按一定密度相互绞在一起,就可改变导线的电气特性,可以降低信号干扰的程度,因为两条导线分别携带的信号的相位相差180°,外界电磁干扰给两个电流带来的影响将相互抵消,从而使信号不至于迅速衰退。其次,每一根导线在传输中辐射出来的电波会被另一根线上发出的电波抵消,限制了电磁能量的发射,有助于防止双绞线中的电流发射能量干扰其他导线。

把一对或多对双绞线放在一个绝缘套管中便成了双绞线电缆。双绞线电缆比较柔软,便于在墙角等不规则地方施工。它主要是用来传输模拟声音信息,也可用于数字信号的传输。在传输期间,信号的衰减(Attenuate)比较大,并且容易使波形畸变。这意味着双绞线的传输距离有一定的限制,在大多数应用下,双绞线的最大布线长度为100m。双绞线的典型带宽是250kHz;根据距离长短,数据传输速率一般可达到10~100Mbps。然而,新技术允许在有限的范围内使双绞线达到1000Mbps的数据传输速率甚至更高。

双绞线的电路特性并没有同轴电缆好,但是由于它的价格低廉和施工方便等优势,使它拥有了更强的生命力。目前,双绞线已经成为一种非常流行的通信介质,而且传输能力也有较大提升。

双绞线分为两种类型:屏蔽双绞线和非屏蔽双绞线(也称无屏蔽双绞线)。屏蔽双绞线的价格相对要高一些,安装比非屏蔽双绞线电缆难,类似于同轴电缆,配有屏蔽功能。非屏蔽电缆没有屏蔽功能,它成本低,应用十分普遍,在大多数中小企业内部LAN、网吧LAN等均使用这种网线。

(1) 屏蔽双绞线

屏蔽双绞线(Shielded Twisted Pair,STP)由一根被屏蔽层所围绕的双绞线所组成。将一对电线缠绕在一起也有助于提高抗噪性,但是在一定程度上不如屏蔽的效果好。屏蔽层形成一个防止电磁辐射进入或逸出的屏障。图8-17描绘了一根STP电缆。

更强的屏蔽能力使得带屏蔽的双绞线或同轴电缆经常被用于周围有产生强电磁场设备的强干扰源场合(如大型空调等)。

(2) 非屏蔽双绞线

非屏蔽双绞线(Unshielded Twisted Pair,UTP)的知识是需要重点了解的。非屏蔽双绞线(UTP)电缆包括一对或多对由塑料封套包裹的绝缘电线对。UTP没有用来屏蔽双绞线的额外的屏蔽层。因此,UTP比STP更便宜,但抗噪性也相对较低。图8-18描述了一根典型的UTP电缆。

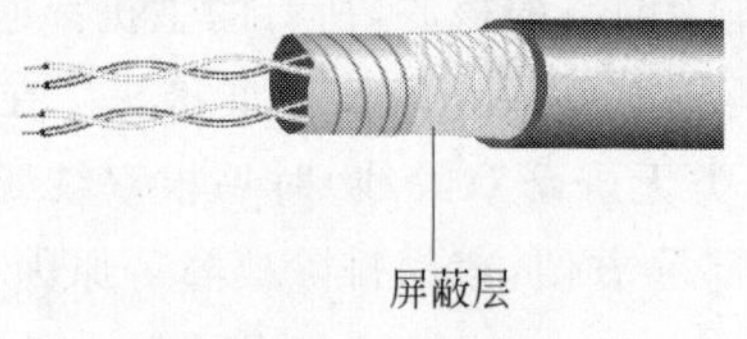

图8-17 STP电缆

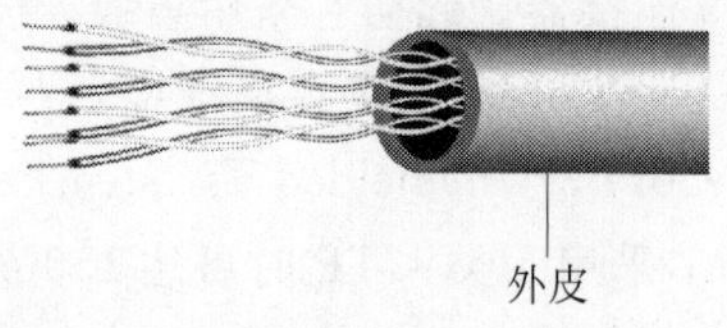

图8-18 UTP电缆

UTP 中的 10Base-T 电缆，"10Base-T"这种命名规范由 IEEE 制定，意思是，其最大传输速率为 10Mbps，使用的是基带通信，为双绞线类型。其中"10"代表最大数据传输速度为 10Mbps，"Base"代表采用基带传输方法传输信号，"T"代表 UTP。这种 UTP 也称为 Category 3(Cat 3)电缆，表 8-1 列出了 EIA/TIA 协会制定的双绞线电缆标准。为灵活运用网络电缆组网，需要熟悉用于现代网络的一些标准，特别是增强 5 类 UTP。

表 8-1　UTP 双绞线分类

双绞线类型	描　述
1 类线(Cat 1)	一种包括两个电线对的 UTP 形式。主要用于传输语音(一类标准主要用于 20 世纪 80 年代初之前的电话线缆)，不用于数据传输
2 类线(Cat 2)	一种包括四个电线对的 UTP 形式。传输频率为 1MHz，用于语音传输和最高传输速率 4Mbps 的数据传输，常见于使用 4Mbps 规范令牌传递协议的旧的令牌网
3 类线(Cat 3)	一种包括四个电线对的 UTP 形式。指目前在 ANSI 和 EIA/TIA-568 标准中指定的电缆。该电缆的传输频率为 16MHz，用于语音传输及最高传输速率为 10Mbps 的数据传输，主要用于 10Base-T。3 类线一般用于 10Mbps 的 Ethernet 或 4Mbps 的 Token Ring。虽然 3 类线比 5 类线便宜，但为了获得更高的吞吐量，5 类线已经代替了 3 类线
4 类线(Cat 4)	一种包括四个电线对的 UTP 形式。该类电缆的传输频率为 20MHz，用于语音传输和最高传输速率 16Mbps 的数据传输，主要用于基于令牌的局域网和 10Base-T/100Base-T。与 Cat 1、Cat 2 或 Cat 3 相比，它能提供更多的保护以防止串扰和衰减
5 类线(Cat 5)	用于新安装及更新到快速 Ethernet 的最流行的 UTP 形式。Cat 5 包括四个电线对，该类电缆增加了绕线密度，外套一种高质量的绝缘材料，支持 100Mbps 吞吐量和 100Mbps 信号速率。除 100Mbps Ethernet 之外，Cat 5 电缆还支持其他的快速联网技术，例如异步传输模式(ATM)
增强 Cat 5	Cat 5 电缆的更高级别的版本。它包括高质量的铜线，能提供一个高的缠绕率，并使用先进的方法以减少串扰。增强 Cat 5 能支持高达 200MHz 的信号速率，是常规 Cat 5 容量的两倍，主要用于 100Mbps Ethernet 和 1000Mbps Ethernet
6 类线(Cat 6)	包括四对电线对的双绞线电缆。每对电线被箔绝缘体包裹，另一层箔绝缘体包裹在所有电线对的外面，同时一层防火塑料封套包裹在第二层箔层外面。箔绝缘体对串扰提供了较好的阻抗，从而使得 Cat 6 能支持的吞吐量是常规 Cat 5 吞吐量的六倍，由于 Cat 6 是一种新技术且大部分网络技术不能利用它的最高容量，Cat 6 很少用于当今的网络中
增强 Cat 6	6 类线用于 1000Mbps Ethernet 比较浪费，用于 10Gbps Ethernet 又不能满足需要，经过改进，制定出增强 Cat 6 标准，完全满足了 10Gbps Ethernet 铜缆接口需要
7 类线	分为 RJ 型和非 RJ 型，部分标准仍在研究中。最低传输带宽 600MHz，非 RJ 型可达 1.2GHz

2. 连接器

连接 UTP 与 STP 采用的是 RJ-45 连接器(俗称水晶头)，它类似于电话所使用的连接器。连接器的一端可以连接在计算机的网络接口卡上，另一端可以连接集线器、交换机、路由器等网络设备，如图 8-19 所示。

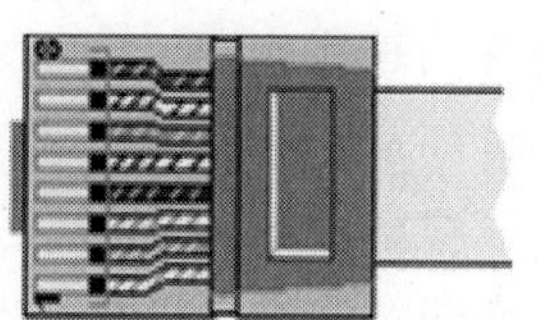

图 8-19　RJ-45 连接器

3. 设备

10Base-T 以太网的主要设备有网卡、集线器、交换机等。

(1) 网卡

网卡又称为网络适配器(Network Adapter)或网络接口卡 NIC(Network Interface Card)。网卡是工作在链路层的网络组件,是局域网中连接计算机和传输介质的接口。网卡不仅能实现与局域网传输介质之间的物理连接和电信号匹配,还涉及帧的发送与接收、帧的封装与拆封、介质访问控制、数据的编码与解码以及数据缓存的功能等。

网卡上面装有处理器和存储器(包括 RAM 和 ROM)。网卡和局域网之间的通信是通过电缆或双绞线以串行传输方式进行的。而网卡和计算机之间的通信则是通过计算机主板上的 I/O 总线以并行传输方式进行。由于网络上的数据率和计算机总线上的数据率并不相同,因此在网卡中必须装有对数据进行缓存的存储芯片。

在安装网卡时必须将管理网卡的设备驱动程序安装在计算机的操作系统中。这个驱动程序就会告诉网卡,如何对局域网传送过来的数据块进行存储,如何对数据进行编解码等。

网卡还要能够实现以太网协议,能够实现介质访问和数据帧的封装与拆封。当网卡收到一个有差错的帧时,它就将这个帧丢弃而不必通知它所插入的计算机。当网卡收到一个正确的帧时,它就使用中断来通知该计算机并交付给协议栈中的网络层来处理。当计算机要发送一个 IP 数据包时,它就由协议栈向下交给网卡组装成帧后发送到局域网。

(2) 集线器

10Base-T 的核心是以太网集线器(HUB)。集线器是单一总线共享式设备,提供很多网络接口,负责将网络中多个计算机连在一起。所谓共享,是指集线器所有用户(端口)共用一条数据总线,它们共享集线器的带宽进行彼此之间的通信。集线器只是简单地将输入的信号重复发给连接在它端口上的所有设备。因此平均每用户(端口)传递的数据量、速率等受活动用户(端口)总数量的限制。集线器在 LAN 中扮演着中心连接点的角色,如图 8-20 所示。

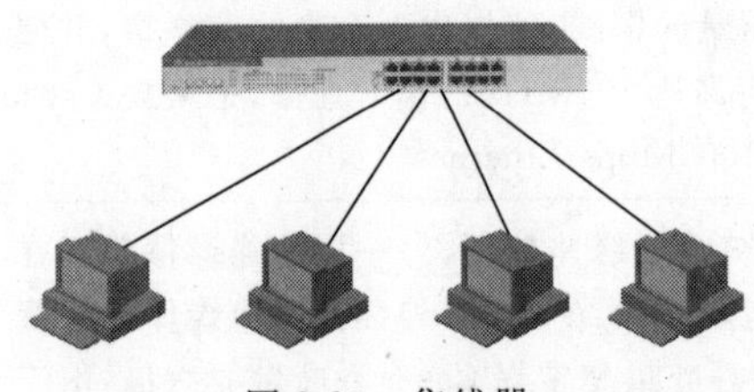

图 8-20 集线器

虽然 10Base-T 在物理上呈星型拓扑结构,但集线器的内部结构和工作原理仍然与总线型相同。在任意时刻,全部端口中只有一个能接收进入的信号,而这个信号将传递到其他全部的端口上。也就是说,任意时刻,在集线器连接的所有主机中,只有一台主机能发送数据,而这些数据信号将传送到所有其他主机处。因此,集线器的所有端口都只能工作在半双工(half-duplex)模式下。由于集线器只负责传输电信号,因此可以认为其工作在物理层。

(3) 交换机

交换机(Switch)与集线器一样,交换机完成局域网内的数据转发。但它的性能却较共享集线器(Shared HUB)大为提高。两者的根本区别在于交换机在发送和接收主机之间形成了一个虚电路,使各端口设备能独立地进行数据传递而不受其他设备影响,表现在用户面前即是各端口有独立、固定的带宽，即交换机的每一个端口是一个单独的冲突域。此外，交换机还具备集线器欠缺的功能，如数据过滤、网络分段、广播控制等，如图 8-21 所示。

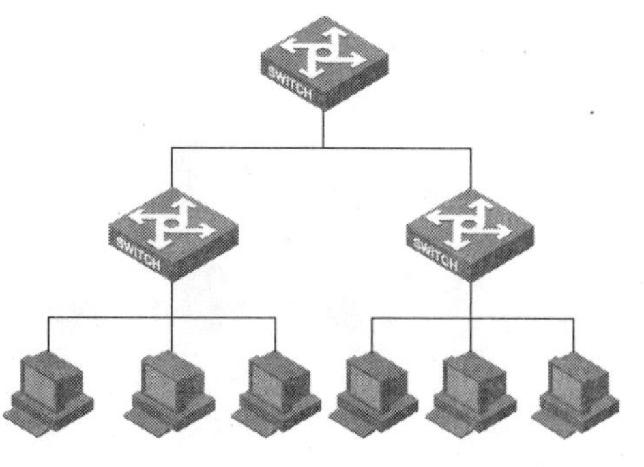

图 8-21 交换机

4. 拓扑结构及扩展

10Base-T 以太网的物理拓扑结构是星型。可以使用集线器或交换机对拓扑结构进行扩展，当使用集线器时，物理拓扑是星型，逻辑拓扑是总线型；当使用交换机时，物理拓扑和逻辑拓扑都是星型。

(1) 使用集线器对拓扑进行扩展

10Base-T 的单一线缆段长度为 100m，故直径不超过 200m。当连接距离不足的时候，可以将集线器级联起来扩展连接距离。HUB 同样只能简单地重复并放大电信号，因此由集线器连接起来的多个线缆段共同形成一个物理段，如图 8-22 所示。

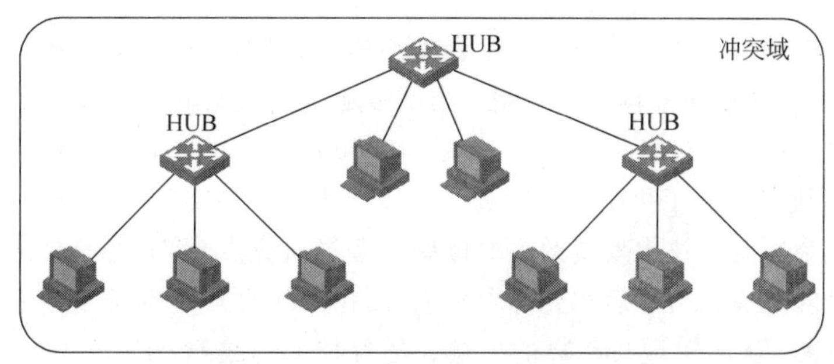

图 8-22 以太网拓扑扩展(集线器)

类似地，10Base-T 最多只能串联 4 个集线器，扩展到 5 个线缆段的距离，其中只有 3 个线缆段能连接主机，其余两个仅作为延长段。但不论扩展多远，一个物理段内的所有线缆段全部属于同一个冲突域。

(2) 使用交换机对拓扑进行扩展

如果只以中继器或集线器扩展以太网，不论如何扩展，所有的站点都处于同一个冲突域中。随着网络范围的扩大和站点数量的增加，冲突概率会不断上升，信道利用率会大幅度下降。另外，用中继器或集线器扩展以太网最多不能超过 5 段，距离受到限制。并且由于集线器上的各端口均属于同一个冲突域，因此必须工作于半双工下，并保持同一个传输速度。

为了克服这些限制和不足，可以用以太网交换机或交互式集线器扩展以太网拓扑。如图 8-23 所示，以太网交换机或交互式集线器并不简单地转发物理信号，而是缓存到达的每个帧，并根据其目的将其从适当的端口发出。这样做会带来一些显而易见的好处。

① 由于缓存、判断和过滤机制的存在，以太网交换机或交互式集线器可以将冲突域分隔开，避免了冲突域过大造成的信道利用率下降问题，提高了带宽利用率，增加了吞

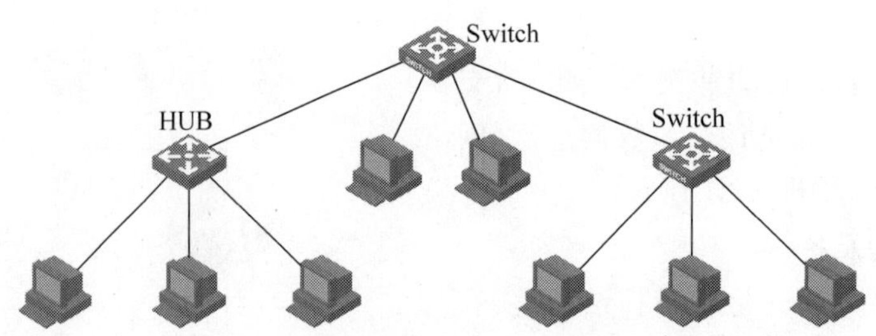

图 8-23 以太网拓扑扩展(交换机)

吐量。

② 出于同样的原因,以太网的物理范围不再受集线器级连数量的限制,可以扩展到较远的范围。

③ 以太网交换机或交互式集线器可以利用其缓存机制,使不同端口工作在不同的速度和双工状况下,以适应不同的以太网类型。

8.3.8 10Base-F

由于电信号在铜质介质中传输会发生衰减和相互干扰,无论是使用粗同轴电缆还是使用双绞线,传输距离都受到了较大的限制。当网络建设范围超出这个限制时,虽然在一定限度范围内可以采用中继器进行距离的扩展,在 10Mbps 以太网中,扩展网段必须遵循 5-4-3 原则,即 5-4-3 原则又限制了可扩展的距离。所以寻求一种传输信号衰减较小、相互干扰较小的传输介质成为以太网技术发展的主要课题。经过研究发现,光纤是理想的选择。将需要传输的电信号转换成光信号后在光纤中传输,而在光纤的另一端,通过逆向操作完成光信号到电信号的转换,从而实现长距离的传输。随着技术的成熟,IEEE 在 1993 年正式推出标准以太网 IEEE 802.3j 10Base-F 标准,采用光纤为传输介质。

对于光信号的传输,也受到光波波长和光纤传输频宽的限制。所以在实际使用中用到两种光纤:多模光纤和单模光纤。多模光纤传输的频宽较大,传输的光波波长一般为 850ns。单模光纤传输的频宽较小,传输的光波波长一般为 1310ns 或 1550ns。多模光纤由于频宽较宽,容易导致光信号在传输过程中发生色散等物理变化而致使光信号失真,所以其传输距离相对于单模光纤要小得多。在 10Base-F 以太网中,多模光纤的传输距离可以达到 2km,而单模光纤则可以到达 10km 甚至更远。

1. 光纤简介

用玻璃制成的光导纤维,即光纤,它是一种细小、柔韧并能传输光信号的介质。多条光纤组成的传输线就是光缆,计算机网络中的光缆一般由偶数条光纤组成。20 世纪 80 年代初期,光缆的出现引起了网络界的轰动,随后在布线中开始大量使用光缆。与其他类型的传输介质相比,目前光缆在数据传输中是最优异的传输介质,光缆能够适应目前网络对长距离传输大容量宽带信号的要求,在计算机网络中发挥着十分重要的作用。而且,随着技术的不断发展,光缆在网络中的应用也越来越广泛。

光纤和同轴电缆相似,只是没有网状屏蔽层。光纤的中心是光传播的玻璃芯。在多模光纤中,芯的直径是 50μm,大约与人的头发的粗细相当。而单模光纤芯的直径为 8～

10μm。光芯之外包围着一层折射率比光芯折射率低的玻璃封套，以使光线保持在光纤之内。再外层是一层薄的塑料外套，用来保护封套。光纤通常扎成一束，外面有外壳保护。图 8-24 对光纤进行了描述。

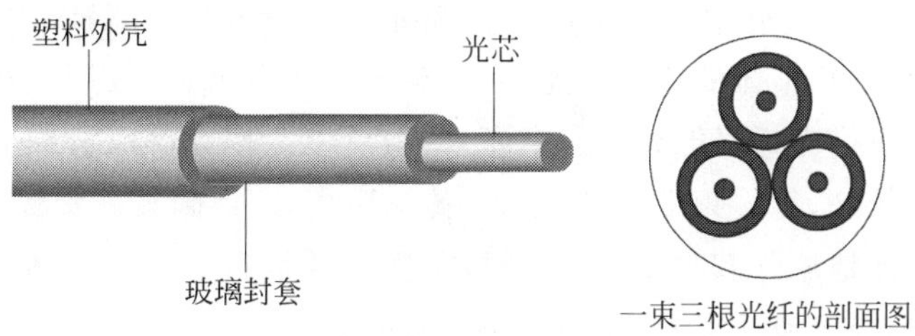

图 8-24 光纤示意图

光纤共有三种连接方式。第一种方式，可以将光纤接入连接头并插入光纤插座。连接头要损耗 10%～20%的光，但是它使重新配置系统变得很容易。第二种方式，可以用机械方法将其接合。方法是将两根小心切割好的光纤的一端放在一个套管中，然后钳起来。可以让光纤通过结合处来调整，以使信号达到最大。机械结合需要训练过的人员花大约 5min 的时间完成，光的损失大约为 10%。第三种方式，两根光纤可以融合在一起形成坚实的连接。融合方法形成的光纤和单根光纤几乎是相同的，但仍有一点衰减。对于这三种连接方法，结合处都有反射，并且反射的能量会和信号交互作用。可以用于信号源的两种光源是发光二极管和固体激光器。它们有不同的特性，如表 8-2 所示。

表 8-2 发光二极管和固体激光器的特性

项　目	发光二极管	固体激光器
数据速率	低	高
模式	多模	多模或单模
距离	短	长
生命期	长	短
温度敏感性	较小	较敏感
造价	低	高

光纤的接收端是由光电二极管构成的，当遇到光时，光电二极管就会给出一个电脉冲。光电二极管的响应时间一般是 1ns，这就是把数据传输速率限制在 1Gbps 之内的原因。热噪声也是一个问题，因此光脉冲必须具有足够的能量以便能被检测到。如果脉冲足够强，那么出错率就可以降到极低的水平。

2. 光网络中光纤的结构和分类

目前计算机网络中的光纤主要是采用石英玻璃制成的，横截面积较小的双层同心圆柱体。裸光纤由纤芯和包层组成，折射率高的中心部分叫作光纤芯，折射率低的外围部分叫包层。为了保护光纤表面，防止断裂，提高抗拉强度并便于应用，一般在一束光纤的外围再附加一层保护层，这层保护层即为光缆的外套。

在对光纤进行分类时，严格地说应该从构成光纤的材料成分、光纤的制造方法、光纤的传输点模数、光纤横截面上的折射率分布和工作波长等方面来分类。现在计算机网络中最常采用的分类方法是根据传输点模数的不同进行分类。根据传输点模数的不同,光纤可分为单模光纤和多模光纤。所谓"模"是指以一定角速度进入光纤的一束光。单模光纤采用固体激光器做光源,多模光纤则采用发光二极管做光源。多模光纤允许多束光在光纤中同时传播,从而形成模分散,模分散特性限制了多模光纤的带宽和距离,因此,多模光纤的芯线粗,传输速度低、距离短,整体的传输性能差,但其成本比较低,一般用于建筑物内或地理位置相邻的环境下。单模光纤只能允许一束光传播,所以单模光纤没有模分散特性,因而,单模光纤的纤芯相应较细,传输频带宽、容量大,传输距离长,但因其需要激光源,故成本较高,通常在建筑物之间或地域分散时使用。同时,单模光纤是当前计算机网络中研究和应用的重点,也是光纤通信与光波技术发展的必然趋势。

3. 常用光纤连接器

光纤需要通过光纤接头连接到设备上。常见光纤接头有以下几种。

(1) ST:圆形卡接式光纤接头。

(2) FC:圆形带螺纹光纤接头。

(3) SC:矩形插接式光纤接头。

(4) LC:由 LUCENT 开发的一种微型连接器。

(5) MT-RJ:一头双纤、收发一体,节约设备面板空间。

图 8-25 列出了常用光纤连接器的形状。

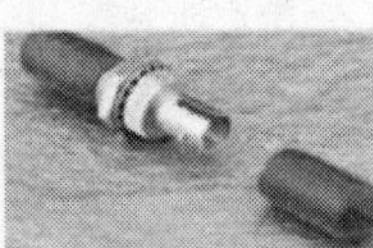

(a) ST:卡接式圆形光纤接头

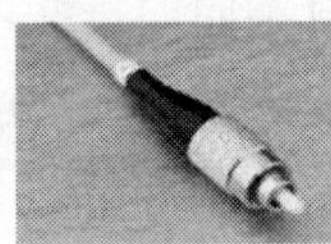

(b) FC:带螺纹的圆形光纤接头

(c) SC:矩形插接式光纤接头

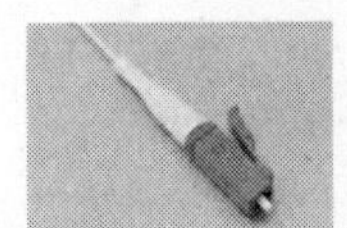

(d) LC:一种微型连接器

图 8-25 常用光纤连接器

4. 光纤的优点

光纤有许多优于铜线和同轴电缆的优点。因为其抗张强度好,质量小,而且比较小巧,所以光缆能最大限度地扩大配线管道的使用率,并且能够尽可能地减小安装问题。光纤比铜线轻很多,1000 根 1km 长的双绞线重达 8000kg,而容量更大的 1km 长的两根光纤的重量只有 100kg 重,这就极大减少了必须维护的昂贵机械支撑系统的需要。对于新的线路,因为安装费用低廉,所以光纤要胜过铜线。

因为光纤不带电,所以它们是用于易燃、易爆等危险环境的理想材料,在这种环境下,如果使用铜线,当铜线破裂时从缺口处爆出的火花将会引起爆炸事故的发生。而且,如果光纤被破坏,对人类也不会造成电击的危险。另外,并不像用于结构性配线安装的传统铜线和铝线会发生腐蚀一样,玻璃纤维是耐蚀的材料。

在信号传输方面,光缆有着传统电缆无可比拟的优点。因为光纤不会受电磁场的干涉影响,所以光纤提供了比铜线更清晰的信号。光纤也不会受到发动机转动或电源故障的影响。而且,光纤中的信号衰减较小,在长的线路上每 30km 才需要一个中继器,而铜线每 5km 就需要一个中继器,这使得光纤可以节约很多资金。另外,光缆完全可以连续使用 550m 的长度。

光纤技术为迎合未来的需要提供了不可比拟的弹性和扩展性。光纤可以提供比铜线高得多的带宽,这使得它被用于高速网络。超过 10Gbps 的数据传输速率已经实现,这就使得光纤成为用于宽带网的基础传输技术。

最后,光纤不漏光并且难于拼接,所以光纤网络很难被窃听,安全系数很高。

光纤也有不利因素,由于光的传输是单向的,双向传输需要两根光纤或在一根光纤上的两个频段。光纤接口的价格比电子接口贵。

光纤的良好性能使得其应用前景广阔,将来超过几米距离的所有固定线路的数字通信都有可能使用光纤。

8.4　快速以太网

标准以太网以 10Mbps 的速率传输数据,而随着以太网的广泛应用,10Mbps 速率已经不能适应大规模网络的应用,因此能否提供更高速率的传输成为以太网技术研究的一个新课题,快速以太网由此应运而生。快速以太网仍然沿用标准以太网的机制,在双绞线或光纤上进行数据传输,但是采用了更高的传输时钟频率,可以以更快的速率传输数据。在快速以太网的发展过程中也出现了多种标准,主要包含 100Base-TX、100Base-T4、100Base-FX 和 100Base-T2。

快速以太网中最流行的是 100Base-TX。100Base-TX 采用 2 对 5 类 UTP 线和 RJ-45 接头,同样采用以集线器为核心构建的星型拓扑,单条线缆长度可达 100m。10Base-T 已经得到广泛应用,并且实际上大多已采用 5 类 UTP,而很多建筑也将 5 类双绞线作为布线标准,只要采购 100Base-TX 集线器就可以方便地利用现有布线环境升级到 100Mbps 的速度,因此 100Base-TX 很快流行起来。

在已经布设了 3 类 UTP 的场所,IEEE 802.3u 提供了另一种解决方案——100Base-T4。由于 3 类 UTP 信号衰减快,容易受到干扰,100Base-T4 使用 4 对 3 类 UTP 提供 100Mbps 的带宽,单条线缆长度可达 100m。

另一种方案是使用光缆的 100Base-FX,它使用 2 束多模光纤提供 100Mbps 的带宽,传送距离可达 2000m。

对于以太网物理接口,无论是电口还是光口,在接口上一般都存在发送信号的引脚和接收信号的引脚。如果两个设备通过物理介质相连时,需要将一方发送信号的引脚和另一方接收信号的引脚相连,一般可以通过双绞线的线对交叉或光纤线缆的交叉来实现这一基本需求。为了简化传输线缆的制作和连接,一些设备也具备内部信号引脚交叉的功能。以太网规范定义了 MDI(Medium Dependent Interface,介质相关接口)与 MDI-X(Medium Dependent Interface Crossover)两种接口类型。像那种具备内部信号引脚交叉功能的接口就是 MDI-X 接口。目前这种技术只在电接口上实现,而对于光纤接口仍然采用线缆交叉来实现互联。上述内部交叉功能在标准以太网和千兆位以太网的电接口上也有相同的实现。

普通主机、路由器等的网卡接口通常为 MDI 类型；而以太网集线器、以太网交换机等集中接入设备的接入端口通常为 MDI-X 类型。在进行设备连接时，需要正确的选择线缆。当同种类型的接口（两个接口都是 MDI 或都是 MDIX）通过双绞线互连时，使用交叉网线（Crossover Cable）；当不同类型的接口（一个接口是 MDI，一个接口是 MDIX）通过双绞线互连时，使用直连网线（Straight-Through Cable），如表 8-3 所示。

表 8-3 MDI/MDI-X 协商对照表

本地接口类型	连接线缆类型	远端接口类型
MDI	直连网线	MDI-X
MDI	交叉网线	MDI
MDI-X	直连网线	MDI
MDI-X	交叉网线	MDI-X

实际上现在很多支持 MDI-X 接口的设备同时支持 MDI 接口，可以通过协商在两种接口之间进行自动选择。如 H3C 以太网交换机的 10/100Mbps 以太网口或 H3C MSR 系列路由器就具备智能 MDI/MDIX 识别技术，在连接时不必考虑所用网线为直连网线还是交叉网线。

交叉与直连网线线序如图 8-26 所示。

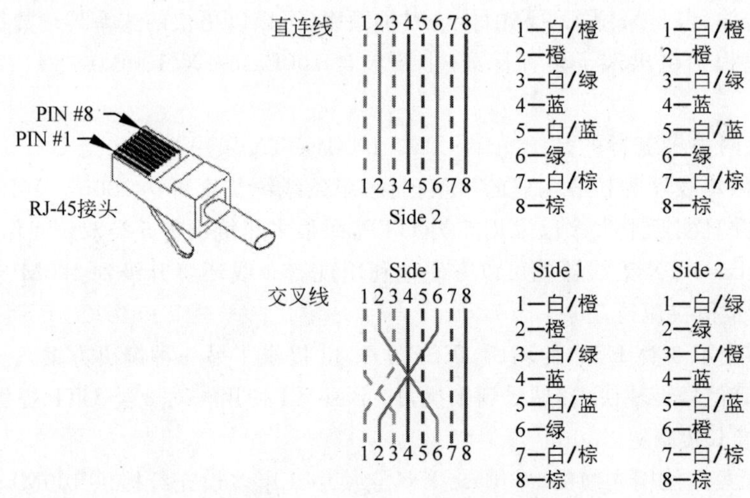

图 8-26 交叉与直连网线线序

8.5 千兆位以太网

快速以太网的应用范围较广，已经成为接入设备的基本接入技术。相应地，在网络的汇聚点或服务器接入点等流量较大的位置就需要一种带宽更高的连接技术，千兆位以太网（Gigabit Ethernet）应运而生。

千兆位以太网仍然使用 IEEE 802.3 帧格式，在半双工方式下仍然使用 CSMA/CD 处理冲突，并且将以太网速率提升至 1Gbps。

IEEE 802.3z 定义的千兆位以太网标准如下。

(1) 1000Base-SX 主要适用于多模光纤传输线路。其使用 850nm 短波激光。在采用直径 50μm 的多模光纤时传输距离可达 275m，采用直径 62.5μm 的多模光纤时传输距离可达 550m。

(2) 1000Base-LX 主要为适应单模光纤传输线路而设计。其使用 1310nm 长波激光。在采用直径 50μm/62.5μm 的多模光纤时传输距离可达 550m，采用直径 10μm 的单模光纤时传输距离可达 5000m。

(3) 1000Base-CX 使用 2 对 STP(Shielded Twisted-Pair)，最大传输距离 25m。

(4) IEEE 802.3ab 定义了基于铜线的千兆位以太网——1000Base-T。其采用 4 对 5 类 UTP，最大传输距离 100m。

以太网技术发展到快速以太网和千兆位以太网以后，出现了与原 10Mbps 以太网设备兼容的问题，自协商技术就是为了解决这个问题而制定的。100Base-TX 和 1000Base-T 都定义了向下兼容到 10Base-T 的自协商技术。

自协商功能允许一个网络设备将自己所支持的工作模式以自协商报文的方式传达给线缆上的对端，并接收对方可能传递过来的相应信息。自协商功能完全由物理层芯片设计实现，因此其速度很快，且不带来任何高层协议开销。

如果对端设备不支持自协商，默认假设其工作于 10Mbps 半双工模式，不使用显式的流量控制机制。自协商功能虽然方便易用，但仍然存在一定的延迟，也不能排除协商错误的可能性，因此建议仅在普通端用户接入端口启动自协商，而对服务器、路由器等连接端口使用固定配置参数。

目前已经存在的以太网技术在自协商中的优先级顺序为 1000Base-T 全双工、1000Base-T 半双工、100Base-T2 全双工、100Base-TX 全双工、100Base-T2 半双工、100Base-T4、100Base-TX 半双工、10Base-T 全双工、10Base-T 半双工依次降低。这种优先级顺序基本按照高速率优于低速率、全双工优于半双工、低传输频率优于高传输频率的规则进行排序。

8.6 万兆位以太网

万兆位以太网在千兆位以太网的基础上有了进一步的升级，将其传输速率提高了 10 倍。并且为了能够在现有的传输网络中得到很好的应用，兼容设计了多种物理层实体(PHY)，包括局域网专用的 10GBase-R、采用 SDH/SONET 传输的 10GBase-W 以及采用 WDM 传输的 10GBase-X。因此万兆位以太网从设计上已经扩大了它的应用范围，这是其他任何以太网技术都没有考虑到的。万兆位以太网仍然使用 IEEE 802.3 帧格式，但没有半双工工作模式，只有全双工工作模式，由 IEEE 802.3ae 定义。

根据光纤的波长不同，10GE 又细分多种情况，表示为 10GBase-[E/L/S][R/W/X][4]，其中[E/L/S]分别代表“超长波/长波/短波”，但 10GBase-X 只能使用长波光纤。具体组合为 10GBase-ER、10GBase-EW、10GBase-LR、10GBase-LW、10GBase-SR、10GBase-SW、

10GBase-LX4。

根据其物理特性,H3C 10GE 接口有两种工作模式。

(1) LAN 模式:工作在该模式下的 10GE 接口传输以太网报文,用于连接以太网。

(2) WAN 模式:工作在该模式下的 10GE 接口传输 SDH(Synchronous Digital Hierarchy,同步数字系列)报文,用于连接 SDH 网络。接口工作在 WAN 模式下仅支持点到点的报文传输。

不同规格,最远传输的距离也不同,详情如表 8-4 所示。

表 8-4 IEEE 802.3ae 10GE 支持的最远传输距离

规 格	波长(nm)	62.5MMF(多模)	50MMF(多模)	SMF(单模)
10GBase-ER	1550	—	—	40km
10GBase-EW	1550	—	—	40km
10GBase-LR	1310	—	—	10km
10GBase-LW	1310	—	—	10km
10GBase-SR	850	35m	300m	—
10GBase-SW	850	35m	300m	—
10GBase-LX4	1310	—	300m	10km

8.7 本章总结

(1) 以太网技术经历了标准以太网(10Mbps)、快速以太网(100Mbps)、千兆位以太网(1000Mbps)和万兆位以太网(10GE)的发展,目前仍继续向更高的传输速率发展。

(2) 目前最新的以太网基本标准是 IEEE 802.3-2008。

(3) 标准以太网由于采用不同的传输介质进行数据传输,所以出现了不同的标准。它们主要是 10Base-5、10Base-2、10Base-T 和 10Base-F,分别采用粗同轴电缆、细同轴电缆、双绞线和光纤作为传输介质。

(4) 以太网帧由 7 部分组成。帧长是可变的,其长度从 64～1518B 不等。

(5) 以太网的运行模式分为半双工模式和全双工模式。半双工模式采用 CSMA/CD 技术检测和避免冲突,全双工模式下没有冲突。

(6) 标准以太网的设备主要是中继器和集线器,后期则出现了交换机。拓扑结构为总线型和星型。

(7) 快速以太网仍然沿用标准以太网的机制,在双绞线或光纤上进行数据传输,但是采用了更高的传输时钟频率,可以以更快的速率传输数据。在快速以太网的发展过程中也出现了多种标准,它们采用了不同的时钟频率和数据编码,也采用了不同的传输介质。主要包含 100Base-T4、100Base-TX、100Base-FX 和 100Base-T2,其中使用最广泛的是 100Base-TX。

(8) 1000Base-X 以太网技术,包含 1000Base-SX、1000Base-LX 以及 1000Base-CX。后续开发的 1000Base-T 标准,对 10Base-T 和 100Base-T 具有很好的兼容性。

8.8 习题和解答

8.8.1 习题

1. 以太网的类型有( )。

A. 标准以太网 B. 快速以太网

C. 千兆位以太网 D. 万兆位以太网

2. 以太网目前的基本标准是( )。

A. IEEE 802.3-1990 B. IEEE 802.3-2005

C. IEEE 802.3-1985 D. IEEE 802.3-2008

3. 标准以太网使用的传输介质有( )。

A. 同轴电缆 B. 双绞线 C. 光纤 D. 红外线

4. 细同轴电缆(10Base-2)传输距离约达( ),粗同轴电缆(10Base-5)的传输距离为( )m。

A. 200 B. 500 C. 150 D. 485

5. 以太网帧的长度是可变的,其长度为( )字节。

A. 20～800 B. 50～1000

C. 64～1518 D. 100～2000

6. 标准以太网的基本拓扑结构有( )。

A. 星型 B. 树型 C. 总线型 D. 网状

7. 以太网在半双工模式和全双工模式下使用 CSMA/CD 技术。( )

A. True B. False

8. 10Base-T 以太网的主要设备有( )。

A. 网卡 B. 集线器 C. 交换机 D. 路由器

9. 快速以太网使用的传输介质有( )。

A. 同轴电缆 B. 双绞线 C. 光纤 D. 红外线

10. MDI 接口和 MDI-X 接口相连使用交叉线。( )

A. True B. False

11. 千兆位以太网向下兼容快速以太网和标准以太网。( )

A. True B. False

8.8.2 习题答案

1. ABCD 2. D 3. ABC 4. AB 5. C

6. AC 7. B 8. ABC 9. BC 10. B

11. A

第9章

WLAN基础

随着宽带业务的不断发展，人们对于移动宽带业务的需求也越来越大。WLAN(Wireless Local Area Network，无线局域网)作为一种低成本解决方案，在各行各业逐渐受到人们的重视。无线局域网络具有无须布线，安装快捷，维护简单等特点。它可以在有线网络难以部署的情况下发挥巨大作用。本章将介绍无线局域网的基础知识。

9.1 本章目标

学习完本章，应该能够达到以下目标。

(1) 了解 WLAN 的发展历程。

(2) 熟悉 WLAN 的频率范围和信道划分。

(3) 了解 WLAN 的相关组织和标准。

(4) 掌握 WLAN 拓扑基本元素、设备及组网知识。

(5) 掌握 WLAN 基本工作原理。

9.2 WLAN 基础知识和发展历程

WLAN 是指应用无线通信技术将计算机设备互连起来，以无线信道作为传输媒介的计算机局域网。WLAN 是有线联网方式的重要补充和延伸，并逐渐成为计算机网络中一个至关重要的组成部分，广泛应用于需要可移动数据处理或无法进行物理传输介质布线的领域。

无线局域网本质的特点是不再使用通信电缆将计算机与网络连接起来，而通过无线的方式连接，从而使网络的构建和终端的移动更加灵活。随着 IEEE 802.11 无线网络标准的制定与发展，无线网络技术已经逐渐成熟与完善，并已成功地广泛应用于众多行业与场合，如金融、教育、工矿、政府机关、酒店、商场、港口等(见图 9-1)。常见的无线局域网产品主要包括无线接入点、无线路由器、无线网关、无线网桥、无线网卡等。

9.2.1 WLAN 的优势

和传统有线以太网相比，WLAN 的优势在于其终端可移动性、网络硬件高可靠性、快速建设与低成本。

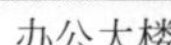

办公大楼　　候机大厅　　度假山庄　　商务酒店

图 9-1　丰富的 WLAN 应用场合

(1) 终端可移动性：WLAN 允许用户在其覆盖范围内的任意地点访问网络数据。用户在使用笔记本电脑、PDA 或数据采集设备等移动终端时能自由地变换位置，这极大方便了因工作需要而不断移动的人员，如教师、护理人员、司机、餐厅服务员等。在一些特殊地理环境架设网络时，如矿山、港口、地下作业场所等，WLAN 无须布线的优势也显而易见。与之对应，有线网将用户限制在一定的物理连线上，活动范围非常有限，当用户在建筑中走动或离开建筑物时，都会失去网络连接。

(2) 网络硬件高可靠性：有线网络中的硬件问题之一是线缆故障。在有线网中，线缆和接头故障常常导致网络连接中断。连接器损坏、线缆断开或接线口因多次使用老化失效等都会干扰正常的网络使用。无线网络技术从根本上避免了由于线缆故障造成的网络瘫痪问题。

(3) 快速建设与低成本：无线局域网的工程建设可以节省大量为终端接入而准备的线缆；同时由于减少线缆的布放而大大加快了建设速度，降低了布线费用。在工程建设完毕后，用于网络设备维护和线路租用的费用也会相应减少。在扩充网络容量时，相比传统有线网络，无线局域网也有巨大的成本优势。

无线应用带来的便利如图 9-2 所示。

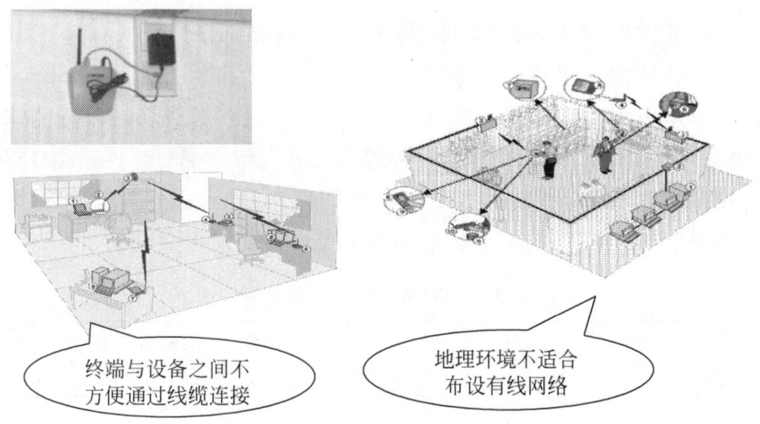

图 9-2　无线应用带来的便利

9.2.2　WLAN 发展进程

当人们认识到 WLAN 的易用性优势后，WLAN 技术开始蓬勃发展。

IEEE 802.11 标准于 1997 年 6 月 26 日制定完成，1997 年 11 月 26 日正式发布。IEEE

802.11无线局域网标准的制定是无线网络技术发展的一个里程碑。承袭IEEE 802系列，IEEE 802.11规范了无线局域网络的媒体访问控制层和物理层。IEEE 802.11使得各种不同厂商的无线产品得以互连。IEEE 802.11标准的颁布，使得无线局域网在各种有移动要求的环境中被广泛接受。

1999年9月，IEEE 802.11标准得到了进一步的完善和修订，并成为IEEE/ANSI和ISO/IEC的一个联合标准。这次修订增加了两项新内容。

(1) IEEE 802.11a：它扩充了标准的物理层，规定该层使用5.8GHz的ISM频段(Industrial Scientific Medical Band，工业、科学、医疗频段)。该标准采用OFDM(Orthogonal Frequency Division Multiplexing，正交频分复用)调制数据，传输速率范围为6～54Mbps。这样的速率既能满足室内的应用，也能满足室外的应用。

(2) IEEE 802.11b：它是IEEE 802.11标准的另一个扩充，规定采用2.4GHz的ISM频带，采用补偿码键控(CCK)调制方法。

2003年6月，IEEE通过了第三种改进的无线局域网接入标准IEEE 802.11g。其载波的频率为2.4GHz(跟IEEE 802.11b相同)，理论传送速度为54Mbps，净传输速度约为24.7Mbps(跟IEEE 802.11a相同)。且IEEE 802.11g的设备与IEEE 802.11b兼容。IEEE 802.11g是为了提高传输速率而制定的标准，它采用2.4GHz频段，使用CCK技术与IEEE 802.11b后向兼容，同时它又通过采用OFDM技术支持高达54Mbps的数据流。

从IEEE 802.11b到IEEE 802.11g，可发现WLAN标准不断发展的轨迹：IEEE 802.11b是所有WLAN标准演进的基石，未来许多的系统都需要与IEEE 802.11b兼容，IEEE 802.11a是一个非全球性的标准，与IEEE 802.11b不兼容，但其可以提供更多的非重叠信道。如IEEE 802.11b/g提供3个非重叠信道，而IEEE 802.11a则可达8～12个非重叠信道。在IEEE 802.11g和IEEE 802.11a之间存在与Wi-Fi兼容性上的差距，为此出现了一种桥接此差距的双频技术——双模(Dual Band)802.11a+g(b)，它较好地融合了IEEE 802.11a/g技术，工作在2.4GHz和5GHz两个频段，遵循IEEE 802.11b/g/a等标准。

2004年1月，IEEE宣布组成一个新的工作组——IEEE 802.11n。IEEE 802.11n的理论传输速度可达600Mbps，比IEEE 802.11b快50倍，而比IEEE 802.11g快10倍，并且可以向前进行互通兼容。IEEE 802.11n无线标准在2009年9月11日获得IEEE标准委员会正式批准后，IEEE就已经全面转入了下一代IEEE 802.11ac的制定工作，目标是带来千兆级别的无线局域网传输速度，表9-1所示为WLAN协议发展进程。

表9-1 WLAN协议发展进程

类　别	IEEE 802.11	IEEE 802.11b	IEEE 802.11a	IEEE 802.11g	IEEE 802.11n
标准发布时间	1997年7月	1999年9月	1999年9月	2003年6月	2009年9月
合法频宽	83.5MHz	83.5MHz	325MHz	83.5MHz	408.5MHz
频率范围	2.400～2.483GHz	2.400～2.483GHz	5.150～5.350GHz 5.725～5.850GHz	2.400～2.483GHz	2.4～2.4835GHz 5.150～5.350GHz 5.725～5.850GHz
非重叠信道	3	3	12	3	15
调制传输技术	BPSK/QPSK FHSS	CCK DSSS	64QAM OFDM	CCK/64QAM OFDM	MIMO-OFDM DSSS/CCK

续表

类　别	IEEE 802.11	IEEE 802.11b	IEEE 802.11a	IEEE 802.11g	IEEE 802.11n
物理发送速率(Mbps)	1,2	1,2,5.5,11	6,9,12,18,24,36,48,54	6,9,12,18,24,36,48,54	最高 600
理论上最大 UDP 吞吐量(1500B)	1.7Mbps	7.1Mbps	30.9Mbps	30.9Mbps	433Mbps
理论上 TCP/IP 吞吐量(1500B)	1.6Mbps	5.9Mbps	24.2Mbps	24.2Mbps	170Mbps
兼容性	N/A	与 11g 产品可互通	与 11b/g 不能互通	与 11b 可互通	与 11a/b/g 可互通

9.2.3 WLAN 的相关组织和标准

在 WLAN 的发展过程中,很多标准化组织参与制定了大量的 WLAN 协议和技术标准。本节将介绍在 WLAN 发展过程中几个起到关键作用的组织与标准。

美国电气和电子工程师协会(Institute of Electrical and Electronics Engineers,IEEE)是一个国际性的电子技术与信息科学工程师的协会。IEEE 802.11 工作组制定了 WLAN 的介质访问控制协议 CSMA/CA 及其物理层技术规范。

2.4GHz 的 ISM 频段为世界上绝大多数国家通用,因此得到了最为广泛的应用。1999 年工业界成立了 Wi-Fi 联盟,致力解决符合 IEEE 802.11 标准的产品的生产和设备兼容性问题。作为 WLAN 领域内技术的引领者,Wi-Fi 联盟为全世界的 WLAN 产品提供测试认证。

WAPI(Wireless LAN Authentication and Privacy Infrastructure,无线局域网鉴别和保密基础结构)是 WLAN 的一种安全协议,同时也是中国无线局域网安全强制性标准。WAPI 包括无线局域网鉴别(WAI)和保密基础结构(WPI)两部分。与 IEEE 主导完成的公认存在严重安全缺陷的 IEEE 802.11i 标准比,WAPI 具有明显的安全和技术优势,迄今为止未被发现有安全技术漏洞。

针对 IEEE 802.11n 标准的制定,曾经就有两个提议在互相竞争——WWiSE(World Wide Spectrum Efficiency)与 TGn Sync。前者由以 Broadcom 为首的一些厂商支持,后者主要被 Intel 与 Philips 所支持。

正是由于上述组织对相关产业的推动,以及 WLAN 标准的不断完善,才形成了现在 WLAN 技术蓬勃发展的局面。在享受科技创新的同时,不应忘记这些为 WLAN 技术做出贡献的标准化组织。

9.3 WLAN 频率和信道

本节里介绍 WLAN 两个重要的概念:频段划分与信道。通过介绍这两个概念,引申出 WLAN 的常用频段和其他无线应用频段的关系,以及全球各地区对 WLAN 频段及信道规划的异同,从而得出 WLAN 覆盖时信道划分的方法与规则。

9.3.1 ISM 及其频段

ISM 频段(Industrial Scientific Medical Band,工业、科学、医疗频段)范围为 2.4～

2.4835GHz，主要开放给工业、科学和医学三类机构使用。该频段是由 FCC（Federal Communications Commission，美国联邦通信委员会）所定义，没有使用授权的限制。ISM 频段实际上就是 WLAN 使用的频段。

ISM 频段在各国的规定都不尽相同。美国有三个频段：902～928MHz、2400～2483.5MHz 和 725～5850MHz；而在欧洲各国，900MHz 的频段有部分用于 GSM 通信。2.4GHz 为各国共用的 ISM 频段，允许任何人随意地使用，但是该频段的功率受到管制，使得发射台只能覆盖很短的距离，因而不会相互干扰。因此大多数政府都已经留出了这些频段，用于非授权用途。微波炉、无线电话、无线鼠标等许多无线家用设备都使用 ISM 频段。图 9-3 所示的就是 ISM 频段在世界各地区授权使用的情况。

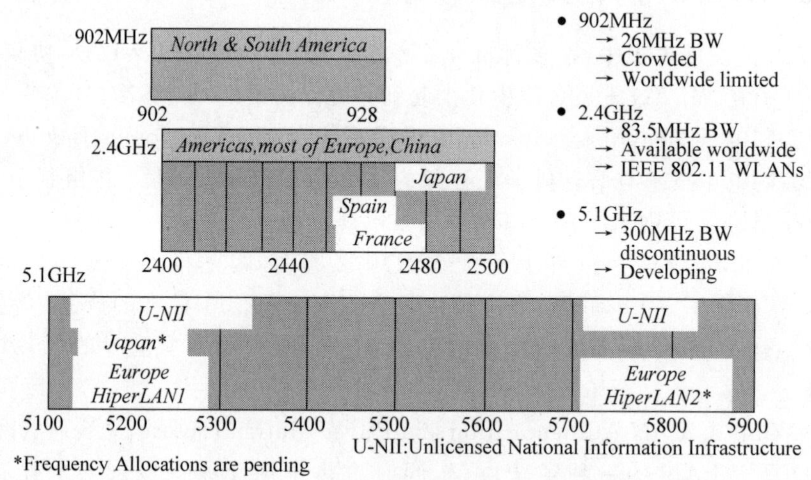

图 9-3 ISM 频段在世界各地的授权

9.3.2 主流无线信号频段资源

由于大部分无线应用的频段都是受国家或组织限定和管制的，本节以表格形式列出了常用的无线信号频段资源。从表 9-2 中可以看出，WLAN 在各种应用中属于高频范围，这就决定了 WLAN 相对于其他无线应用有波长短，覆盖范围小，不宜穿透障碍物等特性。另外由于 WLAN 和其他移动通信的波段并不重合，因此可以和这些系统一起使用而不会产生干扰。

表 9-2 无线信号频段资源分布

系　　统	频　　段
CDMA	825～835MHz/870～880MHz
GSM900	885～915MHz/930～960MHz
GSM1800	1710～1755MHz/1805～1850MHz
PHS	1900～1920MHz
WCDMA	1920～1980MHz/2110～2170MHz
TD-SCDMA	1880～1920MHz/2010～2025MHz
WLAN	2400～2483.5MHz

9.3.3 IEEE 802.11b/g 各信道划分及使用范围

IEEE 802.11 协议在 2.4GHz 频段定义了 14 个信道，每个信道的频宽为 22MHz。两个相邻信道中心频率的间隔是 5MHz（信道 13 与信道 14 除外）。信道 1 的中心频率是 2.412GHz，信道 2 的中心频率是 2.417GHz，以此类推至中心频率为 2.472GHz 的信道 13。信道 14 是特别针对日本定义的，其中心频率为 2.484GHz，与信道 13 的中心频率间隔 12MHz。表 9-3 所示是各信道在不同国家和地区的授权使用情况。

表 9-3 各国授权的 WLAN 频段

Channel	Freq(GHz)	US/Can	Europe	Japan
1	2.412	√	√	√
2	2.417	√	√	√
3	2.422	√	√	√
4	2.427	√	√	√
5	2.432	√	√	√
6	2.437	√	√	√
7	2.442	√	√	√
8	2.447	√	√	√
9	2.452	√	√	√
10	2.457	√	√	√
11	2.462	√	√	√
12	2.467		√	√
13	2.472		√	√
14	2.484			√

从图 9-4 的工作信道划分中也可以看到，信道 1 在频谱上和信道 2、3、4、5 都有交叠，这就意味着，如果某处有两个无线设备在同时工作，且两个信道分别为 1～5 中的任意两个，那么这两个无线设备发出来的信号会互相干扰。

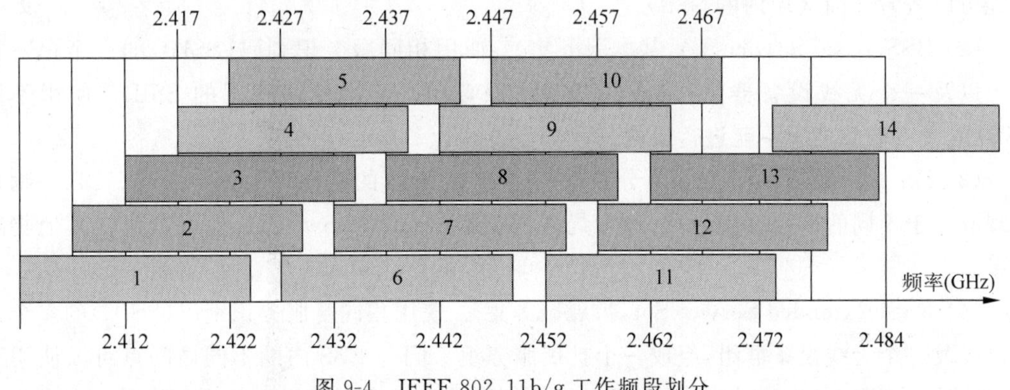

图 9-4 IEEE 802.11b/g 工作频段划分

为了最大限度地利用频段资源，可以使用"1、6、11""2、7、12""3、8、13""4、9、14"这四组互不干扰的信道进行无线覆盖。由于只有部分国家开放了 12～14 信道频段，所以一般情况下都使用“1、6、11”三个信道。

9.4 WLAN 网络构成

9.4.1 WLAN 网络基本拓扑

接下来介绍 WLAN 网络的构建方式。与以太网一样，WLAN 的网络拓扑也是由各种基本元素构建而成的。IEEE 802.11 协议定义了两种结构模式。一种是 infrastructure（基础设施）模式，它由基本服务集、扩展服务集、服务集识别码和分布系统（Distribution System，DS）构成，图 9-5 所示囊括了这种模式中最典型的几个 WLAN 网络基本元素。

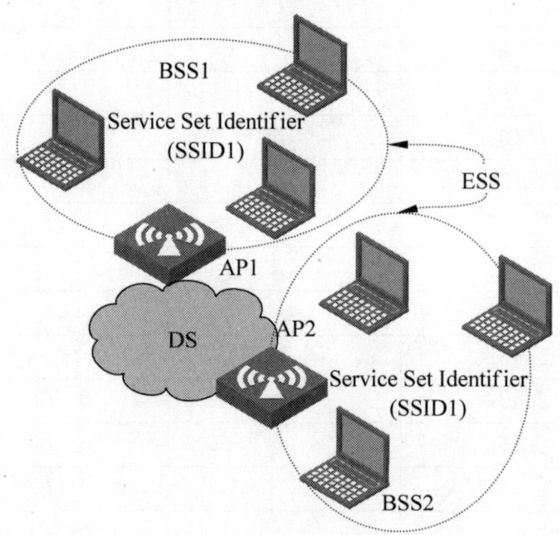

图 9-5 WLAN 网络基本元素

接下来就图中出现的各种术语做一下说明。

(1) SSID(Service Set Identifier，服务集识别码)：用来区分不同的网络，无线网卡设置了不同的 SSID 就可以进入不同网络，SSID 通常由 AP 广播出来，通过操作系统自带的扫描功能可以查看当前区域内的 SSID。

(2) BSS(Basic Service Set，基本服务集)：使用相同服务识别码(SSID)的一个单一访问点以及一个无线设备群组，组成一个基本服务组。必须使用相同的 SSID。使用不同 SSID 的设备彼此之间不能进行通信。

(3) DS(Distribution System，分布系统)：连接 BSS 的组件称为分布系统。DS 的物理实现取决于不同的应用环境，可以包含局域网交换机(LAN Switch)，也可以包含其他物理设备。

(4) ESS(Extended Service Set，扩展服务集)：使用相同身服务识别码(SSID)的多个访问点以及一个无线设备群组，组成一个扩展服务组。同一 ESS 内的不同访问点可以使用不同的信道。实际上，为了减少干扰，要尽量使相近的访问点之间使用不同的信道。当无线设备在 ESS 所覆盖的区域内进行实体移动时，它们将自动切换到干扰最小、连接效果最好的访问点。这就是漫游功能(访问点本身不具备，也不要求具备漫游功能)。

另外，IEEE 802.11 协议还定义了一种 Ad hoc 模式，也称对等模式。Ad hoc 网络的前身是分组无线网(Packet Radio Network)。在 Ad hoc 网络中，节点具有报文转发能力，节点间的通信可能要经过多个中间节点的转发，即经过多跳(Multi Hop)，这是 Ad hoc 网络与其他 WLAN 网络的最根本区别，如图 9-6 所示。

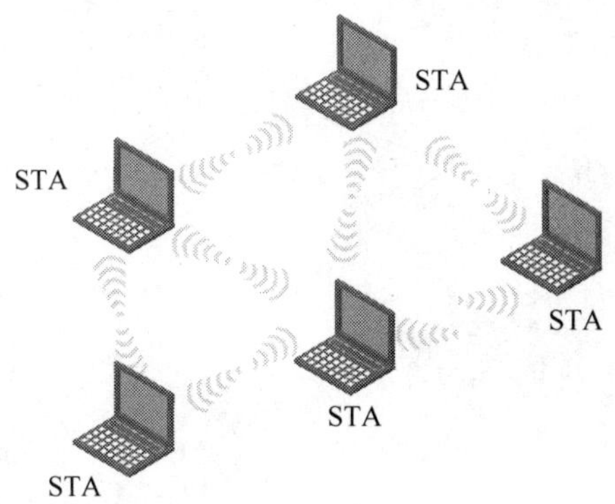

图 9-6　WLAN 的 Ad hoc 模式

9.4.2　WLAN 设备的典型组网

在本节将介绍两种典型的 WLAN 设备组网模型——小型无线网络和大型分布式无线网络，通过两种方式的比较来掌握 WLAN 设备在小型网络和大型网络组网时的异同。

图 9-7 所示是典型的小型无线网络，采用了最基本的无线接入设备 AP(Access Point，访问接入点)。AP 在图中的作用仅仅是提供无线信号发射，网络信号通过有线网络传送到 AP，AP 将电信号转换成为无线电信号发送出来，形成无线网的覆盖。根据不同的功率，AP 可实现不同范围的网络覆盖。通常 SOHO 类无线 AP 的功能简单，相当于无线 HUB，在空旷区域的覆盖距离为 100m 以内。

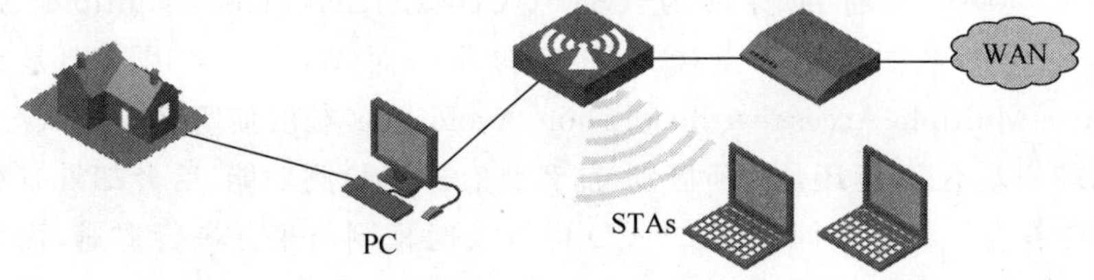

图 9-7　小型无线组网

大型无线组网如图 9-8 所示。

当要部署企业或运营级 WLAN 网络时，简单的 AP 接入方式无法满足客户的需求，WLAN 设备的统一部署、运营和维护成为大型网络的关键要素。此时需要在大型网络中部署 AC(Access Control，无线接入控制器)。AC 的作用是负责无线网络的接入控制、转发、统计、AP 的配置监控、漫游管理、AP 的网管代理和安全控制等。AC 的出现给中大型 WLAN 网络的维护带来了很大的便利性，AP 在部署、升级、配置上不再需要用户的频繁干预，把网络维护者从繁重的配置操作中解放出来。这种配置方式已经成为大型 WLAN 网络部署和维护的主流方式。

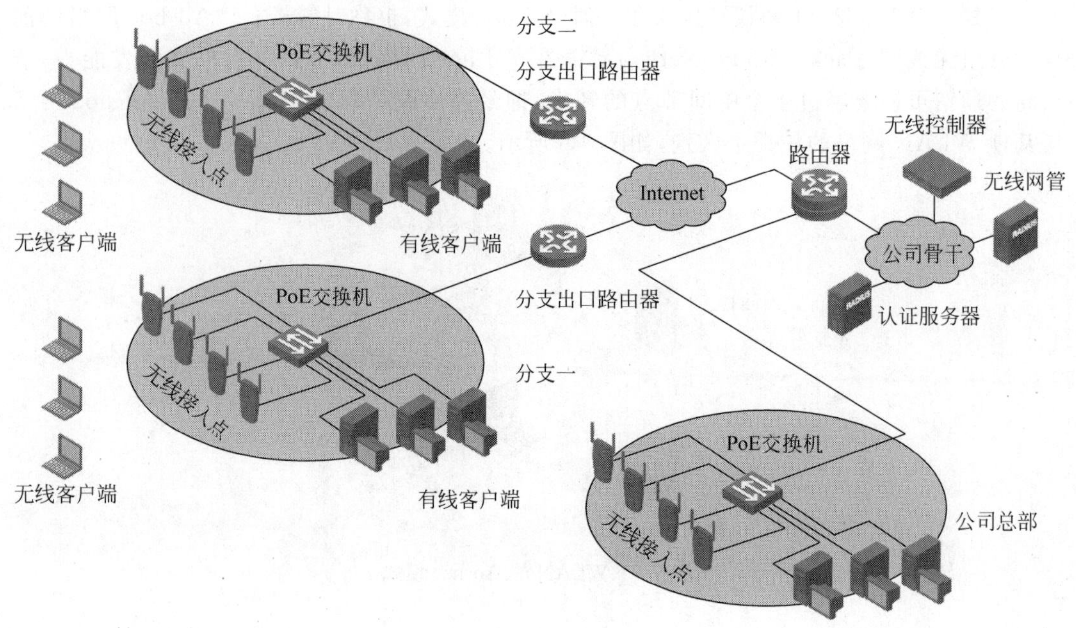

图 9-8 大型无线组网

9.5 WLAN 网络报文发送机制

为了在微观上把 WLAN 的报文发送机制梳理清晰,需要与以太网的发送机制做简单的对比。IEEE 802.11 和 IEEE 802.3 协议的媒体访问控制非常相似,都是在一个共享媒体之上支持多个用户共享资源,由发送者在发送数据前先进行网络的可用性判断。但在无线系统中无法做到冲突检测,于是采用了冲突避免的报文发送机制,即 CSMA/CA。

有线网络 MAC 层标准协议为 CSMA/CD(Carrier Sense Multiple Access with Collision Detection,载波侦听多点接入/冲突检测),而 WLAN 采用的则是 CSMA/CA(Carrier Sense Multiple Access with Collision Avoidance,载波侦听多点接入/避免冲撞)。二者工作原理相差不多,但还是有所区别,前者具有冲突检测功能,后者却没有冲突检测功能。当网络中存在信号冲突时,CSMA/CD 可以及时检测出来并进行退避,而 CSMA/CA 是在数据发送前,通过避让机制杜绝了冲突的发生。

图 9-9 描述了一个 WLAN 网络里面 STA(Station,无线工作站点)的工作机制,在实际应用中分为以下 5 个步骤。

(1) 侦听线路:当 STA 要发送数据之前,都会侦听线路(空口)是否空闲,当检测到线路(空口)忙,则继续侦听。

(2) 固定帧间隔时长:当 STA 检测到线路(空口)空闲,会继续侦听直到一个帧间隔时长(DIFS),以保证基本的空闲时间。

(3) 启动定时器:当 STA 检测到空闲时间达到了 DIFS 时长后,会启动一个 BACK OFF 定时器,进行倒计时。该定时器的大小由竞争窗口(Contention Window,CW)决定。CW 是一个尺寸有限的随机数。

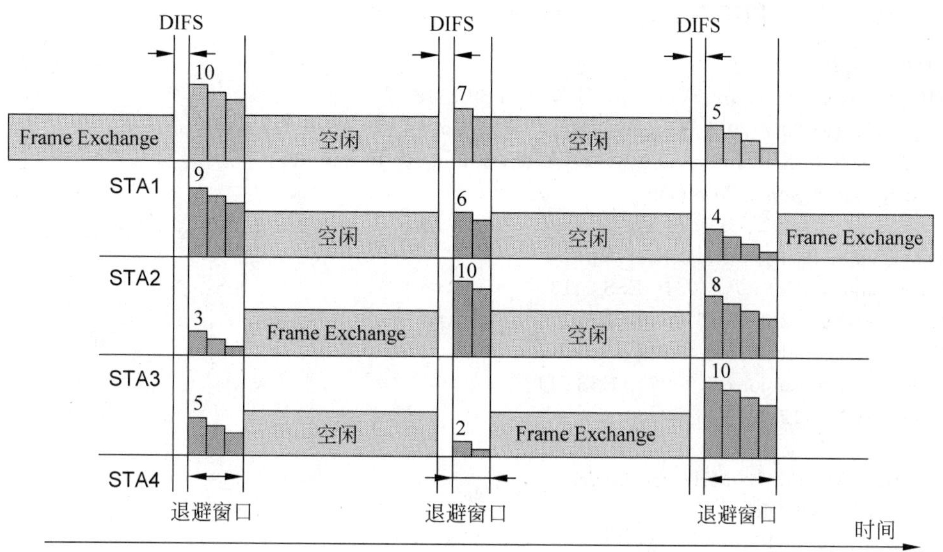

图 9-9 CSMA/CA 机制

(4) 发送与重传：STA 完成倒计时后就会发送报文。如果发送失败需要重传，STA 仍会重复上述过程，且 CW 的尺寸会随着重传次数递增。如果发送成功或达到重传次数上限，STA 会重置 CW，将 CW 的尺寸恢复到初始值。这种机制的目的是保证各个 STA 的转发机会平衡。

(5) 其他终端状态：在 BACK OFF 计数器减到零之前，如果信道上有其他 STA 在发送数据，即本端检测到线路(空口)忙，则计数器暂停。这时如果 STA 要发送数据的话，仍会等待 DIFS 时长和 CW 时间，不过 CW 时间不是再随机分配，而是继续上次的计数，直至零为止。

说明：空口即空中接口，是指通过无线信号连接移动终端与接入点。

通过 CSMA/CA 的工作过程可以看出，CSMA/CA 与 CSMA/CD 都采用载波侦听多点接入的方式，但在处理网络中的冲突时，CSMA/CD 采用冲突检测，而 CSMA/CA 采用提前避免的机制。WLAN 的 MAC 层采用 CSMA/CA 为基本协议，是由于在 WLAN 中，报文发送失败并不一定是由冲突所致。任何相同频率的源都会对 WLAN 的信号产生干扰，导致报文发送失败，所以在 WLAN 中，很难判断空口当中是否有冲突。既然在 WLAN 网络中检测不了冲突，那么只好采用提前避免的方法。

9.6 WLAN 基本配置

本章将介绍 H3C 的无线 AP 的配置界面。H3C 的无线 AP 可以和交换机、路由器一样通过命令行模式登录管理。这里以 WA4320i 为例，熟悉 AP 设备的命令行配置管理界面。

当要对 AP 进行详细配置的时候，命令行界面能够帮助人们解决复杂的配置需求。前面的课程已经演示了如何使用超级终端，这里只列举几条常用的命令。

(1) 查看 AP 的版本类型：使用 display version 命令。

```
[H3C]display version
H3C Comware Software, Version 7.1.064, ESS 2113
Copyright (c) 2004-2015 Hangzhou H3C Tech. Co., Ltd. All rights reserved.
H3C WA4320i-X-R uptime is 0 weeks, 0 days, 1 hour, 15 minutes
Last reboot reason : Power on

Boot image: flash:/wa4300-boot.bin
Boot image version: 7.1.064, ESS 2113
Compiled Nov 12 2015 16:00:00
System image: flash:/wa4300-system.bin
System image version: 7.1.064, ESS 2113
Compiled Nov 12 2015 16:00:00

  with 1 AR9557 720MHz Processor
  256M bytes DDR2
  32M bytes NorFlash Memory
Hardware Version is Ver.A
CPLD Version is 006
Basic Bootrom Version is 1.09
Extend Bootrom Version is 7.04
[Subslot 0]H3C WA4320i-X-R Hardware Version is Ver.A
[SLOT 1]GE1/0/1 (Hardware)Ver.A, (Driver)1.0
[SLOT 1]GE1/0/2 (Hardware)Ver.A, (Driver)1.0
[SLOT 1]RADIO1/0/1 (Hardware)Ver.A, (Driver)1.0
[SLOT 1]RADIO1/0/2 (Hardware)Ver.A, (Driver)1.0
```

(2) 查看在线的客户端：使用 display wlan client verbose 命令。

```
<H3C>display wlan client verbose
Total number of clients: 1

 MAC address                       : 18af-61f0-8b14
 IPv4 address                      : N/A
 IPv6 address                      : N/A
 Username                          : N/A
 Radio ID                          : 1
 SSID                              : test
 BSSID                             : 3897-d637-c8a0
 VLAN ID                           : 1
 Power save mode                   : Active
 Wireless mode                     : 802.11g
 QoS mode                          : WMM
 Listen interval                   : 20
 RSSI                              : 52
 Rx/Tx rate                        : 54/54
 Authentication method             : Shared key
 Security mode                     : PRE-RSNA
 AKM mode                          : N/A
 Encryption cipher                 : WEP40
 User authentication mode          : Bypass
```

```
WEP mode                            : Static
Authorization ACL ID                : N/A
Authorization user profile          : N/A
Roam status                         : N/A
Key derivation                      : N/A
PMF status                          : N/A
Online time                         : 6hr 29min 19sec
FT Status                           : Inactive
```

(3) 查看 AP 当前的配置：使用 display current-configuration 命令。这条命令的作用与交换机、路由器里的功能相同，此处不再示例。

9.7 本章总结

(1) WLAN 已经广泛应用于各行各业。

(2) WLAN 工作频段的重叠特性决定了大规模部署时的信道排列规则。

(3) AC、AP 和 STA 三种设备在 WLAN 中扮演了重要角色。AC＋、FIT、AP 模式的组网在大型网络中的优势显露无遗。

(4) WLAN 技术还在不断发展和完善之中。

9.8 习题和解答

9.8.1 习题

1. WLAN 使用的无线频段为(　　)。
   A. 400MHz 和 800MHz　　B. 800MHz 和 1800MHz
   C. 2.4GHz 和 5GHz　　D. 5GHz 和 8GHz

2. 802.11g 支持的最大速率为(　　)Mbps。
   A. 11　　B. 36　　C. 48　　D. 54

3. 在中国，如果要布置 WLAN 的蜂窝式网络，802.11g 2.4GHz 的频段中可布置(　　)个不重叠信道。
   A. 3　　B. 4　　C. 11　　D. 14

4. 以下(　　)技术属于 WLAN 技术。
   A. IRDA　　B. 802.11g　　C. 802.11a　　D. 802.11n
   E. 802.11　　F. 802.11b

5. 使用 2.4GHz 频段的 WLAN 无法保证在将来的使用过程中干扰不会成为问题。(　　)
   A. True　　B. False

9.8.2 习题答案

1. C　　2. D　　3. A　　4. BCDEF　　5. A

第3篇

广域网技术基础

第10章

广域网技术概述

局域网主要完成工作站、终端、服务器等在较小物理范围内的互联,只能解决局部的资源共享,却不能满足远距离计算机网络通信的要求。通过运营商提供的基础通信设施,广域网可以使相距遥远的局域网互相连接起来,远距离传输数据、语音、视频等,实现大范围的资源共享。

10.1 本章目标

学习完本章,应该能够达到以下目标。

(1) 理解常见广域网连接方式。

(2) 理解常用广域网协议的分类和特点。

(3) 列举常见广域网接口类型。

10.2 广域网基本概念

10.2.1 广域网的作用

广域网(Wide Area Network,WAN)是随着相距遥远的局域网互联的要求产生的。广域网应该能延伸到比较远的物理距离,可以是城市范围、国家范围甚至于全球范围。分散在各个不同地理位置的局域网通过广域网互相连接起来。

早期局域网采用以太网、快速以太网、令牌环网、FDDI 等技术,其带宽较高,性能较稳定,却无法满足远程连接的需要。以快速以太网 100Base-TX 为例,其以双绞线作为介质,一条线路的长度不能超过 100m;通过集线器(HUB)或中继器(Repeater)最大可以将其延长至 500m;如果通过交换机级联的方法,理论上最大可以延长至几千米。这样的传输距离是非常有限的,无法支持两个城市之间的上百千米乃至上万千米的远程传输。

另外,即使可以将以太网技术改造成支持超远程连接,这也同时要求用户在两端的站点之间布设专用的线缆。而在大多数情况下,普通的用户组织不具备这种能力,也没有这种许可权。

传统电信运营商经营的语音网络已建设多年,几乎可以连通所有的办公场所、家庭、各类建筑等。利用这些现成的基础设施建设广域网,无疑是一种明智的选择。虽然需要向外界的网络运营商申请广域网服务并支付一定的费用才能使用广域网，但与自行布设远程专线并进行维护的花费相比，这笔费用是物有所值的。因此，计算机网络的广域网最初都是基于已有的电信运营商通信网建立的。

由于电信运营商传统通信网技术的多样性和接入的灵活性，广域网技术也呈多样化发展，以便适应用户对计算机网络的多样化需求。例如，用户路由器可以通过 PSTN(Public Switched Telephony Network，公共交换电话网）或 ISDN（Integrated Services Digital Network，综合业务数字网）拨号接通对端路由器，也可以直接租用模拟或数字专线连通对端路由器。

建立广域网通常要求用户使用路由器，以便连接局域网和广域网的不同介质，实现复杂的广域网协议，并跨越网段进行通信。图 10-1 所示为广域网的作用。

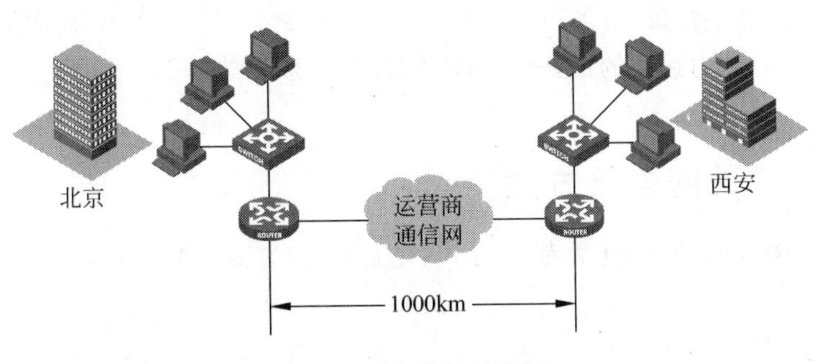

图 10-1　广域网的作用

10.2.2　广域网与 OSI 参考模型

如图 10-2 所示，广域网技术主要对应于 OSI 参考模型的物理层和数据链路层，也即 TCP/IP 模型的网络接口层。

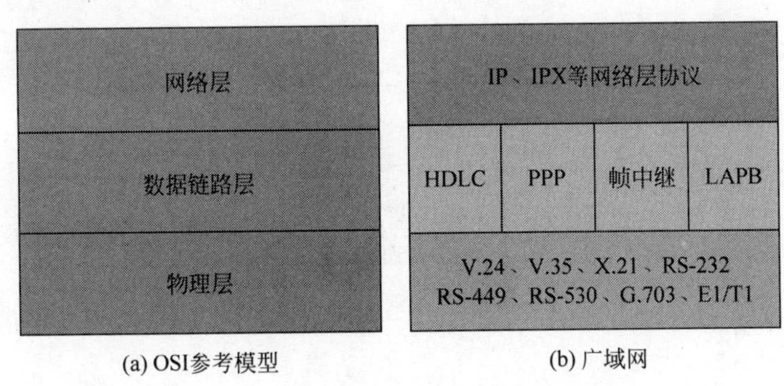

图 10-2　OSI 参考模型与广域网

广域网的物理层规定了向广域网提供服务的设备、线缆和接口的物理特性，包括电气特性、机械特性、连接标准等。常见的此类标准有以下内容。

(1) 支持同/异步两种方式的 V.24 规程接口和支持同步方式的 V.35 规程接口。

(2) 支持 E1/T1 线路的 G.703 接口，E1 多用于欧亚，而 T1 多用于北美。

(3) 用于提供同步数字线路上的串行通信的 X.21，主要用于日本和欧洲。

数据在广域网上传输，必须封装成广域网能够识别及支持的数据链路层协议。广域网常用的数据链路层协议有以下内容。

(1) HDLC(High-level Data Link Control,高级数据链路控制):用于同步点到点连接,其特点是面向比特,对任何一种比特流均可以实现透明的传输,只能工作在同步方式下。

(2) PPP(Point-to-Point Protocol,点对点协议):提供了在点到点链路上封装、传递网络数据包的能力。PPP 易于扩展,能支持多种网络层协议,支持验证,可工作在同步或异步方式下。

(3) 帧中继(Frame Relay):帧中继技术是在数据链路层用简化的方法传送和交换数据单元的快速分组交换技术。帧中继采用虚电路技术,并在链路层完成统计复用、帧透明传输和错误检测功能。

(4) LAPB(Link Access Procedure Balanced,平衡型链路接入规程):LAPB 是 X.25 协议栈中的数据链路层协议。LAPB 由 HDLC 发展而来。虽然 LAPB 是作为 X.25 的数据链路层被定义的,但作为独立的链路层协议,它可以直接承载非 X.25 的上层协议进行数据传输。

10.2.3 广域网连接方式

常用的广域网连接方式包括专线方式、电路交换方式、分组交换方式等,如图 10-3 所示。

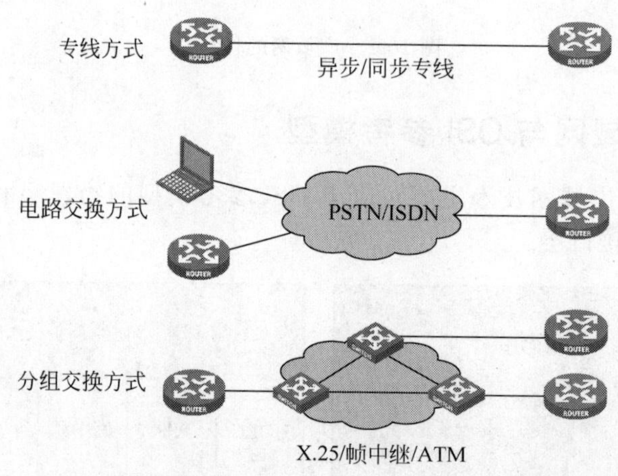

图 10-3 广域网连接方式

(1) 专线方式:在这种方式中,用户独占一条永久性、点对点、速率固定的专用线路,并独享其带宽。

(2) 电路交换方式:在这种方式中,用户设备之间的连接是按需建立的。当用户需要发送数据时,运营商交换机就在主叫端和被叫端之间接通一条物理的数据传输通路;当用户不再发送数据时,运营商交换机即切断传输通路。

(3) 分组交换方式:这是一种基于运营商分组交换网络的交换方式。用户设备将需要传输的信息划分为一定长度的分组(Packet,也称为包)提交给运营商分组交换机,每个分组都载有接收方和发送方的地址标识,运营商分组交换机依据这些地址标识将分组转发到目的端用户设备。

其中专线方式和电路交换方式都属于点对点方式，而分组交换方式可以实现点对多点通信。

10.3 点到点广域网技术介绍

10.3.1 专线连接模型

在专线(Leased Line)方式的连接模型中，运营商通过其通信网络中的传输设备和传输线路，为用户配置一条专用的通信线路。两端的用户路由器串行接口(Serial Interface，串口)通过几米至十几米长的本地线缆连接到CSU/DSU，而CSU/DSU通过数百米至上千米的接入线路接入运营商传输网络。本地线缆通常为V.24、V.35等串口线缆；而接入线路通常为传统的双绞线；远程线路既可能是用户独占的物理线路，也可以是运营商通过TDM(Time Division Multiplexing，时分复用)等技术为用户分配的独占资源。专线既可以是数字的，例如直接利用运营商电话网的数字传输通道；也可以是模拟的，例如直接利用一对电话铜线经运营商跳线连接两端，如图10-4所示。

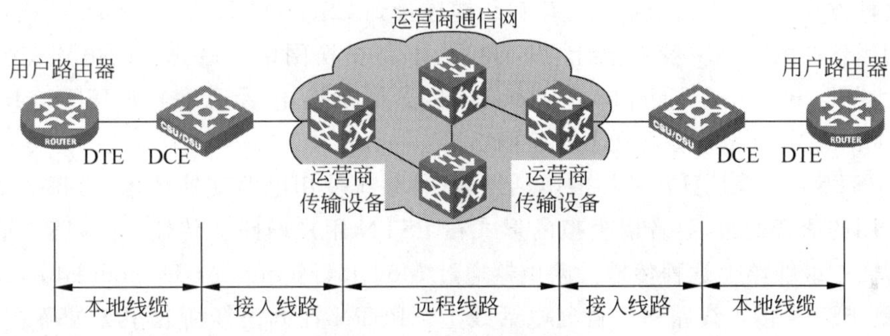

图10-4 专线连接模型

路由器的串行线路信号须经过CSU/DSU(Channel Service Unit/Data Service Unit，通道服务单元/数据服务单元)设备的调制转换才能在专线上传输。CSU是把终端用户和本地数字电话环路相连的数字接口设备，而DSU把DTE设备上的物理层接口适配到通信网络上。DSU也负责信号时钟等功能，它通常与CSU一起提及，称作CSU/DSU。

通信设备的物理接口可分为DCE和DTE两类。

(1) DCE(Data Circuit-terminating Equipment，数据电路终止设备)：DCE设备对用户端设备提供网络通信服务的接口，并且提供用于同步DCE设备和DTE设备之间数据传输的时钟信号。

(2) DTE(Data Terminal Equipment，数据终端设备)：指接受线路时钟，获得网络通信服务的设备。DTE设备通常通过CSU/DSU连接到传输线路上，并且使用其提供的时钟信号。

在专线模型中，线路的速率由运营商确定，因而CSU/DSU为DCE设备，负责向DTE设备发送时钟信号，控制传输速率等；而用户路由器通常为DTE设备，接受DCE设备提供的服务。

在专线方式中，用户独占一条永久性、点对点、速率固定的专用线路，并独享其带宽。这

种方式部署简单,通信可靠,可以提供的带宽范围比较广,传输延迟小;但其资源利用率低,费用昂贵,且点对点的结构不够灵活。

10.3.2 电路交换连接模型

电路交换广域网连接模型如图 10-5 所示。

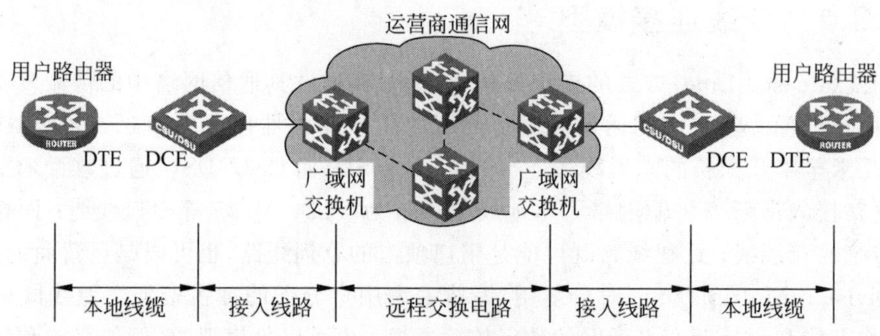

图 10-5 电路交换广域网连接模型

在这种方式中,用户路由器通过串口线缆连接到 CSU/DSU,而 CSU/DSU 通过接入线路连接到运营商的广域网交换机上,从而接入电路交换网络。最典型的电路交换网络是 PSTN(Public Switched Telephone Network,公共交换电话网络)和 ISDN(Integrated Service Digital Network,综合业务数字网络)。

(1) PSTN:也就是日常使用的电话网,这种系统使用电路交换技术,给每一个通话分配一个专用的语音通道,语音以模拟的形式在 PSTN 用户回路上传输,并最终形成数字信号在运营商中继线路上远程传输。路由器通过 Modem(Modulator-Demodulator,调制解调器)连接到 PSTN 接入线路——普通电话线上。PSTN 在办公场所几乎无处不在,它的优点是安装费用低,分布广泛易于部署,缺点是最高带宽仅有 56Kbps,且信号容易受到干扰。

(2) ISDN:是一种以拨号方式接入的数字通信网络。ISDN 通过独立的 D 信道传送信令,通过专用的 B 信道传送用户数据。ISDN BRI 提供 2B+D 信道,每个 B 信道速率为 64Kbps,其速率最高可达到 128Kbps;ISDN T1 PRI 提供 23B+D,而 ISDN E1 PRI 提供 30B+D 信道。路由器通过独立或内置的 TA(Terminal Adaptor,终端适配器)接入 ISDN 网络。ISDN 具有连接迅速、传输可靠、带宽较高等优点。ISDN 话费较普通电话略高,但其双 B 信道使其能同时支持两路独立的应用,是一项对个人或小型办公室较适合的网络接入方式。

在电路交换方式中,用户设备之间的连接是按需建立的。当用户需要发送数据时,运营商的广域网交换机就在主叫端和被叫端之间接通一条物理的数据传输通路;当用户不再发送数据时,广域网交换机即切断传输通路。

电路交换方式适用于临时性、低带宽的通信,可以降低其费用;缺点是连接延迟大,带宽通常较小。

10.3.3 物理层标准

在典型的点到点连接方式下,从终端用户的角度来看,可见的部分通常包括路由器串口

(Serial Interface)、串口线缆、CSU/DSU、接入线缆和接头等，如图 10-6 所示。

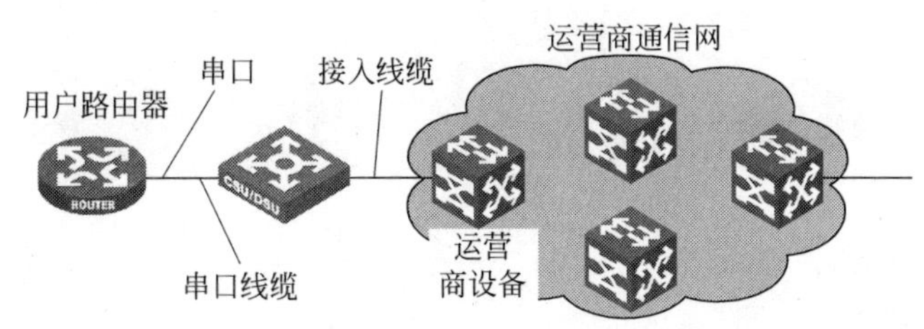

图 10-6 常用接口和线缆

路由器支持的 WAN 接口种类很多，包括异步串口、AUX 接口、AM 接口、FCM 接口、同/异步串口、ISDN BRI 接口、CE1/PRI 接口、CT1/PRI 接口、CE3 接口、CT3 接口、ATM 接口等。但串口(Serial Interface)是最基本且最常用的一种。路由器通常通过串口连接到广域网，接受广域网服务。

串口的工作方式分为异步(Asynchronous)和同步(Synchronous)两种。某些串口既可以支持异步方式，也可以支持同步方式。同步串口可以工作于 DTE 和 DCE 两种方式下，通常情况下同步串口为 DTE 方式。异步串口可以工作于协议模式和流模式。异步串口外接 Modem 或 ISDN TA(Terminal Adapter，终端适配器)时可以作为拨号接口使用。在协议模式下，链路层协议可以为 PPP。

根据不同的模块型号，路由器串口的物理接口有多种类型，28 针接口是其中最常用的一种。

路由器串口与 CSU/DSU 通过串口线缆连接起来。串口线缆的一端与路由器串口匹配；另一端与 CSU/DSU 的接口匹配。常见的串口线缆标准有 V. 24、V. 35、X. 21、RS-232、RS-449、RS-530 等。根据其物理接口的不同，线缆也分为 DTE 和 DCE 两种。路由器使用 DTE 线缆连接 CSU/DSU。设备可以自动检测同步串口外接电缆类型，并完成电气特性的选择，一般情况下无须手工配置。

CSU/DSU 通过一条接入线缆接入运营商网络。这条线缆的末端通常为屏蔽或非屏蔽双绞线，插入 CSU/DSU 的通常为 RJ-11 或 RJ-45 接头。

10.3.4 链路层协议

在利用专线方式和电路交换方式的点到点连接中，运营商提供的连接线路相对于 TCP/IP 网络而言处于物理层。运营商传输网络只提供一条端到端的传输通道，并不负责建立数据链路，也不关心实际的传输内容。

数据链路层协议工作于用户路由器之间，直接建立端到端的数据链路。这些数据链路层协议包括 SLIP(Serial Line Internet Protocol，串行线路互联网协议)、SDLC(Synchronous Data Link Control Protocol，同步数据链控制协议)、HDLC 和 PPP 等。图 10-7 所示为链路层协议。

专线连接的链路层常使用 HDLC、PPP 等，而电路交换连接的链路层常使用 PPP。

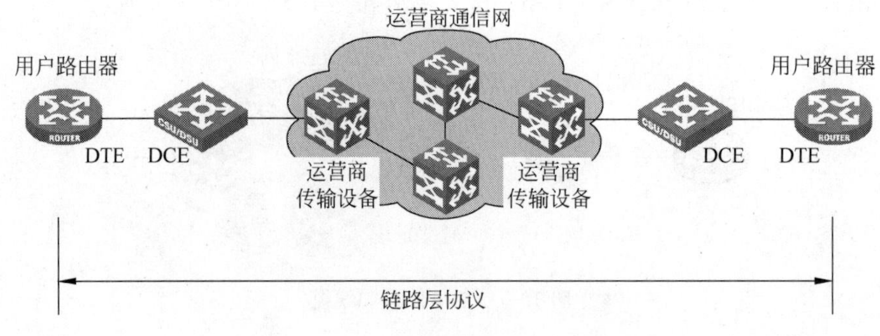

图 10-7 链路层协议

10.4 分组交换广域网技术介绍

在分组交换方式中，用户路由器通过接入线路连接到运营商分组交换机上。运营商分组交换网络负责为用户按需或永久性地建立点对点虚电路(Virtual Circuit，VC)。每个用户路由器可以利用一个物理接口通过多条虚电路连接到多个对端路由器。用户设备将需要传输的信息划分为一定的长度的分组(Packet，也称为包)提交给运营商分组交换机，每个分组都载有接收方和发送方的地址标识，运营商分组交换机依据这些地址标识通过虚电路将分组转发到目的端用户设备。

分组交换广域网连接模型如图 10-8 所示。

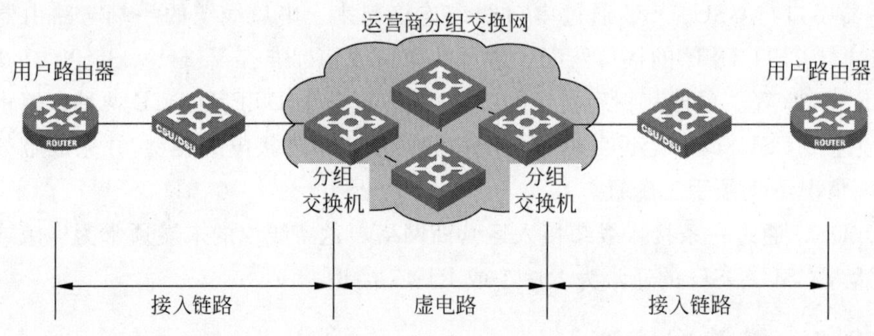

图 10-8 分组交换广域网连接模型

用户接入线路使用与同步专线完全相同的连接方式，其工作方式与点到点同步专线完全相同。用户所见的物理层与点到点同步方式亦无区别。可以认为用户路由器是通过同步专线连接到分组交换机的。

这种方式的优点是结构灵活、迁移方便、费用比专线低；缺点是配置复杂、传输延迟较大。常见的分组交换有帧中继(Frame Relay)和 ATM(Asynchronous Transfer Mode，异步传输模式)。

分组交换方式使用的典型技术包括 X.25、帧中继和 ATM。

(1) X.25 是一种出现较早的分组交换技术。内置的差错纠正、流量控制和丢包重传机制使之具有高度的可靠性，适于长途高噪声线路，但由此带来的副效应是速度慢、吞吐率很低、延迟大。早期 X.25 的最大速率仅为有限的 64Kbps，使之可提供的业务非常有限。1992 年 ITU-T 更新了 X.25 标准，使其传输速度可高达 2Mbps。随着线路传输质量的日趋稳定，X.25 的高可靠性已不再具有必要。

(2) 帧中继是在 X.25 基础上发展起来的较新技术。帧中继在数据链路层用简化的方法转发和交换数据单元，相对于 X.25 协议，帧中继只完成链路层的核心功能，简单而高效。帧中继取消了纠错功能，简化了信令，中间节点的延迟比 X.25 小得多。帧中继的帧长度可变，可以方便地适应网络中的任何包或帧，提供了对用户的透明性。帧中继速率较快，可从 64Kbps 到 2Mbps。但是，帧中继容易受到网络拥塞的影响，对于时间敏感的实时通信没有特殊的保障措施，当线路受到干扰时将引起包的丢弃。

(3) ATM 是一种基于信元(Cell)的交换技术，其最大特点是速率高、延迟小、传输质量有保障。ATM 大多采用光纤作为传输介质，速率可高达上千兆，但成本也很高。ATM 同时支持多种数据类型，可以用于承载 IP 数据包。

在分组交换方式中，用户路由器同样运行相应的分组交换协议，并且与负责接入的分组交换机建立和维护数据链路；IP 包被封装在分组交换网络的 PDU(Protocol Data Unit，协议数据单元)内，穿越分组交换网络到达目的用户路由器。

10.5 本章总结

(1) 广域网技术对应于 OSI 模型的数据链路层和物理层。

(2) 广域网连接方式分为专线方式、电路交换方式和分组交换方式。

10.6 习题和解答

10.6.1 习题

1. 广域网技术主要对应于 OSI 参考模型的(　　)。

   A. 物理层　　B. 数据链路层　　C. 网络层　　D. 网络接口层

2. 广域网连接方式包括(　　)。

   A. 时分复用　　B. 分组交换　　C. 频分复用　　D. 专线

3. 下列技术属于电路交换广域网连接技术的是(　　)。

   A. PSTN　　B. ISDN　　C. ATM　　D. 帧中继

4. 下列技术属于分组交换广域网连接技术的是(　　)。

   A. PSTN　　B. ISDN　　C. ATM　　D. 帧中继

5. 下列技术中，可以用于分组交换广域网连接的有(　　)。

   A. LAPB　　B. V.35　　C. RJ-11　　D. CSU/DSU

10.6.2 习题答案

1. AB　　2. BD　　3. AB　　4. CD　　5. ABCD

第11章

广域网接口和线缆

广域网接口和线缆种类繁多，本章介绍在中小型网络环境中常用的广域网接口和线缆。

11.1 本章目标

学习完本章，应该能够达到以下目标。

(1) 识别同步/异步串口、E1/CE1、T1/CT1、E1/T1 PRI、ISDN BRI、AM、ADSL 等物理接口。

(2) 使用适当的线缆连接同步/异步串口、E1/CE1、T1/CT1、E1/T1 PRI、ISDN BRI、AM、ADSL 等物理接口。

11.2 常见广域网接口

路由器可以提供丰富的广域网接口类型，以适应多样化的广域网连接类型。路由器上常见的广域网接口类型及其对应的物理连接器包括以下内容。

(1) 同步/异步串口：常用 DB28 连接器，如图 11-1 所示。

(2) E1、CE1、E1 PRI 接口：常用 DB15 连接器，如图 11-2 所示。

图 11-1 DB28 连接器

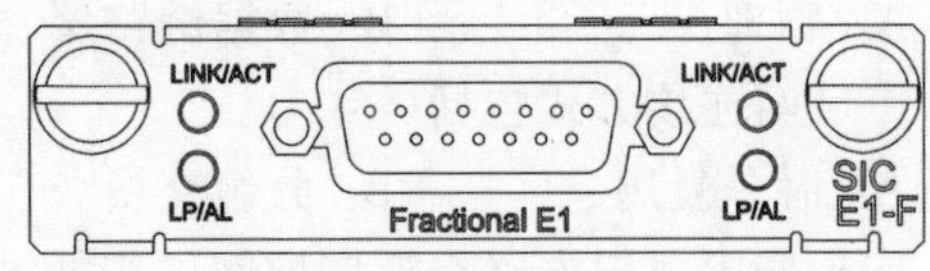

图 11-2 DB15 连接器

(3) T1、CT1、T1 PRI 接口：常用与 RJ-45 相同的连接器，如图 11-3 所示。

(4) ISDN BRI 接口：常用与 RJ-45 相同的连接器，如图 11-3 所示。ISDN BRI U 接口与 RJ-11 兼容。

(5) AM(Analog Modem，模拟调制解调器)、ADSL 接口：常用 RJ-11 连接器，如图 11-4 所示。

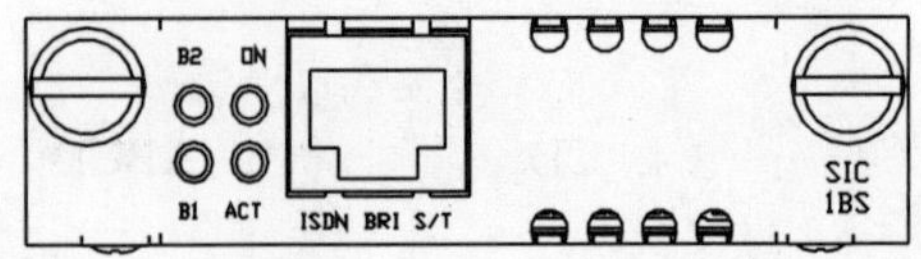

图 11-3 RJ-45 连接器

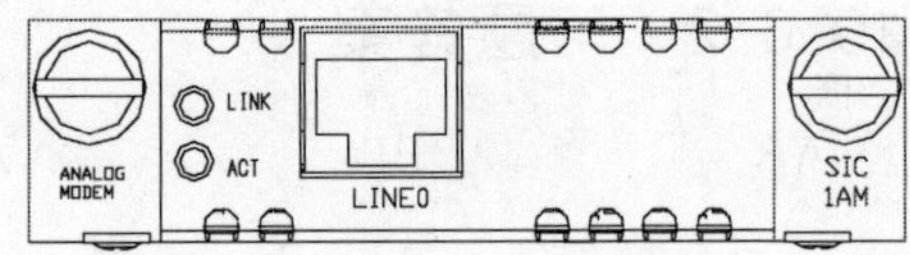

图 11-4 RJ-11 连接器

11.3 常见串口线缆

串口线缆用于将路由器广域网串行接口与 CSU/DSU 设备连接起来。在这种连接中,CSU/DSU 通常作为 DCE 设备,因此路由器应使用 DTE 线缆。常用的这类串口线缆如下。

(1) V.24(RS-232)DTE 电缆:网络端为 25 针 D 型连接器。

(2) V.35 DTE 电缆:网络端为 34 针 D 型连接器。

(3) X.21 DTE 电缆:网络端为 15 针 D 型连接器。

(4) RS-449 DTE 电缆:网络端为 37 针 D 型连接器。

(5) RS-530 DTE 电缆:网络端为 25 针 D 型连接器。

如果需要使路由器串口作为 DCE 设备工作,应使用 DCE 线缆。常用的这类串口线缆如下。

(1) V.24(RS-232)DCE 电缆:网络端为 25 孔 D 型连接器。

(2) V.35 DCE 电缆:网络端为 34 孔 D 型连接器。

(3) X.21 DCE 电缆:网络端为 15 孔 D 型连接器。

(4) RS-449 DCE 电缆:网络端为 37 孔 D 型连接器。

(5) RS-530 DCE 电缆:网络端为 25 孔 D 型连接器。

11.3.1 V.24 电缆

ITU-T V.24 规程与 EIA/TIA(Electronic Industries Association/Telecommunications Industries Association,美国电子工业协会/电信工业协会)的 RS-232 标准极其接近。V.24 电缆符合 RS-232 接口标准,V.24 接口的电气特性需符合 RS-232 电气标准。符合 V.24 规程的接口及电缆在通信、计算机系统中使用非常广泛。

V.24 接口规程主要包括机械特性、电气特性、常用控制信号、传输速率、传输距离和接口电缆六个方面的规定。这几个方面也是其他规程所关心的重要内容之一。

机械规程包括对接口的物理针脚数目、排列和尺寸等方面的定义。V.24 接口电缆外观如图 11-5 所示。V.24 电缆一端的连接器用于连接路由器,通常为 28 针 D 形连接器。外接端是符合 RS-232 标准的 25 针 D 形连接器。V.24 电缆分为 DTE 电缆和 DCE 电缆,前者的外接端连接器为 DTE 类型(25 针),后者的外接端连接器为 DCE 类型(25 孔)。

V.24 电缆可以工作在同步和异步两种方式下,既可以连接普通的模拟 Modem 和 ISDN TA,也可以连接同步 CSU/DSU,如图 11-5 所示。

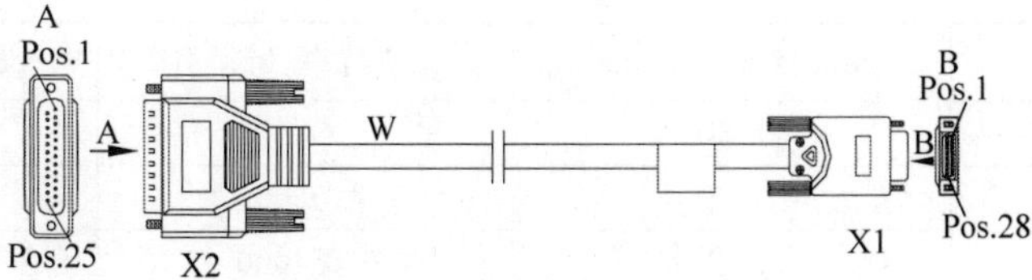

图 11-5 V.24 DTE 电缆

V.24 电缆在同步方式下的最大传输速率为 64000bps；异步方式下的最大传输速率为 115200bps。表 11-1 所示为 V.24 电缆以各种速率传输数据时的标准传输距离。由于实际使用环境的差别，实际的传输距离和速率极限会不尽相同，实际测试表明，表 11-1 所给出的数据略偏保守。

表 11-1 V.24 波特率与传输距离

波特率(bps)	最大传输距离(m)	波特率(bps)	最大传输距离(m)
2400	60	38400	20
4800	60	64000	20
9600	30	115200	10
19200	30		

11.3.2 V.35 电缆

V.35 电缆的接口特性遵循 ITU-T V.35 标准。路由器接头与 V.24 电缆相同，电缆外接端为 34 针 D 型连接器，也分 DCE 和 DTE 两种(34 孔/34 针)。图 11-6 所示为 DTE 电缆示意，DCE 电缆示意图略。

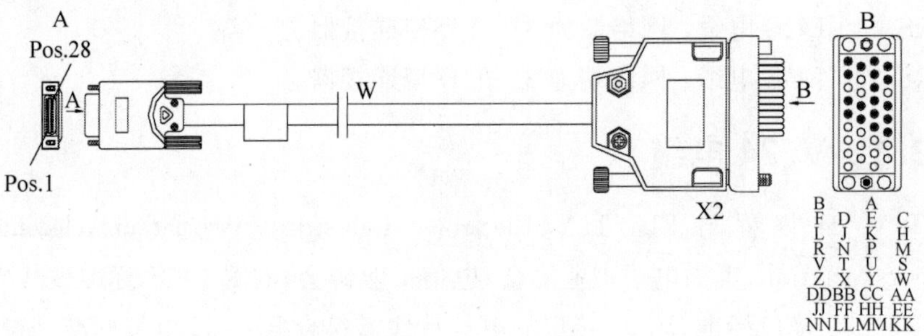

图 11-6 V.35 DTE 电缆

V.35 电缆只能工作于同步方式，用于路由器与同步 CSU/DSU 的连接之中。

V.35 电缆的公认最高速率是 2048000bps(2Mbps)。表 11-2 所示为 V.35 电缆在同步工作方式下以各种波特率传输数据的标准传输距离。由于实际使用环境的差别，实际的传输距离和速率极限会不尽相同，实际测试表明，表 11-2 所给出的数据略偏保守。与 V.24 规程不同，V.35 电缆的最高传输速率主要受限于广泛的使用习惯，虽然从理论上 V.35 电缆速率可以达到 4Mbps 或者更高，但就目前来说，没有网络营运商在 V.35 接口上提供这种带宽的服务。

表 11-2 V.35 波特率与传输距离

波特率(bps)	最大传输距离(m)	波特率(bps)	最大传输距离(m)
2400	1250	38400	78
4800	625	56000	60
9600	312	64000	50
19200	156	2048000	30

11.3.3 其他串口电缆

其他的常用接口电缆如下。

(1) X.21：ITU-T 制定的常用接口电缆标准，提供了电信运营商与用户设备之间的数字信号接口。采用 15 针 D 型连接器。

(2) RS-449：EIA/TIA 制定的常用接口电缆标准。采用 37 针 D 型连接器，可以在平衡和非平衡模式下达到 2Mbps 的速率，其速率和距离都超过 V.24(RS-232)。RS-449 的电气信号由 RS-422(平衡)和 RS-423(非平衡)定义。

(3) RS-530：EIA/TIA 制定的常用接口电缆标准，同样与 RS-422/423 协同工作，可以在平衡和非平衡模式下达到 2Mbps 的速率。由于采用更常用的 25 针 D 型连接器，RS-530 正在取代 RS-449 接口。

这三种接口电缆的传输速率及相应距离与 V.35 基本相同。

X.21/RS-449/RS-530 电缆如图 11-7 所示。

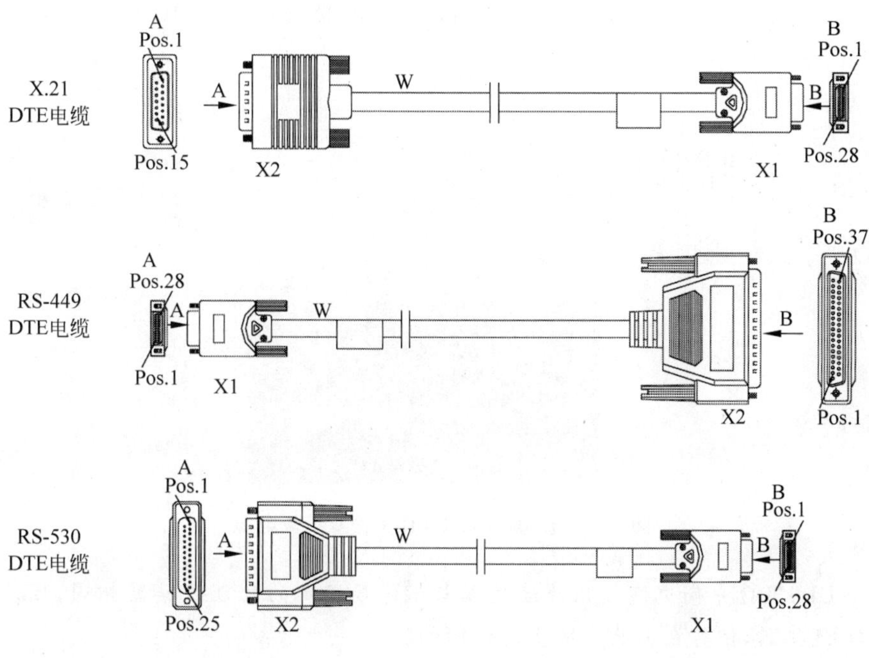

图 11-7 X.21/RS-449/RS-530 电缆

11.4 E1 接口电缆

路由器的 E1、CE1、E1 PRI 接口电缆为标准的 E1 G.703 电缆。E1 G.703 电缆有以下两种。

(1) 75Ω 非平衡同轴电缆。

(2) 120Ω 平衡双绞线电缆。

75Ω 非平衡同轴电缆采用 DB15 连接器连接路由器一端，采用 BNC 连接器连接传输网络端，如图 11-8 所示。

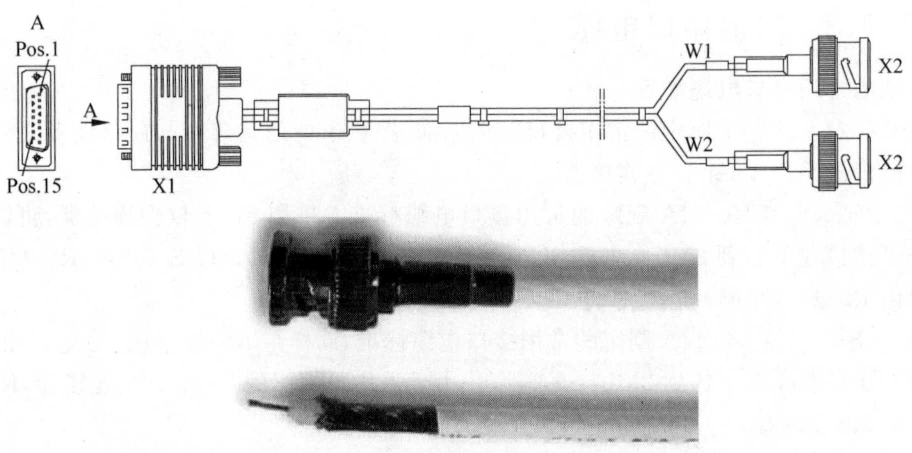

图 11-8 E1 G.703 75Ω 非平衡同轴电缆

120Ω 平衡双绞线电缆采用 DB15 连接器连接路由器一端，采用 RJ-45 连接器连接传输网络端，如图 11-9 所示。

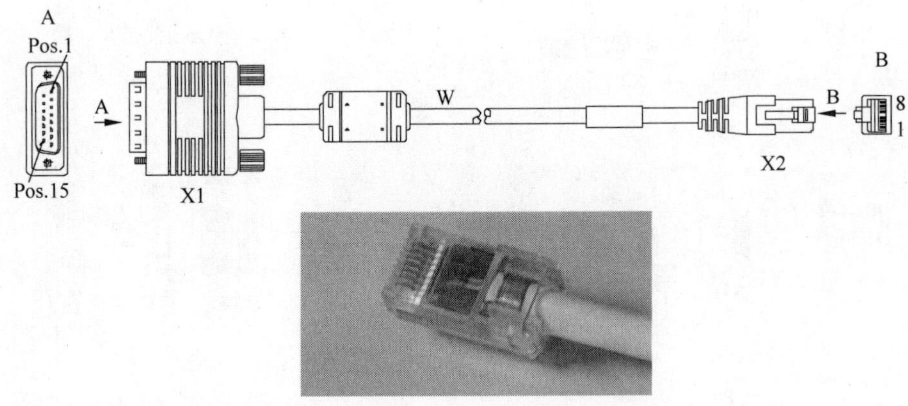

图 11-9 E1 G.703 120Ω 平衡双绞线电缆

注意：E1 120Ω 平衡电缆使用的连接器与 RJ-45 规定的物理连接器相同，因此通常被称为 RJ-45 连接器，但其在引脚定义上是不同的。

11.5 T1 接口电缆

路由器的 T1、CT1、T1 PRI 接口电缆为 100Ω 标准屏蔽双绞线，两端连接器采用 RJ-45 连接器，外观如图 11-10 所示。

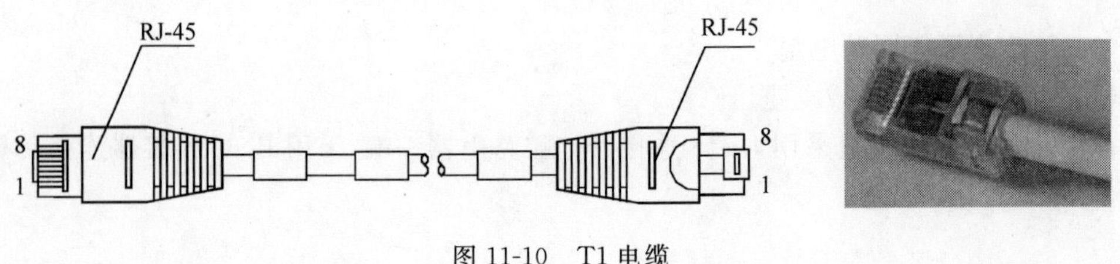

图 11-10 T1 电缆

T1 电缆的一端插入路由器的 T1 接口，另一端与传输网络侧相应的设备相连。

注意：T1 电缆使用的连接器与 RJ-45 规定的物理连接器相同，因此通常被称为 RJ-45 连接器，但其在引脚定义上是不同的。

11.6　RJ-11 电缆

RJ-11 是最广为人知的接口标准之一，如图 11-11 所示。普通的固定电话机都提供 RJ-11 接口，通过 RJ-11 电缆连接到 PSTN 电话网络。RJ-11 电缆通常使用单独的一对双绞线或 UTP-5 中的一对线。RJ-11 电缆也被俗称为“普通电话线”。

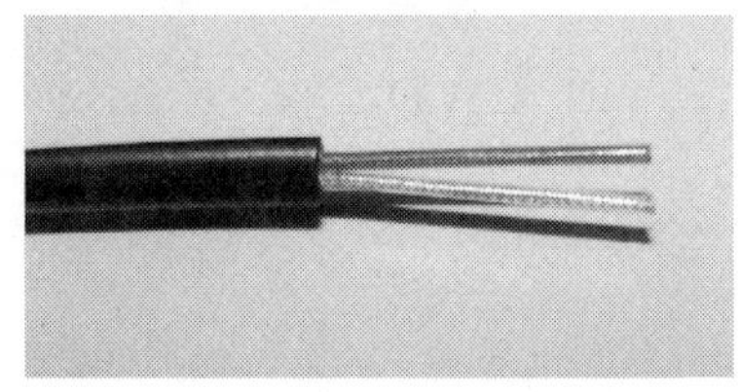

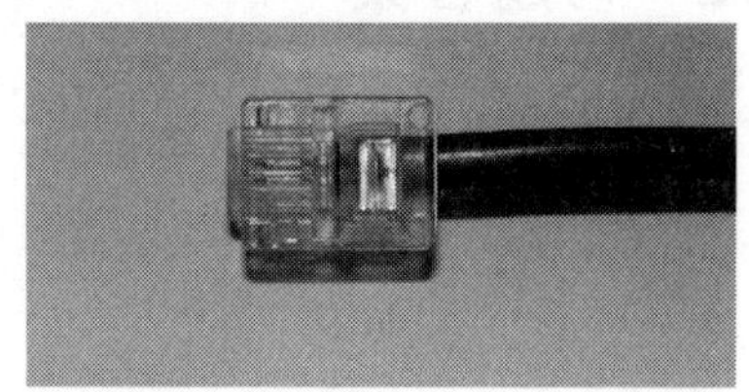

图 11-11　RJ-11 电缆

路由器的 ISDN BRI 接口采用与 RJ-45 相同的物理接口。其中 ISDN S/T 接口采用 4 线制，其中一对线上行，另一对线下行，因此其可以使用 RJ-45 电缆。ISDN U 接口采用 2 线制，因此其可以使用 RJ-11 电缆。

AM（Analog Modem，模拟调制解调器）接口内置模拟调制解调器，直接连接 PSTN 电话网络提供拨号连接。其接口采用标准 RJ-11 接口，使用 RJ-11 电缆。

ADSL 接口可以连接 PSTN 或 ISDN 用户线获得高速的 ADSL 数据传输服务，其采用 RJ-11 接口，使用 RJ-11 电缆连接到信号分离器或直接连接到 ISDN/PSTN 网络。

11.7　本章总结

（1）同步/异步串口常用 DB28 连接器。

（2）E1、CE1、E1 PRI 接口常用 DB15 连接器。

（3）T1、CT1、T1 PRI 接口常用与 RJ-45 相同的连接器。

（4）ISDN BRI 接口常用与 RJ-45 相同的连接器。

（5）AM、ADSL 接口常用 RJ-11 连接器。

11.8　习题和解答

11.8.1　习题

1. 路由器串口可以使用的电缆包括（　　）。

A. V.24　　B. RS-449　　C. V.35　　D. X.21

2. 路由器 CE1 接口可以使用的电缆包括( )。

A. 75Ω 非平衡同轴电缆 B. 120Ω 平衡双绞线电缆

C. 75Ω 平衡双绞线电缆 D. 120Ω 非平衡同轴电缆

3. 路由器 T1 接口可以使用的电缆包括( )。

A. 75Ω 非平衡同轴电缆 B. 120Ω 平衡双绞线电缆

C. 100Ω 双绞线电缆 D. RJ-11 电缆

4. 可以使用 RJ-11 电缆的路由器广域网接口包括( )。

A. 异步串口 B. E1 接口 C. ADSL 接口 D. AM 接口

11.8.2 习题答案

1. ABCD 2. AB 3. C 4. CD

第12章

HDLC协议

HDLC(High-level Data Link Control,高级数据链路控制)协议是由 IBM 的 SDLC(Synchronous Data Link Control,同步数据链路控制)协议演变而来。ANSI(American National Standards Institute,美国国家标准局)和 ISO(International Organization for Standardization,国际标准化组织)均采纳并发展了 SDLC 协议,并分别提出了自己的标准。ANSI 提出了 ADCCP(Advanced Data Communications Control Protocol,高级数据通信控制协议),而 ISO 提出了 HDLC 协议。

本章将讲解 HDLC 协议的基本原理以及基础配置。

12.1 本章目标

学习完本章,应该能够达到以下目标。

(1) 了解 HDLC 协议的基本特点。

(2) 掌握 HDLC 协议的基本配置。

(3) 了解 HDLC 协议的使用限制。

(4) 使用 display interface 命令收集接口信息。

12.2 HDLC 协议的概述

数据链路控制协议也称链路通信规程,也就是 OSI 参考模型中的数据链路层协议。数据链路控制协议一般可分为异步协议和同步协议两大类。

1. 异步协议

异步协议以字符为独立的信息传输单位,在每个字符的起始处开始对字符内的比特实现同步,但字符与字符之间的间隔时间是不固定的,也就是字符之间是异步传输的。

由于发送器和接收器中近似于同一频率的两个约定时钟,能够在一段较短的时间内保持同步,所以可以用字符起始处同步的时钟来采样该字符的各比特,而不需要每个比特同步。

在异步协议中,因为每个字符的传输都要添加诸如起始位、校验位及停止位等冗余位,故信道利用率很低,一般用于数据速率较低的场合。

2. 同步协议

同步协议是以许多字符或许多比特组成的数据块为传输单位的,这些数据块叫作帧。

在帧的起始处同步,在帧内维持固定的时钟。发送端将该固定时钟混合在数据中一起发送,供接收端从数据中分离出时钟来。

由于采用帧为传输单位,所以同步协议能更好地利用信道,也便于实现差错控制和流量控制等功能。

同步协议又可分为面向字符的同步协议、面向比特的同步协议及面向字节计数的同步协议。

面向字符的同步协议是最早提出的同步协议,其典型代表是 IBM 公司的 BISYNC(Binary Synchronous Communication,二进制同步通信)协议,通常也称该协议为基本协议。

随后 ANSI 和 ISO 都提出类似的相应的标准。ISO 的标准称为数据通信系统的基本模式控制过程,即 ISO 1745 标准。

20 世纪 70 年代初,IBM 公司率先提出了面向比特的同步数据控制规程 SDLC。随后,ANSI 和 ISO 均采纳并发展了 SDLC,并分别提出了自己的标准——ANSI 的 ADCCP 和 ISO 的 HDLC 协议。

HDLC 协议是一种面向比特的链路层协议,其最大特点是对任何一种比特流,均可以实现透明的传输。

在 HDLC 协议中,只要载荷数据流中不存在同标志字段 F 相同的数据,就不至于引起帧边界的错误判断。万一出现同边界标志字段 F 相同的数据,即数据流中出现连续 6 个 1 的情况,可以用零比特填充法解决。

在标准 HDLC 协议格式中没有包含标识所承载的上层协议信息的字段,所以在采用标准 HDLC 协议的单一链路上只能承载单一的网络层协议。

为了提高 HDLC 协议的适应能力,一些厂商在实现中对其进行了一些修改,因此在多厂商互通的情况下也不推荐使用 HDLC 协议。

12.3 HDLC 协议的基本原理

12.3.1 HDLC 协议的帧格式

在 HDLC 协议中,数据和控制报文均以帧的标准格式传送,总体上,HDLC 协议有三种不同类型的帧:信息帧(I 帧)、监控帧(S 帧)和无编号帧(U 帧),这三种类型不同的 HDLC 帧在 HDLC 协议中发挥着不同的作用。

(1) 信息帧用于传送用户数据,通常简称为 I 帧。

(2) 监控帧用于差错控制和流量控制,通常称为 S 帧。

(3) 无编号帧用于提供对链路的建立、拆除以及多种控制功能,简称 U 帧。

HDLC 帧由标志、地址、控制、信息和帧校验序列等字段组成,如图 12-1 所示。

标志F	地址A	控制C	信息I	帧校验序列TCS	标志F

图 12-1 HDLC 协议的帧格式

(1) 标志(F)字段：值为 0111110，标志一个 HDLC 帧的开始和结束，所有的帧必须以 F 字段开头，并以 F 字段结束。在邻近两帧之间的 F，既作为前面帧的结束，又作为后续帧的开头。

(2) 地址(A)字段：8 比特，用于标识接收或发送 HDLC 协议帧的地址。

(3) 控制(C)字段：8 比特，用来实现 HDLC 协议的各种控制信息，并标识此帧是否是信息帧。

(4) 信息(I)字段：是链路层的有效载荷(用户数据)，可以是任意的二进制比特串，长度未做限定，其上限由 FCS 字段或通信节点的缓冲容量来决定，目前国际上用得较多的是 1000～2000 比特；而下限可以是 0，即无信息字段。监控帧中不可含有信息字段。

(5) 帧校验序列(TCS)字段：可以使用 16 位 CRC，对两个标志字段之间的整个帧的内容进行校验。

12.3.2 HDLC 协议的零比特填充法

如图 12-2 所示，每个 HDLC 协议帧前、后均有标志字段，取值为 01111110，用作帧的起始、终止指示及帧的同步。标志字段不允许在帧的内部出现，以免引起歧义。为保证标志字段的唯一性但又兼顾帧内数据的透明性，可以采用“零比特填充法”来解决。

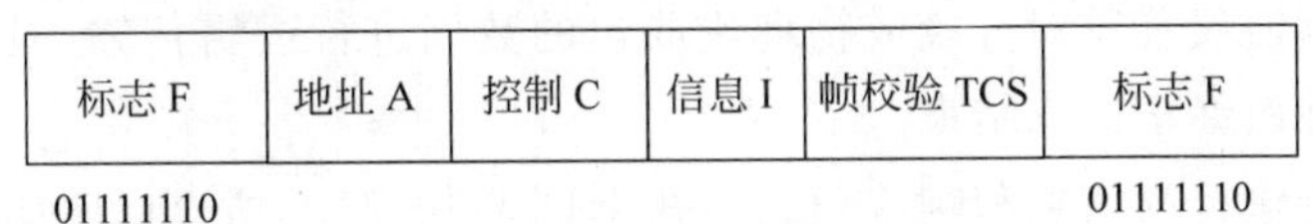

图 12-2 HDLC 协议标志字段

发送端监视除标志字段以外的所有字段，当发现有连续 5 个 1 出现时，便在其后添插 1 个 0，然后继续发送后继的比特流。接收端同样监视除起始标志字段以外的所有字段。当连续发现 5 个 1 出现后，若其后一个比特为“0”则自动删除它，以恢复原来的数据；若发现连续 6 个 1，则可能是插入的 0 发生差错变成 1，也可能是收到了帧的终止标志码。后两种情况，可以进一步通过帧中的帧校验序列来加以判断。

零比特填充法原理简单，很适合于硬件实现。

12.3.3 HDLC 协议的状态检测

HDLC 协议具有简单的探测链路及对端状态的功能。在链路物理层就绪后，HDLC 协议的设备以轮询时间间隔为周期，向链路上发送 Keepalive 消息，探测对方设备是否存在。如果在 3 个周期内无法收到对方发出的 Keepalive 消息，HDLC 协议的设备就认为链路不可用，则链路层状态变为 Down。

如图 12-3 所示，同一链路两端设备的轮询时间间隔应设为相同的值，否则会导致链路不可用。默认情况下，接口的 HDLC 协议轮询时间间隔为 10s。如果将两端的轮询时间间隔都设为0,则禁止链路状态检测功能。

图12-3 HDLC协议链路状态检测

12.4 HDLC协议的特点及使用限制

作为面向比特的同步数据控制协议的典型,HDLC协议具有以下几个特点。

(1) 协议不依赖于任何一种字符编码集,对于任何一种比特流都可透明传输。

(2) 全双工通信,有较高的数据链路传输效率。

(3) 所有的帧(包括响应帧)都有FCS,对信息帧进行顺序编号,可防止漏收、重收,传输可靠性高。

(4) 采用统一的帧格式来实现数据、命令、响应的传输,容易实现。

(5) 不支持验证,缺乏足够的安全性。

(6) 协议不支持IP地址协商。

(7) 用于点到点的同步链路,例如同步模式下的串行接口和POS接口等。

HDLC最大的特点是不需要规定数据必须是字符集,对任何一种比特流,均可以实现透明的传输。

数据链路控制协议着重对分段成物理块或包的数据进行逻辑传输。块或包也称为帧,由起始标志引导并由终止标志结束。

帧主要用于传输控制信息和响应信息。在HDLC协议中,所有面向比特的数据链路控制协议均采用统一的帧格式,不论是数据还是单独的控制信息均以帧为单位传输。

HDLC协议的每个帧前后均有标志01111110,用作帧的起始符、终止符或指示帧的同步。标志码不会在帧的内部出现,避免了歧义的发生,可以适应任何数据的传输。

由于以上特点,目前的计算机网和整机内部通信设计经常使用HDLC协议。

12.5 配置HDLC协议

12.5.1 HDLC协议的配置命令

要在路由器上配置HDLC协议,首先应进入相应串口的接口视图,然后用link-protocol hdlc命令将HDLC协议配置为链路层协议即可。配置时应注意的是,链路两端的设备都需要配置为HDLC协议,否则无法通信。

```
[Router-Serial5/0] link-protocol hdlc
```

要设置HDLC协议轮询时间间隔,应进入相应串口的接口视图,然后用timer hold *seconds*命令配置时间间隔,单位为s。默认情况下,接口的HDLC协议轮询时间间隔为

10s,取值范围为 0～32767s。

```
[Router-Serial5/0] timer hold seconds
```

注意：路由器串口的默认链路层协议为 PPP。

12.5.2　HDLC 协议的配置示例

如图 12-4 所示,RTA 与 RTB 通过专线连接起来,互连的端口均为 Serial5/0,使用 HDLC 协议作为广域网协议。

首先配置 RTA。

将 RTA Serial5/0 接口封装的协议改为 HDLC 协议。

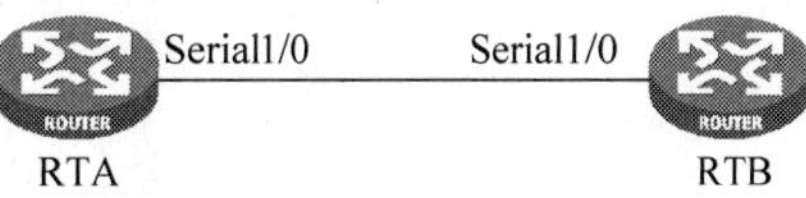

图 12-4　HDLC 协议配置示例

```
[RTA-Serial5/0]link-protocol hdlc
```

设置 HDLC 协议轮询时间间隔为 15s。

```
[RTA-Serial5/0]timer hold 15
```

为 Serial5/0 接口配置 IP 地址,掩码为 30 位。

```
[RTA-Serial5/0]ip address 1.1.1.1 30
```

然后同样配置 RTB。

将 RTB Serial5/0 接口封装的协议改为 HDLC 协议。

```
[RTB-Serial5/0]link-protocol hdlc
```

设置 HDLC 协议轮询时间间隔为 15s。

```
[RTB-Serial5/0]timer hold 15
```

为 Serial5/0 接口配置 IP 地址,掩码为 30 位。

```
[RTB-Serial5/0]ip address 1.1.1.2 30
```

配置完成后,使用 display interface serial5/0 查看设备的接口状态。

```
[RTA] display interface serial5/0
Serial5/0
current state: UP
Line protocol current state: UP
Description: Serial5/0 Interface
The Maximum Transmit Unit is 1500, Hold timer is 15(sec)
Internet Address is 1.1.1.1/30 Primary
Link layer protocol is HDLC
Output queue : (Urgent queuing : Size/Length/Discards)  0/100/0
Output queue : (Protocol queuing : Size/Length/Discards)  0/500/0
Output queue : (FIFO queuing : Size/Length/Discards)  0/75/0
Physical layer is synchronous, Virtual baudrate is 64000 bps
Interface is DTE, Cable type is V35, Clock mode is DTECLK1
Last clearing of counters: Never
```

```
Last 300 seconds input rate 3.85 bytes/sec, 30 bits/sec, 0.11 packets/sec
Last 300 seconds output rate 1.46 bytes/sec, 11 bits/sec, 0.06 packets/sec
Input: 57803 packets, 694760 bytes
       0 broadcasts, 0 multicasts
       0 errors, 0 runts, 0 giants
       0 CRC, 0 align errors, 0 overruns
       0 dribbles, 0 aborts, 0 no buffers
       0 frame errors
Output:57786 packets, 693942 bytes
       0 errors, 0 underruns, 0 collisions
       0 deferred
DCD=UP  DTR=UP  DSR=UP  RTS=UP  CTS=UP
```

从上面显示的信息中可以看出,RTA 的 Serial5/0 接口封装的协议为 HDLC; HDLC 协议轮询时间间隔为 15s,接口地址为 1.1.1.1。接口 Serial5/0 的物理层状态为 UP,链路层状态也为 UP。以上信息表明协议工作状态正常,两台路由器在数据链路层上可以正常通信。

12.6 本章总结

(1) HDLC 协议是一种面向比特的链路层协议,采用"零比特填充法",对任何一种比特流均可以透明传输。

(2) HDLC 协议通过周期性发送 Keepalive 消息来探测链路及对端的状态。

(3) HDLC 协议具备不依赖于任何一种字符编码集、全双工通信、防止漏收重收、帧格式统一等特点。

(4) 在实际使用中,HDLC 协议受到只支持点到点链路、只能用于同步链路、不支持验证、不支持地址协商等使用限制。

12.7 习题和解答

12.7.1 习题

1. HDLC 协议位于 OSI 参考模型( )。
   A. 物理层 B. 数据链路层 C. 网络层 D. 传输层
2. HDLC 协议既可以运行在同步串行线路又可以运行在异步串行线路。( )
   A. True B. False
3. 在 MSR 路由器上,HDLC 协议默认的 Keepalive 消息周期是( )s。
   A. 10 B. 15 C. 20 D. 25
4. HDLC 同一链路两端设备的轮询时间间隔应设为相同的值。( )
   A. True B. False
5. 下列( )是 HDLC 协议的使用限制。
   A. 只支持点到点连接,不支持点到多点

B. 只能工作于同步方式

C. 不支持验证,缺乏安全性

D. 不支持 IP 地址协商

12.7.2 习题答案

1. B　　2. B　　3. A　　4. A　　5. ABCD

第13章

PPP

多样的广域网线路类型需要更强大、功能更完善的链路层协议支持，例如适应多变的链路类型，并提供一定的安全特性等。PPP(Point-to-Point Protocol，点对点协议)是提供在点到点链路上传递、封装网络层数据包的一种数据链路层协议。由于支持同异步线路，能够提供验证，并且易于扩展，PPP 获得了广泛的应用。

本章将讲解 PPP 的基本原理以及基础配置。

13.1 本章目标

学习完本章，应该能够达到以下目标。

(1) 掌握 PPP 的特点。

(2) 掌握 PPP 的协商过程。

(3) 掌握 PPP 两种验证方式。

(4) 掌握 PPP 的配置。

(5) 掌握 PPP MP 的实现及配置。

(6) 熟悉 PPP 的信息显示命令。

13.2 PPP 协议概述

PPP 是一种点到点方式的链路层协议，它是在 SLIP(Serial Line Internet Protocol，串行线路网际协议)的基础上发展起来的。

13.2.1 SLIP 简介

SLIP 出现在 20 世纪 80 年代中期，它是一种在串行线路上封装 IP 包的简单形式。SLIP 并不是 Internet 的标准协议。

因为 SLIP 简单好用，所以后来被大量使用在线路速率从 1200bps～19.2Kbps 的专用线路和拨号线路上，用于互连主机和路由器。SLIP 也常被使用在 BSD UNIX 主机和 SUN 的工作站上，到目前为止仍有部分 UNIX 主机支持该协议。

在 20 世纪 80 年代末到 20 世纪 90 年代初期，SLIP 被广泛用于家庭计算机和 Internet 的连接，通常这些计算机都用 RS-232 串口和调制解调器连接到 Internet。

如图 13-1 所示，SLIP 的帧格式由 IP 包加上 END 字符组成。SLIP 通过在被发送 IP 数据报的尾部增加特殊的 END 字符（0xC0）形成一个简单的数据帧，该帧会被传送到物理层进行发送。END 字符是判断一个 SLIP 帧结束的标志。

IP Packets	END(0xC0)

图 13-1　SLIP 帧封装格式

为了防止线路噪声被当成数据报的内容在线路上传输，通常发送端在被传送数据报的开始处也传一个 END 字符。如果线路上的确存在噪声，则该数据报起始位置的 END 字符将结束这份错误的报文。这样当前正确的数据报文就能正确地传送了，而前一个含有无意义报文的数据帧会在对端的高层被丢弃，不会影响下一个数据报文的传送。

SLIP 只支持 IP 网络层协议，不支持 IPX 等网络层协议。并且，因为其帧格式中没有类型字段，如果一条串行线路如果用于 SLIP，那么在网络层只能使用一种协议。

SLIP 不提供纠错机制，错误只能依靠对端的上层协议实现。并且 SLIP 协议只支持异步传输方式，无协商过程，尤其是不能协商诸如双方 IP 地址等网络层属性。

由于 SLIP 具有的种种缺陷，在以后的发展过程中其逐步被 PPP 协议所替代。

13.2.2 PPP 基本概念

从 1994 年诞生至今，PPP 协议本身并没有太大的改变，但由于 PPP 所具有的其他链路层协议所无法比拟的特性，它得到了越来越广泛的应用，其扩展支持协议也层出不穷。

PPP 是一种在点到点链路上传输、封装网络层数据包的数据链路层协议。PPP 处于 OSI（Open Systems Interconnection，开放式系统互联）参考模型的数据链路层，主要用于支持全双工的同异步链路上，进行点到点之间的数据传输。

如图 13-2 所示，PPP 可以用于多种链路类型，包括以下方面。

（1）同步和异步专线。

（2）异步拨号链路，如 PSTN 拨号连接。

（3）同步拨号链路，如 ISDN 拨号连接。

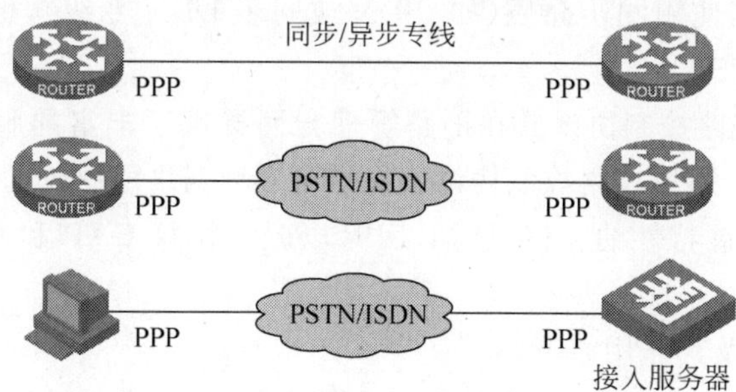

图 13-2　PPP 的适用场合

13.2.3 PPP 的特点

作为目前使用最广泛的广域网协议，PPP 具有如下特点。

（1）PPP 是面向字符的，在点到点串行链路上使用字符填充技术，既支持同步链路又支持异步链路。

(2) PPP 通过 LCP(Link Control Protocol,链路控制协议)部件能够有效控制数据链路的建立。

(3) PPP 支持验证协议族 PAP(Password Authentication Protocol,密码验证协议)和 CHAP(Challenge-Handshake Authentication Protocol,挑战—握手验证协议),更好地保证了网络的安全性。

(4) PPP 支持各种 NCP(Network Control Protocol,网络控制协议),可以同时支持多种网络层协议。典型的 NCP 包括支持 IP 的 IPCP 和支持 IPX 的 IPXCP 等。

(5) PPP 可以对网络层的地址进行协商,支持 IP 地址的远程分配,能满足拨号线路的需求。

(6) PPP 无重传机制,网络开销小。

13.2.4 PPP 的组成

PPP 并非单一的协议,而是由一系列协议构成的协议族。图 13-3 展示了 PPP 的分层结构。

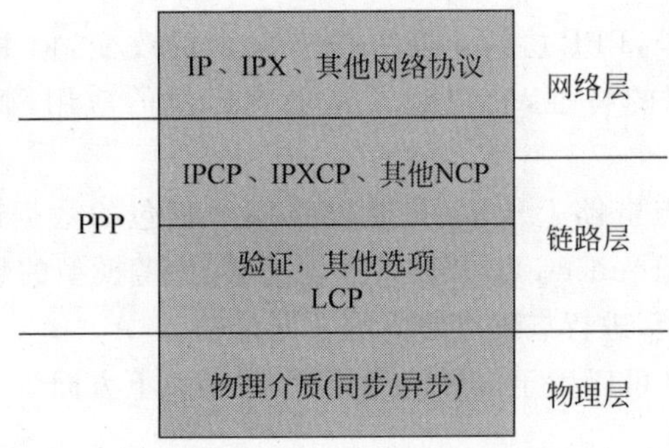

图 13-3 PPP 的组成

在物理层,PPP 能使用同步介质(如 ISDN 或同步 DDN 专线),也能使用异步介质(如基于 Modem 拨号的 PSTN)。

另外,PPP 通过链路控制协议族在链路管理方面提供了丰富的服务,这些服务以 LCP 协商选项的形式提供;通过网络控制协议族提供对多种网络层协议的支持;通过 PPP 扩展协议族提供对 PPP 扩展特性的支持,例如,PPP 以验证协议 PAP 和 CHAP 实现安全验证功能。

PPP 的主要组成及其作用如下。

(1) 链路控制协议:主要用于管理 PPP 数据链路,包括进行链路层参数的协商、建立、拆除和监控数据链路等。

(2) 网络控制协议:主要用于协商所承载的网络层协议的类型及其属性,协商在该数据链路上所传输的数据包的格式与类型,配置网络层协议等。

(3) 验证协议 PAP 和 CHAP:主要用来验证 PPP 对端设备的身份合法性,在一定程度上保证链路的安全性。

在上层，PPP 通过多种 NCP 提供对多种网络层协议的支持。每种网络层协议都有一种对应的 NCP 为其提供服务，因此 PPP 具有强大的扩展性和适应性。

13.3 PPP 会话

13.3.1 PPP 会话的建立过程

一个完整的 PPP 会话建立大体需要以下三步，如图 13-4 所示。

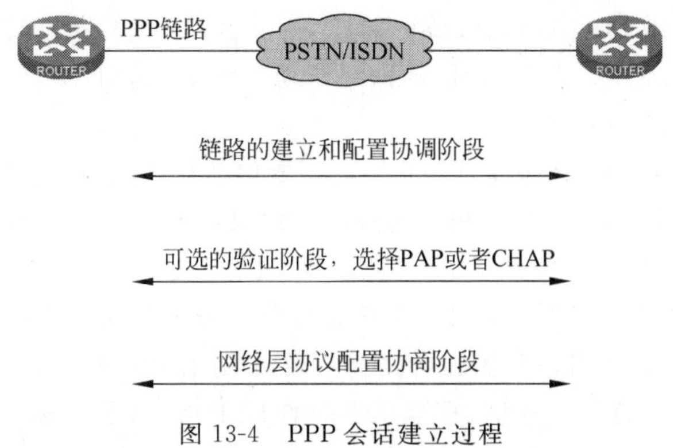

图 13-4 PPP 会话建立过程

(1) 链路建立阶段：在这个阶段，运行 PPP 的设备会发送 LCP 报文来检测链路的可用情况，如果链路可用则会成功建立链路，否则链路建立失败。

(2) 验证阶段(可选)：链路成功建立后，根据 PPP 帧中的验证选项来决定是否验证。如果需要验证，则开始 PAP 或者 CHAP 验证，验证成功后进入网络协商阶段。

(3) 网络层协商阶段：在这一阶段，运行 PPP 的双方发送 NCP 报文来选择并配置网络层协议，双方会协商彼此使用的网络层协议(例如，是 IP 还是 IPX)，同时也会选择对应的网络层地址(如 IP 地址或 IPX 地址)。如果协商通过则 PPP 链路建立成功。

13.3.2 PPP 会话流程

详细的 PPP 会话建立流程如图 13-5 所示。

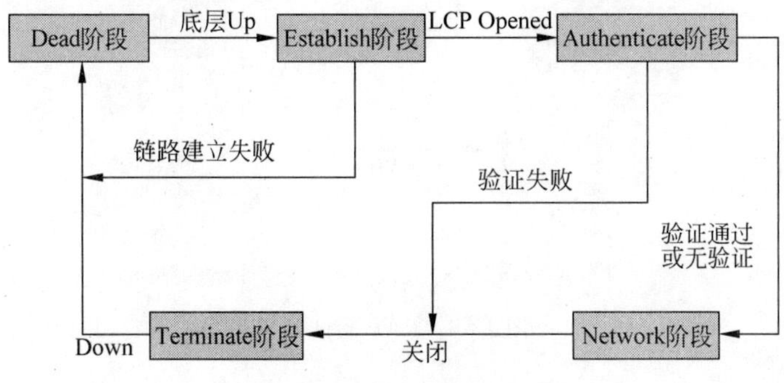

图 13-5 PPP 会话流程

(1) 当物理层不可用时,PPP 链路处于 Dead 阶段,链路必须从这个阶段开始和结束。当通信双方的两端检测到物理线路激活(通常是检测到链路上有载波信号)时,就会从当前这个阶段跃迁至下一个阶段。

(2) 当物理层可用时进入 Establish 阶段。PPP 链路在 Establish 阶段进行 LCP 协商,协商的内容包括是否采用链路捆绑、使用何种验证方式、最大传输单元等。协商成功后 LCP 进入 Opened 状态,表示底层链路已经建立。

(3) 如果配置了验证,则进入 Authenticate 阶段,开始 CHAP 或 PAP 验证。这个阶段仅支持链路控制协议、验证协议和质量检测数据报文,其他的数据报文都会被丢弃。

(4) 如果验证失败则进入 Terminate 阶段,拆除链路,LCP 状态转为 Down;如果验证成功则进入 Network 阶段,由 NCP 协商网络层协议参数,此时 LCP 状态仍为 Opened,而 NCP 状态从 Initial 转到 Request。

(5) NCP 协商支持 IPCP 协商,IPCP 协商主要包括双方的 IP 地址。通过 NCP 协商来选择和配置一个网络层协议。只有相应的网络层协议协商成功后,该网络层协议才可以通过这条 PPP 链路发送报文。每种网络层协议(IP、IPX 和 AppleTalk)会通过各自相应的网络控制协议进行配置,每个 NCP 协议可在任何时间打开和关闭。当一个 NCP 的状态机变成 Opened 状态时,PPP 就可以开始在链路上承载网络层的数据包报文了。

(6) PPP 链路将一直保持通信,直至有明确的 LCP 或 NCP 帧来关闭这条链路,或发生了某些外部事件(例如线路被切断)。

(7) PPP 能在任何时候终止链路。当载波丢失、验证失败、链路质量检测失败和管理员人为关闭链路等情况均会导致链路终止。

13.4 PPP 验证

13.4.1 PAP 验证

PAP 验证为两次握手验证,验证过程仅在链路初始建立阶段进行,验证的过程如图 13-6 所示。

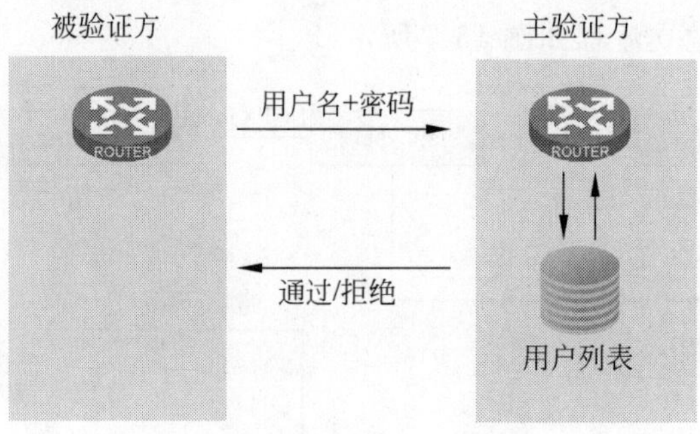

图 13-6 PAP 验证过程

(1) 被验证方以明文发送用户名和密码到主验证方。

(2) 主验证方核实用户名和密码。如果此用户合法且密码正确,则会给对端发送 ACK

消息,通告对端验证通过,允许进入下一阶段协商;如果用户名或密码不正确,则发送 NAK 消息,通告对端验证失败。

为了确认用户名和密码的正确性,主验证方要么检索本机预先配置的用户列表,要么采用类似 RADIUS 的远程验证协议向网络上的验证服务器查询用户名密码信息。

PAP 验证失败后并不会直接将链路关闭。只有当验证失败次数达到一定值时,链路才会被关闭,这样可以防止因误传、线路干扰等造成不必要的 LCP 重新协商过程。

PAP 验证可以在一方进行,即由一方验证另一方的身份,也可以进行双向身份验证,双向验证可以理解为两个独立的单向验证过程,即要求通信双方都要通过对方的验证程序,否则无法建立两者之间的链路。

在 PAP 验证中,用户名和密码在网络上以明文的方式传递,如果在传输过程中被监听,监听者可以获知用户名和密码,并利用其通过验证,从而可能对网络安全造成威胁。因此,PAP 适用于对网络安全要求相对较低的环境。

13.4.2 CHAP 验证

CHAP 验证为三次握手验证,CHAP 协议是在链路建立的开始就完成的。在链路建立完成后的任何时间都可以重复发送进行再验证,

CHAP 验证过程如图 13-7 所示。

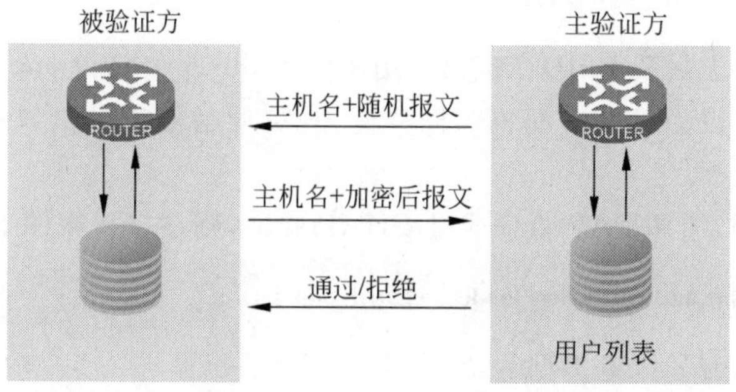

图 13-7 CHAP 验证过程

(1) Challenge:主验证方主动发起验证请求,主验证方向被验证方发送一个随机产生的数值,并同时将本端的用户名一起发送给被验证方。

(2) Response:被验证方接收到主验证方的验证请求后,检查本地密码。如果本端接口上配置了默认的 CHAP 密码,则被验证方选用此密码;如果没有配置默认的 CHAP 密码,则被验证方根据此报文中主验证方的用户名在本端的用户表中查找该用户对应的密码,并选用找到的密码。随后,被验证方利用 MD5 算法对报文 ID、密码和随机数生成一个摘要,并将此摘要和自己的用户名发回主验证方。

(3) Acknowledge or Not Acknowledge:主验证方用 MD5 算法对报文 ID、本地保存的被验证方密码和原随机数生成一个摘要,并与收到的摘要值进行比较。如果相同则向被验证方发送 Acknowledge 消息声明验证通过;如果不同则验证不通过,向被验证方发送 Not Acknowledge。

CHAP 单向验证是指一端作为主验证方,另一端作为被验证方。双向验证是单向验证的简单叠加,即两端都是既作为主验证方又作为被验证方。

13.4.3 PAP 与 CHAP 对比

PPP 支持的 PAP 验证方式和 CHAP 验证方式,其区别如下。

(1) PAP 通过两次握手的方式来完成验证,而 CHAP 通过三次握手验证远端节点。PAP 验证由被验证方首先发起验证请求,而 CHAP 验证由主验证方首先发起验证请求。

(2) PAP 密码以明文方式在链路上发送,并且当 PPP 链路建立后,被验证方会不停地在链路上反复发送用户名和密码,直到身份验证过程结束,所以不能防止攻击。CHAP 只在网络上传输用户名,而并不传输用户密码,因此它的安全性要比 PAP 高。

(3) PAP 和 CHAP 都支持双向身份验证。即参与验证的一方可以同时是验证方和被验证方。

PAP 和 CHAP 都支持双向身份验证。但由于 CHAP 的安全性优于 PAP,其应用更加广泛。

13.5 配置 PPP

13.5.1 PPP 基本配置

要在路由器接口上封装 PPP,在接口视图下使用 link-protocol ppp 命令。默认情况下,路由器串口链路层协议为 PPP。配置时同样应注意,通信双方的接口都要使用 PPP,否则通信无法进行。

要设置验证类型,选择 PAP 验证或是 CHAP 验证,则在接口视图下配置。

```
[H3C-Serial1/0] ppp authentication-mode { chap | pap }
```

要设置用户名、密码、服务类型等,须在全局视图下配置。

```
[H3C]local-user user-name class network
[H3C-luser-network-name]password { cipher | simple } password
[H3C-luser-network-name]service-type ppp
```

其中若使用 simple 关键字,则密码以明文方式出现在配置文件中;若使用 cipher 关键字,密码以密文方式出现在配置文件中,即使看到配置文件也无法获知密码。

注意:配置 **ppp authentication-mode** { **chap** | **pap** }而不加 domain 关键字时,默认使用的 domain 是系统默认的域 system,验证方式是本地验证,地址分配必须使用该域下配置的地址池(通过 display domain 命令可以查看该域的配置)。如果该命令加了 domain,则必须在对应的 domain 中配置地址池。

13.5.2 配置 PPP PAP 验证

PAP 验证双方分为主验证方和被验证方。在主验证方路由器上配置 PPP PAP 的步骤如下。

第 1 步：设置本地验证对端的方式为 PAP，在接口视图下配置。

```
[H3C-Serial1/0] ppp authentication-mode pap
```

第 2 步：将对端用户名和密码加入本地用户列表并设置服务类型，在全局视图下配置。

```
[H3C]local-user user-name class network
[H3C-luser-network-name]password { cipher | simple } password
    [H3C-luser-network-name]service-type ppp
```

在被验证方路由器上配置 PPP PAP，须在接口视图下，配置 PAP 验证时被验证方发送的 PAP 用户名和密码。

```
[H3C-Serial1/0] ppp pap local-user username password { cipher | simple } password
```

被验证方将用户名和密码送给主验证方，主验证方查找本地用户列表，检查被验证方送来的用户名和密码是否完全正确，并根据验证结果确认连接建立或拒绝连接。

注意：在系统视图下配置的 **local-user** *user-name* **class network** 是将对端的用户名和密码加入本地用户列表，而在接口上配置的 **ppp pap local-user** *username* **password** { **cipher** | **simple** } *password* 是配置己方向对方发送的用户名和密码，注意区分。

在主验证方，本地存储的用户名和密码要和被验证方发送的用户名和密码一致，否则无法验证通过。

13.5.3 配置 PPP CHAP 验证

CHAP 验证双方同样分为主验证方和被验证方，主验证方首先发起验证。在主验证方路由器上配置 PPP CHAP 的步骤如下。

第 1 步：在接口视图下，配置本地验证对端的方式为 CHAP。

```
[H3C-Serial1/0] ppp authentication-mode chap
```

第 2 步：在接口视图下，配置本地用户名称，用户名是发送到对端设备进行 CHAP 验证时使用的用户名。

```
[H3C-Serial1/0] ppp chap user username
```

第 3 步：将对端用户名和密码加入本地用户列表设置验证类型，在系统视图下配置。

```
[H3C]local-user user-name class network
[H3C-luser-network-name]password { cipher | simple } password
[H3C-luser-network-name]service-type ppp
```

在被验证方路由器上配置 PPP CHAP 的步骤如下。

第 1 步：在接口视图下配置本地名称，用户名是发送到对端设备进行 CHAP 验证时使用的用户名。

```
[H3C-Serial1/0] ppp chap user username
```

第 2 步：配置本地用户密码信息，有两种配置方式。一种方式是在系统视图下向本地用户列表添加用户名和密码。

```
[H3C]local-user user-name class network
[H3C-luser-network-name]password { cipher | simple } password
[H3C-luser-network-name]service-type ppp
```

另一种方式是在接口视图下配置默认的 CHAP 密码，这样接口在进行 CHAP 验证时就会使用此密码。

```
[H3C-Serial1/0] ppp chap password { cipher| simple } password
```

注意：配置 CHAP 验证时，被验证方发送的 *username* 应与主验证方用户列表中的 *username* 相同，而且对应的 *password* 要一致。

当配置被验证方使用默认 CHAP 密码时，在主验证方可以不配置第 2 步。

13.5.4 PPP 配置示例

1. PPP 基本配置示例

在本例中，RTA 与 RTB 之间使用 V. 35 线缆通过背靠背方式连接起来，如图 13-8 所示，双方互连的接口均为 Serial1/0，验证方式为 PPP 不验证。由于双方使用了默认封装 PPP，所以不需要再配置接口的链路协议。基本的 PPP 连接不需要配置任何验证，只需配置 IP 地址即可。

在 RTA 上配置。

```
[RTA]int Serial1/0
[RTA-Serial1/0]ip address 1.1.1.1 255.255.255.252
```

在 RTB 上配置。

```
[RTB]int Serial1/0
[RTB-Serial1/0]ip address 1.1.1.2 255.255.255.252
```

2. PAP 验证配置示例

在本例中，RTA 与 RTB 之间使用 V. 35 线缆通过背靠背方式连接起来，如图 13-9 所示，双方互连的接口均为 Serial1/0，验证方式为 PAP 验证。

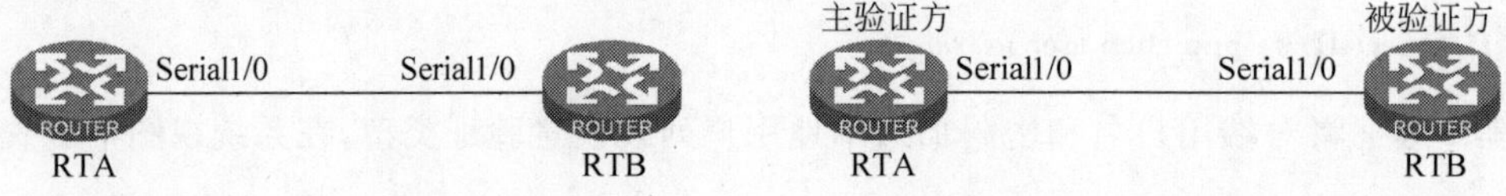

图 13-8　PPP 基本配置示例　　图 13-9　PAP 验证配置示例

RTB 使用用户名 routerb 密码 hello 向 RTA 请求验证。由于双方使用了默认封装 PPP，所以不需要再配置接口的链路协议。

在 RTA 上将 RTB 的用户名和口令添加到本地用户列表。

```
[RTA]local-user routerb class network
[RTA-luser-routerb]password simple hello
[RTA-luser-routerb]service-type ppp
[RTA-luser-routerb]interface serial1/0
```

指定 RTA 为主验证方，验证方式为 PAP 验证。

```
[RTA-Serial1/0]ppp authentication-mode pap
[RTA-Serial1/0]ip address 1.1.1.1 255.255.255.252
```

在 RTB 上配置 RTB 为被验证方，用户名为 routerb，密码为 hello。

```
[RTB]int serial1/0
[RTB-Serial1/0]ppp pap local-user routerb password simple hello
[RTB-Serial1/0]ip address 1.1.1.2 255.255.255.252
```

3. CHAP 验证配置示例一

在本例中，RTA 与 RTB 之间使用 V.35 线缆通过背靠背方式连接起来，如图 13-10 所示，双方互连的接口均为 Serial1/0，验证方式为 CHAP 验证。

RTA 和 RTB 均在接口上配置了 ppp chap user 命令，并都配置了本地用户名和密码。其中 RTA 接口上配置的用户名与 RTB 的本地用户名相同，而 RTB 接口上配置的用户名与 RTA 的本地用户名相同，并且双方密码一致。

在 RTA 上将 RTB 的用户名和口令添加到本地用户列表。

```
[RTA]local-user routerb class network
[RTA-luser-routerb]password simple hello
[RTA-luser-routerb]service-type ppp
[RTA-luser-routerb]interface serial1/0
```

指定 RTA 为主验证方，验证方式为 CHAP 验证。

```
[RTA-Serial1/0]ppp authentication-mode chap
```

配置 RTA 自己的用户名为 routera。

```
[RTA-Serial1/0]ppp chap user routera
[RTA-Serial1/0]ip address 1.1.1.1 255.255.255.252
```

在 RTB 上将 RTA 的用户名和口令添加到本地用户列表。

```
[RTB]local-user routera class network
[RTB-luser-routera]password simple hello
[RTB-luser-routera]service-type ppp
[RTB-luser-routera]interface serial1/0
```

配置 RTB 自己的用户名为 routerb。

```
[RTB-Serial1/0]ppp chap user routerb
[RTB-Serial1/0]ip address 1.1.1.2 255.255.255.252
```

4. CHAP 验证配置示例二

在本例中，RTA 与 RTB 之间使用 V.35 线缆通过背靠背方式连接起来，如图 13-11 所示，双方互连的接口均为 Serial1/0，验证方式为 CHAP 验证。

主验证方 被验证方
Serial1/0 Serial1/0
RTA RTB

图 13-10 CHAP 验证配置示例一

图 13-11 CHAP 验证配置示例二

RTB在接口上配置了用户名routerb和默认CHAP密码hello,此用户名与RTA本地用户routera名称相同,而此密码与RTA本地用户routerb的密码相同。

在RTA上将RTB的用户名和口令添加到本地用户列表。

```
[RTA]local-user routerb class network
[RTA-luser-routerb]password simple hello
[RTA-luser-routerb]service-type ppp
[RTA-luser-routerb]interface serial1/0
```

指定RTA为主验证方,验证方式为CHAP验证。

```
[RTA-Serial1/0]ppp authentication-mode chap
[RTA-Serial1/0]ip address 1.1.1.1 255.255.255.252
```

在RTB上配置RTB自己的用户名和密码。

```
[RTB]interface serial1/0
[RTB-Serial1/0]ppp chap user routerb
[RTB-Serial1/0]ppp chap password simple hello
[RTB-Serial1/0]ip address 1.1.1.2 255.255.255.252
```

13.6 PPP MP

13.6.1 PPP MP简介

为了增加带宽,可以将多个PPP链路捆绑使用,称为Multilink PPP,简称MP。

如图13-12所示,PPP允许将多个链路绑定在一起,形成一个捆绑(Bundle),当作一个逻辑链路(MP链路)使用。这种技术称为MP(Multilink PPP,多链路PPP)。MP的作用主要如下。

(1) 提供更高的带宽:当一条链路带宽无法满足需要时,可以用多个PPP链路捆绑提供更高的带宽。

(2) 结合DCC(Dial Control Center,拨号控制中心)实现动态增加或减小带宽:可以在当前使用的链接带宽不足时再自动接通一条链路,而带宽足够时挂断另一条链路。

(3) 实现多条链路的负载分担:PPP可以向捆绑在一起的多条链路上平均分配载荷数据。

(4) 多条链路互为备份:同一MP捆绑中的某条链路中断时,整个MP捆绑链路仍然可以正常工作。

(5) 利用分片可以降低报文传输延迟:MP可以将报文分片并分配在多个链路上,这样在发送较大的分组时可以降低其传输延迟。

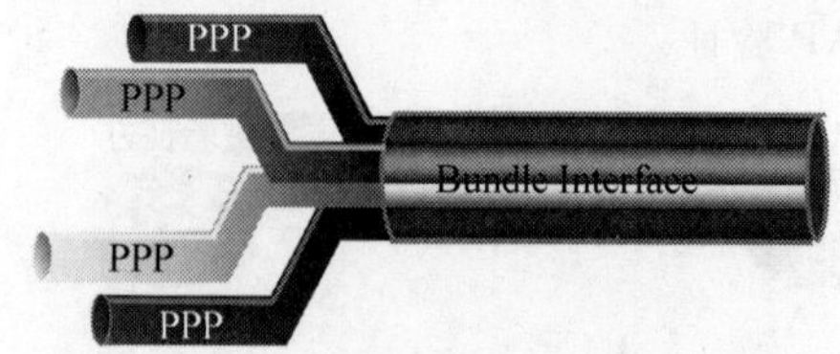

图13-12 PPP MP功能示意

MP会将报文分片,并从MP链路下的多个PPP通道发送到PPP对端设备,对端再将这些分片组装起来传递给网络层。

MP能在任何支持PPP封装的接口下工作,包括串口、ISDN的BRI/PRI接口等,也包括PPPoE、

PPPoA、PPPoFR 等虚拟接口。

13.6.2 PPP MP 实现方式

MP 的实现主要有两种方式：一种是通过配置虚拟模板接口（Virtual-Template，VT）实现；另一种是利用 MP-Group 接口实现。这两种配置方式的区别如下。

（1）虚拟模板接口方式可以与验证相结合，可以根据对端的用户名找到指定的虚拟模板接口，从而利用模板上的配置，创建相应的捆绑，以对应一条 MP 链路。而 MP-Group 则只能在物理接口下配置验证。

（2）由一个虚拟模板接口还可以派生出若干个捆绑，每个捆绑对应一条 MP 链路。这样一来，从网络层看来，这若干条 MP 链路会形成一个点对多点的网络拓扑。从这个意义上讲，虚拟模板接口比 MP-Group 接口更加灵活。

（3）为区分虚拟模板接口派生出的多个捆绑，需要指定捆绑方式。系统在虚拟模板接口视图下提供了命令 ppp mp binding-mode 来指定绑定方式，绑定方式有 authentication、both、descriptor 三种，默认是 both，authentication 是根据验证用户名捆绑，descriptor 是根据终端描述符捆绑（终端标识符是用来唯一标识一台设备的标志，LCP 协商时，会协商出这个选项值），both 是要同时参考这两个值捆绑。

（4）MP-Group 接口是 MP 的专用接口，一个 MP-Group 只能对应一个绑定。MP-Group 不能利用对端的用户名来指定捆绑，也不能派生多个捆绑。但正因为它的简单，导致了这种方式的配置简单，容易理解。

通常情况下推荐以 MP-Group 方式配置 MP。

注意：配置 MP 时应尽量将同一类型参数相同的接口捆绑使用。

13.6.3 用虚模板方式配置 PPP MP

采用虚拟模板接口配置 MP 时，又可以细分为以下两种情况。

（1）将物理接口与虚拟模板接口直接关联：通过命令 ppp mp virtual-template 直接将链路绑定到指定的虚拟模板接口上，这时可以配置验证也可以不配置验证。如果不配置验证，系统将通过对端的终端描述符捆绑出 MP 链路；如果配置了验证，系统将通过用户名和对端的终端描述符捆绑出 MP 链路。

首先，在全局视图下创建 virtual-template 接口，配置命令如下。

[H3C] interface virtual-template *number*

然后，将物理接口加入指定的 virtual-template，使接口工作在 MP 方式，在接口视图下配置。

[H3C-Serial1/0] ppp mp virtual-template *number*

（2）将用户名与虚拟模板接口关联：根据验证通过后的用户名查找相关联的虚拟模板接口，然后根据用户名和对端终端描述符捆绑出 MP 链路。这种方式需在要绑定的接口下配置 ppp mp 及双向验证（CHAP 或 PAP），否则链路协商不通。

首先在全局视图下创建 virtual-template 接口，配置命令如下。

```
[H3C] interface virtual-template number
```

然后将用户名与虚拟模板接口关联。

```
[H3C] ppp mp user username bind virtual-template number
[H3C-Serial1/0] ppp mp
```

在虚拟模板接口下指定捆绑方式时,可以使用用户名、终端标识符或两者同时使用。用户名是指 PPP 链路进行 PAP 或 CHAP 验证时所接收到的对端用户名;终端标识符是指进行 LCP 协商时所接收到的对端终端标识符。系统可以根据接口接收到的用户名或终端标识符来进行 MP 捆绑,以此来区分虚模板接口下的多个 MP 捆绑(对应多条 MP 链路)。

注意:ppp mp 和 ppp mp virtual-template 命令互斥,同一个接口只能配置其中一种方式。

对于需要绑在一起的接口,必须采用同样的配置方式。

实际使用中也可以配置单向验证,即一端直接将物理接口绑定到虚拟模板接口;另一端则通过用户名查找虚拟模板接口。

13.6.4 用 MP-Group 方式配置 PPP MP

MP-Group 方式的配置比较简单。首先创建 MP-Group 接口,在全局视图下配置。

```
[H3C] interface mp-group number
```

然后,将物理接口加入指定的 MP-Group,使接口工作在 MP 方式,在接口视图下配置。

```
[H3C] ppp mp mp-group number
```

以上两项配置没有严格的顺序要求,可以先创建 MP-Group 接口,也可以先配置将物理接口加入 MP-Group。

注意:加入 MP-Group 的接口必须是物理接口,Tunnel 接口等逻辑接口不支持该命令。

如果需要为 MP 配置验证,须在实际物理接口下配置。

13.6.5 PPP MP 配置示例

本节的所有配置示例均使用如图 13-13 所示的连接。

1. 将物理接口与虚拟模板接口关联的配置示例

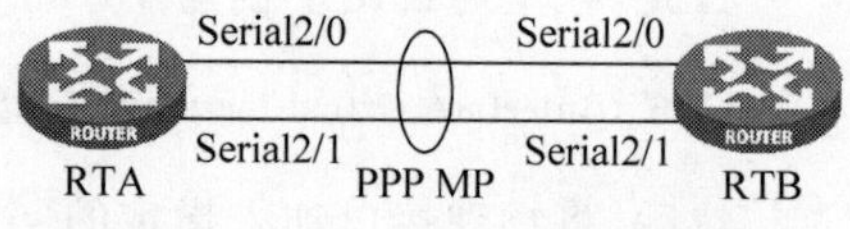

图 13-13 PPP MP 配置示例

(1) RTA 配置

创建虚拟接口模板 1,并为其配置 IP 地址。

```
[RTA] interface virtual-template 1
[RTA-Virtual-Template1] ip address 1.1.1.1 24
```

将 Serial2/0、Serial2/1 两个接口绑定到虚拟接口模板 1。

```
[RTA] interface serial2/0
[RTA-Serial2/0] ppp mp virtual-template 1
[RTA] interface serial2/1
[RTA-Serial2/0] ppp mp virtual-template 1
```

(2) RTB 配置

创建虚拟接口模板 1,并为其配置 IP 地址。

```
[RTB] interface virtual-template 1
[RTB-Virtual-Template1] ip address 1.1.1.2 24
```

将 Serial2/0、Serial2/1 两个接口绑定到虚拟接口模板 1。

```
[RTB] interface serial2/0
[RTB-Serial2/0] ppp mp virtual-template 1
[RTB] interface serial2/1
[RTB-Serial2/0] ppp mp virtual-template 1
```

2. 将用户名与虚拟模板接口关联的配置示例

(1) RTA 配置

将 RTA 的用户名和口令添加到本地用户列表。

```
[RTA] local-user rtb class network
[RTA-luser-rtb] password simple rtb
[RTA-luser-rtb] service-type ppp
```

指定用户 RTA 对应的 VT。

```
[RTA] ppp mp user rtb bind virtual-template 1
```

创建虚拟接口模板 1,并为其配置 IP 地址。

```
[RTA] interface virtual-template 1
[RTA-Virtual-Template1] ip address 1.1.1.1 24
[RTA-Virtual-Template1] ppp mp binding authentication
```

配置串口 Serial2/0。

```
[RTA] interface serial2/0
[RTA-Serial2/0] link-protocol ppp
[RTA-Serial2/0] ppp authentication-mode pap domain system
[RTA-Serial2/0] ppp pap local-user rta password simple rta
[RTA-Serial2/0] ppp mp
```

配置串口 Serial2/1。

```
[RTA] interface serial2/1
[RTA-Serial2/1] link-protocol ppp
[RTA-Serial2/1] ppp authentication-mode pap domain system
[RTA-Serial2/1] ppp pap local-user rta password simple rta
```

配置域用户使用本地验证方案。

```
[RTA] domain system
[RTA-isp-system] authentication ppp local
[RTA-isp-system] quit
```

(2) RTB 配置

将 RTB 的用户名和口令添加到本地用户列表。

```
[RTB] local-user rta class network
[RTB -luser-rta] password simple rta
[RTB-luser-rta] service-type ppp
```

指定用户 RTB 对应的 VT 接口。

```
[RTB] ppp mp user rtb bind virtual-template 1
```

创建虚拟接口模板 1,并为其配置 IP 地址。

```
[RTB] interface virtual-template 1
[RTB-Virtual-Template1] ip address 1.1.1.2 24
[RTB-Virtual-Template1] ppp mp binding authentication
```

配置串口 Serial2/0。

```
[RTB] interface serial2/0
[RTB-Serial2/0] link-protocol ppp
[RTB-Serial2/0] ppp authentication-mode pap domain system
[RTB-Serial2/0] ppp pap local-user rtb password simple rtb
[RTB-Serial2/0] ppp mp
```

配置串口 Serial2/1。

```
[RTB] interface serial2/1
[RTB-Serial2/1] link-protocol ppp
[RTB-Serial2/1] ppp authentication-mode pap domain system
[RTB-Serial2/1] ppp pap local-user rtb password simple rtb
[RTB-Serial2/1] ppp mp
```

配置域用户使用本地验证方案。

```
[RTB] domain system
[RTB-isp-system] authentication ppp local
[RTB-isp-system] quit
```

3. MP-Group 方式配置示例

(1) RTA 配置

创建 MP-Group 接口 1,并为其配置 IP 地址。

```
[RTA] interface mp-group 1
[RTA-MP-Group1] ip address 1.1.1.1 24
```

将 Serial2/0、Serial2/1 两个接口绑定到 MP-Group 接口 1。

```
[RTA-MP-Group1] interface Serial2/0
[RTA-Serial2/0] ppp mp mp-group 1
[RTA-MP-Group1] interface Serial2/1
[RTA-Serial2/1] ppp mp mp-group 1
```

(2) RTB 配置

创建 MP-Group 接口 1,并为其配置 IP 地址。

```
[RTB] interface mp-group 1
[RTB-MP-Group1] ip address 1.1.1.2 24
```

将 Serial2/0、Serial2/1 两个接口绑定到 mp-group 接口 1。

```
[RTB-MP-Group1] interface Serial2/0
[RTB-Serial2/0] ppp mp mp-group 1
[RTB-MP-Group1] interface Serial2/1
[RTB-Serial2/1] ppp mp mp-group 1
```

13.7 PPP 显示和调试

完成配置后，在任意视图下执行 display 命令可以显示 PPP 和 MP 配置后的运行情况，通过查看显示信息验证配置的效果。

在用户视图下执行 reset 命令可以清除相应的统计信息。

显示接口的 PPP 配置和运行状态。

display interface *interface-name*

显示指定 MP 接口的接口信息和统计信息。

display interface mp-group[*mp-number*]

查看已创建的 MP-Group 接口的状态信息。

display ppp mp [**interface** *interface-type interface-number*]

显示 PPP 验证的本地用户。

display local-user

查看 PPP 的调试信息。

debugging ppp all

在以上列出的常用 PPP 的显示与调试命令中，使用最频繁的命令为 display interface，用来显示接口的 PPP 配置和运行状态。

```
[H3C]display interface Serial5/0
Serial5/0
Current state: UP
Line protocol state: UP
Description: Serial5/0 Interface
Bandwidth: 64Kbps
Maximum Transmit Unit: 1500
Hold timer: 10 seconds
Internet Address is 1.1.1.1/24 Primary
Link layer protocol: PPP
LCP: opened, IPCP: opened
Output queue - Urgent queuing: Size/Length/Discards 0/100/0
Output queue - Protocol queuing: Size/Length/Discards 0/500/0
Output queue - FIFO queuing: Size/Length/Discards 0/75/0
Last clearing of counters: Never
Physical layer: synchronous, Virtual baudrate: 64000bps
Last 300 seconds input rate: 0.00 bytes/sec, 0 bits/sec, 0.00 packets/sec
```

```
Last 300 seconds output rate: 0.00 bytes/sec, 0 bits/sec, 0.00 packets/sec
Input:
  24 packets, 678 bytes
  0 broadcasts, 0 multicasts
  0 errors, 0 runts, 0 giants
  0 CRC, 0 align errors, 0 overruns
  0 aborts, 0 no buffers, 0 frame errors
Output:
  24 packets, 678 bytes
  0 errors, 0 underruns, 0 collisions
  0 deferred
DCD: UP, DTR: UP, DSR: UP, RTS: UP, CTS: UP
```

通过 display interface 命令可以显示具体接口信息。当接口物理状态和协议状态都为 UP 时候,可以看到 LCP 状态为 Opened,IPCP 状态也为 Opened,说明 PPP 工作正常。

通过 debugging ppp all 命令可以开启整个 PPP 链路建立过程中的所有调试信息。以下只列出了部分调试信息供参考。其中 PPP Event 和 PPP State Change 显示了 PPP 链路建立过程中的所有事件和状态的改变。

```
<H3C> debugging ppp all
*Oct 20 12:55:03:685 2013 H3C PPP/7/EXTERNAL_EVENT_0:
 PPP External Event:
     Serial5/0: PPP daemon receive PPP_IFMSG_UP event!
%Oct 20 12:55:03:686 2013 H3C IFNET/3/PHY_UPDOWN: Physical state on the interface
Serial5/0 changed to up.
*Oct 20 12:55:03:685 2013 H3C PPP/7/EXTERNAL_EVENT_0:
 PPP External Event:
     Serial5/0: PPP daemon enter lcp establish flow!
*Oct 20 12:55:03:685 2013 H3C PPP/7/FSM_EVENT_0:
 PPP Event:
     Serial5/0 LCP Open Event
     State initial
*Oct 20 12:55:03:686 2013 H3C PPP/7/FSM_STATE_0:
 PPP State Change:
     Serial5/0 LCP: initial --> starting
*Oct 20 12:55:03:686 2013 H3C PPP/7/FSM_EVENT_0:
 PPP Event:
     Serial5/0 LCP Lower Up Event
     State starting
*Oct 20 12:55:03:687 2013 H3C PPP/7/FSM_STATE_0:
 PPP State Change:
     Serial5/0 LCP: starting --> reqsent
*Oct 20 12:55:03:687 2013 H3C PPP/7/FSM_PACKET_0:
 PPP Packet:
     Serial5/0 Output LCP(c021) Packet, PktLen 14
     Current State reqsent, code ConfReq(01), id 3, len 10
     MagicNumber(5), len 6, val 40 06 90 7c
*Oct 20 12:55:04:641 2013 H3C PPP/7/EXTERNAL_EVENT:
 PPP External Event:
     Serial5/0 deliver packet to user space success
```

13.8 本章总结

(1) PPP 适用于同异步链路的点对点链路层协议,广泛应用于点对点的场合。

(2) PPP 由 LCP、NCP、PAP 和 CHAP 等协议组成。

(3) PPP 的链路建立由三个部分组成:链路建立阶段、可选的网络验证阶段以及网络层协商阶段。

(4) PPP 有 PAP 和 CHAP 两种验证方式。

(5) MP 允许将多个 PPP 链路捆绑使用。

13.9 习题和解答

13.9.1 习题

1. PPP 在 LCP 的协商状态变为 Opend 后,可能进入(　　)阶段。

   A. Dead　　B. Establish
   C. Authenticate　　D. Network

2. PAP 验证是(　　)次握手,而 CHAP 验证为(　　)握手。

   A. 2　　B. 3　　C. 4　　D. 5

3. PPP 协商包含(　　)阶段。

   A. Dead　　B. Establish
   C. Authenticate　　D. Network
   E. Terminate

4. PPP 由(　　)组成。

   A. LCP　　B. NCP　　C. PAP　　D. CHAP

5. PPP MP 的实现方式有(　　)。

   A. 将链路直接绑定到 VT 上　　B. 按用户名查找 VT
   C. 将链路绑定到 MP-Group 接口　　D. 按用户名查找 MP-Group

13.9.2 习题答案

1. CD　　2. AB　　3. ABCDE　　4. ABCD　　5. ABC

第14章

ADSL

随着因特网的快速发展和普及，网上语音通信，音频视频广播和宽带交互式新媒体的出现和发展对接入网带宽的要求将越来越高，由此带来了宽带接入技术的蓬勃发展。所谓的宽带接入网络是局端设备(Central Office Equipment，COE)与用户端设备(Customer Premises Equipment，CPE)之间的信息传输网的总称，用于提供最后1km的连接。

在现有的宽带接入技术中，DSL技术应用非常广泛。

本章将介绍关于DSL(Digital Subscriber Line，数字用户线路)的一些基本概念以及技术分类情况，以及目前应用最广的主流DSL技术——ADSL。

14.1 本章目标

学习完本章，应该能够达到以下目标。

(1) 理解DSL技术的基本原理。

(2) 了解DSL技术的分类方法和几种有代表性的DSL协议。

(3) 理解ADSL的系统组成。

(4) 了解ADSL的协议标准和编码方式。

(5) 了解ADSL四种上层应用的基本概念。

14.2 DSL技术概述

DSL是以铜质电话线为传输介质的传输技术形成的组合，可以在同一双绞线上传送数据和语音信号。

14.2.1 DSL的起源

DSL的历史可以追溯到1989年，当时美国贝尔实验室为视频点播(VOD)业务开发了一种利用普通的铜质双绞线传输高速数据的技术，并命名为DSL。DSL技术的主要特点是让数字信号加载到电话线路未使用频段，这就实现了不影响话音服务的前提下，在普通电话线上提供数据通信。

由于VOD业务的受挫，DSL技术在早期并没有得到广泛的应用。到了20世纪90年代末期，随着Internet的迅速发展，用户对固定连接的高速用户线需求日益高涨，贝尔公司才搬出他们已经讨论了10年的DSL技术，来争夺宽带市场份额。

由于当时电话用户环路已经被大量铺设，如何充分利用现有的铜缆资源，通过铜质双绞线实现高速接入就成为业界的研究重点，因此DSL技术很快就得到重视，并在一些国家和地区得到大量应用。

随后DSL技术发展迅猛，截至2004年3月，全球的DSL用户已经达到6380万线。

14.2.2 DSL的基本原理

传统的PSTN电话系统在设计之初主要是用来传输模拟语音信号，当时出于经济上的考虑，电话系统设计传送频率范围在300Hz～3.4kHz范围的信号(人的话音最高可以超过15kHz，而人的耳朵可以听到的声音频率在20Hz～20kHz之间，300Hz～3.4kHz是一个比较容易辨识的声音频率范围)。

在这个频率范围内，程控电话交换机将模拟语音信号转成64Kbps(零次群)的数字信号，通过多路复用技术，将多路语音信号合并为T1/E1或更高，通过光纤或铜缆传输到其他交换机。因此，由于PSTN电话系统的限制，利用电话线路(铜质双绞线)和Modem进行数字传输的速率不是很高(33.6/56Kbps)。

但是在PSTN系统中用于连接电话终端的铜质双绞线实际上可以提供更高的带宽，从最低频率到200Hz～2MHz不等，这取决于电路质量和设备的复杂度(一般认为到最终用户分线器之间接头越少越有利于提高带宽。线路传输路过的环境，电子干扰越小越有益于提高线路带宽)。

DSL技术正是利用在电话系统中没有被利用的高频信号传输数据，比如常用的ADSL技术就使用26kHz～1.1MHz的高频段传数据。在DSL系统中，其语音和数据的分流在到达局端的程控交换机之前就已经实现。

DSL技术的这一特点使其能够充分利用现有的铜质双绞线资源，以较低的成本提供高速的宽带接入。

14.2.3 DSL技术分类

DSL技术主要分为对称和非对称两大类。

1. 对称DSL技术

对称传输模式更适用于企业“点对点”连接应用，如大量数据传输、视频会议等。对称DSL技术主要用于替代传统的T1/E1接入技术。与传统的T1/E1接入相比，DSL技术具有对线路质量要求低、安装调试简单等特点。

对称DSL技术主要有以下几种。

(1) HDSL(High-bit-rate DSL，高比特率DSL)

HDSL是DSL技术中比较成熟的一种，已经得到了较为广泛的应用。这种技术可以通过现有的铜质双绞线以全双工T1或E1方式传输，其特点如下。

① 利用两对双绞线传输。

② 支持$N\times 64$Kbps各种速率，最高可达E1速率(2Mbps)。

HDSL是T1/E1的一种替代技术，主要用于数字交换机的连接、高带宽视频会议、远程教学、蜂窝电话基站连接、专用网络建立等。与传统的T1/E1技术相比，HDSL具有以下优点。

① 价格便宜。

② 容易安装,T1/E1 要求每隔 0.9～1.8km 就安装一个放大器,而 HDSL 可在 3.6km 的距离上传输而不用放大器。

(2) SDSL(Single-line DSL,单线路 DSL)

SDSL 是 HDSL 的单线版本,在单对铜质双绞线上可以提供双向高速可变比特率连接,速率范围从 160Kbps 到 2Mbps,其最大传输距离为 3km 以上。

(3) SHDSL(Single-pair High-speed DSL,单对高速 DSL)

SHDSL 即单线对高比特率数据用户线。SHDSL 是从 HDSL、SDSL 和 ISDN 上发展而来的新的对称数字用户线。当采用单对双绞线时可以实现 192Kbps～2.3Mbps 的自适应可变速率传输,同时能以 4 线传输模式提供最高达 4.6Mbps 的带宽。传输速率可以根据线路长度以及线路条件自动匹配。由于其对应的国际标准为 ITU-T G991.2,因此又被称为 G.SHDSL。

2. 非对称 DSL 技术

非对称传输模式由于可以根据双绞铜线质量的优劣和传输距离的远近动态调整用户访问速度,这就使得它们成为网上高速冲浪、视频点播、远程局域网络(LAN)理想的接入技术。在上述应用中,下载数据的需要量要远远高于上传数据需求量。

非对称 DSL 技术主要有以下几种。

(1) ADSL(Asymmetric DSL,非对称 DSL)

ADSL 能够向用户提供从 32Kbps 到 8Mbps 的下行速率和从 32Kbps 到 1Mbps 的上行速率。从目前的使用情况看,在一对铜质电话线上 Data Upload 一般只有 640Kbps～1Mbps,而 Data Download 理想状态下最大可以达到 10Mbps(通常情况下为 1～8Mbps)。ADSL 的有效传输距离一般在 3～5km。

ADSL 支持同时传输数据和语音。ADSL 是目前应用最为广泛的 DSL 技术,其下一代技术 ADSL2+已经出现。

(2) VDSL(Very High Bit Rate DSL,甚高速数字用户线)

VDSL 是目前传输速率最高的 DSL 技术,其最高下行速率可达 55Mbps。VDSL 相对于其他的 DSL 技术其传输距离较短,适用于用户相对较为集中的园区网络高速接入。最新的 VDSL2 标准其最高速率可达 100Mbps。

随着技术的发展,上述的部分 DSL 技术已经逐步从市场上消亡或正在消亡中。目前主流的 DSL 主要包括 ADSL、SHDSL 和 VDSL 以及它们的下一代版本。表 14-1 列出了目前主流的 DSL 技术标准和主要特性参数。

表 14-1 主流 DSL 技术对比

DSL 技术	ITU 标准	制定时间	最大速率
ADSL	G.992.1(G.dmt)	1999	7Mbps down,800Kbps up
ADSL2	G.992.3(G.dmt.bis)	2002	8Mbps down,1Mbps up
ADSL2plus	G.992.5(ADSL2+)	2003	24Mbps down,1Mbps up
ADSL2-RE	G.992.3(Reach Extended)	2003	8Mbps down,1Mbps up

续表

DSL 技术	ITU 标准	制定时间	最大速率
SHDSL	G. 991. 2(G. SHDSL)	2001	4. 6Mbps up/down
VDSL	G. 993. 1	2004	55Mbps down,15Mbps up
VDSL2	G. 993. 2	2005	100Mbps up/down

14.3 ADSL 技术简介

14.3.1 ADSL 的系统组成

ADSL 系统主要由局端设备 COE 和用户端设备 CPE 组成,其组成结构如图 14-1 所示。

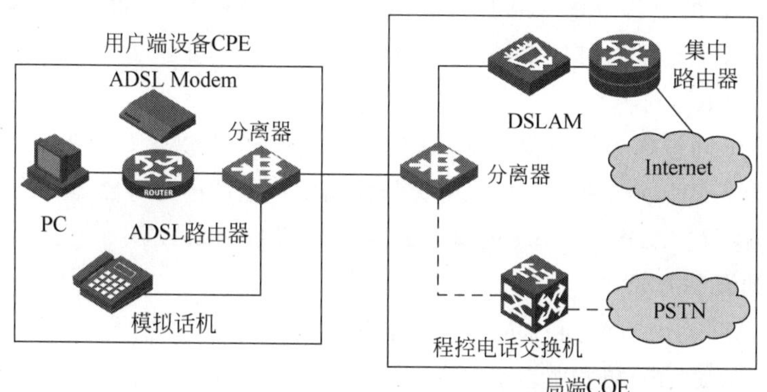

图 14-1 ADSL 的系统组成

COE 一般位于电信运营商的交换机房中,由 DSLAM(Digital Subscriber Line Access Multiplexer,数字用户线路接入复用器)接入平台、ADSL 局端卡、语音分离器、IPC(数据汇聚设备)等组成。

(1) 语音分离器将线路上的音频信号和高频数字调制信号分离,并将音频信号送入程控电话交换机,高频数字调制信号送入 DSLAM 接入平台。一些设备制造商经常把分离器集成在 DSLAM 机框中。

(2) DSLAM 接入平台可以同时插入不同的 ADSL 局端卡和网管卡等。

(3) ADSL 局端卡将线路上的信号调制为数字信号,并提供数据传输接口。

(4) IPC 为 ADSL 接入系统提供不同的广域网接口,如 ATM、帧中继、T1/E1 等。IPC 为可选的设备,在这里为了方便理解,可以把 IPC 设备看作一台起数据集中转发功能的路由器,后简称集中路由器。

CPE 由 ADSL Modem(或 ADSL 路由器)和语音分离器组成,ADSL Modem(ADSL 路由器)对用户的数据包进行调制和解调,并提供数据传输接口。

14.3.2 ADSL 的协议标准和编码方式

目前常见的 ADSL 底层技术标准主要由 ANSI 和 ITU(International Telecommunication Union,国际电信联盟)所制定,主要可以分为 ADSL Full Rate 和 ADSL G. lite 两类。

1. ADSL Full Rate

ADSL Full Rate 被称为全速率的 ADSL 标准,其最高下行速率可达 8192Kbps,最高上行速率为 1024Kbps。ADSL Full Rate 标准为了在实现高速率的同时减少干扰,要求用户端必须安装 POTS 语音分离器,以将通过电话线的语音和数据分离并分别传送至电话交接机与数据网络。ADSL Full Rate 具体的标准包括 ANSI T1.413 issue 2(主要应用于欧洲和美洲市场)和 ITU 992.1(G.dmt)。ITU 992.1 主要包括 Annex A、Annex B 和 Annex C,下面分别进行介绍。

(1) Annex A 主要定义了 ADSL 和传统 POTS 业务共存。

(2) Annex B 定义了 ADSL 和 ISDN 业务共存,相当于将最低的模拟调制带宽抬高。ISDN 有两种调制方式,2B1Q 占用 0～80kHz 的带宽,4B3T 占用 0～90kHz 的带宽。所以标准规定 Annex B 的上行带宽占用 138～276kHz,下行带宽占用 138～1104kHz。

(3) Annex C 主要是面对日本市场(TCM-ISDN)的应用。

2. ADSL G.lite

ADSL G.lite 则被称为是简化后的 ADSL 技术标准,其最高下行速率可达 1.5Mbps,最高上行速率为 512Kbps。ADSL G.lite 无须使用用户电话语音分路器,具有方便安装,低功耗,低成本的特点。ADSL G.lite 的具体的标准为 ITU 992.2(G.lite)。

3. ADSL 的调制方式

一直以来,ADSL 有 CAP 和 DMT 两种主要调制方式,CAP 由 AT&T Paradyne 设计,而 DMT 由 Amati 通信公司发明。

使用 CAP 调制技术时,数据被调制到单一载体信道,然后沿电话线发送。信号在发送前被压缩,在接收端重组。CAP 调制技术是以 QAM 调制技术为基础发展而来的,可以说它是 QAM 技术的一个变种。

DMT 将数据分成多个子载体信道,测试每个信道的质量,然后赋予其一定的比特数。DMT 用离散快速傅里叶变换创建这些信道。

在 ADSL 的标准化进程中,DMT 调制方式比 CAP 方式获得了更广泛的支持。

14.3.3 ADSL 的上层应用

CPE 设备上的 ADSL 接口本质上是一种 ATM 接口,ADSL 采用帧结构承载 ATM 信元。

在 ADSL 线路上如何进行上层的数据传输,其关键在于如何在 ADSL 底层上构建和封装 IP 数据包。目前主要的协议和应用有四种。

(1) RFC1483-Bridged(1483B)

RFC1483(Multiprotocol Encapsulation over ATM Adaptation Layer 5)介绍了通过 ATM 适应层 5(AAL5)的多协议封装方法,包括路由和桥接两种封装方法,在 ADSL 应用中采用了桥接的方法。RFC1483-Bridged 只适用于小型的运营商或者企业自己部署的 ADSL 接入,在 ADSL 发展的初期应用较多。

(2) IPoA

IPoA 是 RFC1557 所定义的经典 IP 接入方式,类似于 RFC1483 标准,RFC1577 也是在

ATM网络上承载IP协议的标准规范。IPoA用户的上网方式是使用的固定IP地址的路由方式(即用户的计算机可从ISP处获得一个合法的固定公网地址),因此也被称为ADSL专线。

(3) PPPoEoA

PPPoE协议采用Client/Server方式,它将PPP报文封装在以太网帧之内,在以太网上提供点对点的连接。PPPoE接入方式利用PPP技术直接实现更高速、更可靠、更便捷的ADSL宽带接入。因此,PPPoE技术规范的完成得到了广泛的支持,目前成为宽带接入运营商首选的宽带接入方式。

(4) PPPoA

PPPoA由RFC2364定义,由用户终端直接发起PPP呼叫,用户侧在收到上层的PPP包后,根据RFC2364封装标准对PPP包进行AAL5层封装处理形成ATM信元流。PPPoA成功地解决了诸如动态IP地址分配和计费方面的一系列宽带接入问题。

在上述几种ADSL上层应用中,目前国内应用最多是PPPoEoA,基于IPoA的ADSL专线也有一定应用,RFC1483-Bridged正在逐步退出历史舞台,而PPPoA则在欧洲有较多的应用。

14.3.4 下一代的ADSL技术

通常把G.992.1、G.992.2所定义的ADSL称作第一代ADSL技术。2002年7月,ITU完成了G.992.3和G.992.4这两个新的ADSL技术标准,被称为第二代ADSL技术——ADSL2。而在2003年1月,ITU又在ADSL2的基础上正式推出了ADSL2+技术标准——G.992.5,而正是在这个月,全球使用ADSL一代技术的用户超过了3000万。

ADSL2(ITU G.992.3和G.992.4)主要在ADSL的基础上针对性能和互用性增加了功能和特性,并增加了对一些新应用和服务的支持。

ADSL2+(G.992.5)标准是在ADSL2(G.992.3)的基础上发展而来的,因此ADSL2+基本上继承了ADSL2的所有新特性和功能。ADSL2+相对于ADSL2最主要的区别是将频谱范围从1.1MHz扩展至2.2MHz,相应地,其下行最大速率比ADSL提高了一倍。在1.5km长的电话线上,其下行最大速率可达到20Mbps。

14.4 本章总结

(1) DSL技术的起源和基本原理。

(2) DSL技术的分类方法和常见DSL技术对比。

(3) ADSL的系统组成。

(4) ADSL的协议标准和编码方式。

(5) ADSL的上层应用。

(6) 下一代的ADSL技术。

14.5 习题和解答

14.5.1 习题

1. 下列选项中(　　)属于非对称性的 DSL 技术。

A. VDSL　　B. SDSL　　C. HDSL　　D. ADSL2＋
E. VDSL2　　F. SHDSL

2. ADSL 一代标准中用来传输数据的频带范围为(　　)。

A. 20kHz～1MHz　　B. 0～4kHz
C. 1.1～2.2MHz　　D. 高于 10MHz

3. 下列 ITU-T 的标准中(　　)定义了 ADSL2 标准。

A. ITU G.992.1　　B. ITU G.992.2
C. ITU G.992.3　　D. ITU G.992.4
E. ITU G.993.4

14.5.2 习题答案

1. ADE　　2. A　　3. CD

第15章

EPCN

经过20多年的建设和发展，我国有线电视网络作为国家重要的信息化基础设施，已成为世界上用户规模最大的有线电视网络。截至2006年年底，全国共拥有1.39亿有线广播电视用户。随着Internet的飞速发展，绝大多数的有线广播电视用户同时也有访问Internet的需求，如何利用现有的有线电视网络资源，实现双向的数据传输和宽带接入，是目前广播电视运营者需要优先考虑的问题。

本章将简单介绍有线电视(Cable Television，CATV)基本概念，对比常见的有线电视网络双向传输技术和方案，最后将介绍H3C公司基于EoC(Ethernet over Coax)技术的EPCN(Ethernet Passive Coax Network)解决方案。

15.1 本章目标

学习完本章，应该能够达到以下目标。

(1) 理解有线电视的基本概念。

(2) 理解HFC(Hybrid Fiber-Coaxial)的基本概念。

(3) 了解Cable Modem的技术特点和基本原理。

(4) 了解常用的EoC技术及其技术特点。

(5) 理解H3C EPCN技术的系统组成、基本原理和技术优势。

15.2 有线电视网络概述

15.2.1 什么是CATV

最早的电视广播都是无线传送，在卫星出现之前，无线传送的广播受地形的影响很大，比如说在某些山区，无线传输的广播电视就不能覆盖。同时在无线传输方式下，每个电视台的每套节目都被调制在不同的频段进行发射，以避免干扰；随着电视台的增加和节目数量的增多，频带拥挤的矛盾越来越突出。这些问题导致了CATV的出现。

CATV这个概念最初指的是共用天线电视(Community Antenna Television)。1948年在美国宾夕法尼亚州曼哈诺依建立了世界上第一个共用天线电视接收系统。该系统采用一副主天线接收无线电视信号，并用同轴电缆将信号分送到用户家中，以解决城郊山区电视信号阴影区的居民收看电视的问题。

现在CATV主要指的是有线电视(Cable Television),即利用高频电缆、光缆、微波等传输技术,并在一定的用户中进行分配与交换声音、图像、数据信号的电视系统。

有线电视网的出现为保证各个电视频道间互不干扰,而且使用户能尽可能多地接收节目频道提供了便利。有线电视信号的传输也是通过把不同频道的节目调制在不同的频段,再经过有线电视网络送到用户。只是它可以同时传送的频道更多,而且节目质量也更好。这主要是因为使用75Ω的同轴电缆进行有线传输隔绝了与周围电磁信号的辐射干扰,而且可以保证在较大频带范围内衰减较少。

早期有线电视网络是采用同轴电缆结构,是一种树型结构(由总线型拓扑结构演变而来)网络,从有线电视台出来后不断分级展开,最后到达用户,其结构示意图如图15-1所示。

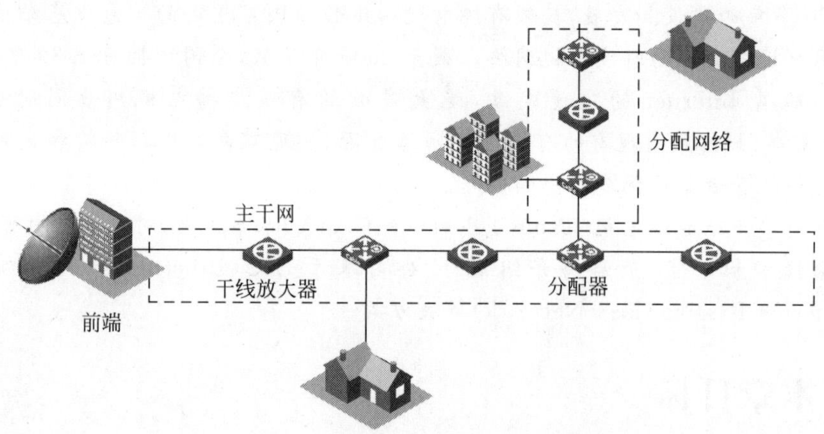

图15-1 有线电视网络结构示意图

在有线电视网络中,前端(Headend)负责收集来自卫星传送的电视信号、无线广播的电视信号及经微波传送的电视信号。其主要功能是收集、调制及传送出电视节目,同时具有控制功能。主干网利用干线放大器的接力放大,可以传输较远的距离。到居民较集中的地区,使用分配器从主干网分出信号进入分配网络。分配网络再将信号用延长放大器(Line Extender)放大,最后从分支器送到用户。而且,这种树型拓扑结构还会随居民分布情况的不同,分出更多的层次。

15.2.2 什么是HFC

HFC是光纤和同轴电缆相结合的混合网络。HFC通常由光纤干线、同轴电缆支线和用户配线网络三部分组成,从有线电视台出来的节目信号先变成光信号在干线上传输。到用户区域后把光信号转换成电信号,经分配器分配后通过同轴电缆送到用户。它与早期CATV同轴电缆网络的不同之处主要在于,在干线上用光纤传输光信号,在前端需完成电—光转换,进入用户区后要完成光—电转换。

HFC的主要特点如下。

(1) 传输容量大,易实现双向传输,从理论上讲,一对光纤可同时传送150万路电话或2000套电视节目。

(2) 频率特性好,在有线电视传输带宽内无须均衡,传输损耗小,可延长有线电视的传输距离,25km 内无须中继放大。

(3) 光纤间不会有串音现象,不怕电磁干扰,能确保信号的传输质量。

同传统的 CATV 网络相比,HFC 的网络拓扑结构也有些不同。

(1) 光纤干线采用星型或环状拓扑结构。

(2) 支线和配线网络的同轴电缆部分采用树状或总线型拓扑结构。

(3) 整个网络按照光节点划分成一个服务区。这种网络结构可满足为用户提供多种业务服务的要求。

随着数字通信技术的发展,特别是高速宽带通信时代的到来,HFC 已成为现在和未来一段时期内宽带接入的最佳选择,因而 HFC 又被赋予新的含义,特指利用混合光纤同轴来进行双向宽带通信的 CATV 网络。

15.3 有线电视网络的双向传输改造

有线电视网络能够传输的带宽为 750～860MHz,少数达到 1GHz。根据中华人民共和国行业标准 GY/T 106—1999《有线电视广播系统技术规范》中的规定,其中 5～65MHz 频段为上行信号占用,87～108MHz 频段用来传输立体声广播,110～1000MHz 频段传送传统的模拟电视节目、数字电视节目和 VOD,如图 15-2 所示。

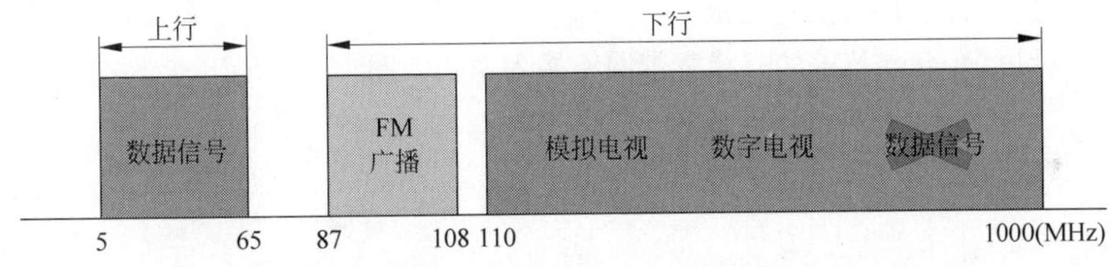

图 15-2 CATV 频率分配方案——GY/T 106—1999

国内大部分有线电视网络是单向广播式网络,为了实现访问 Internet,VOD 视频点播利用有线电视网络资源进行宽带接入等需求,需要对现有的单向广播式网络进行双向数据传输的改造。

15.3.1 基于 HFC 网络的 Cable Modem 技术

1. Cable Modem 技术概述

基于 HFC 网络的 Cable Modem 技术是宽带接入技术中最先成熟和进入市场的。

有线电视网络核心的资源之一是同轴电缆入户,对于一个 860MHz 的 HFC 网络,其接入下行带宽在采用 64QAM 调制方式时为 3.5Gbps,采用 256QAM 调制方式时为 5Gbps,1024QAM 时为 6.25Gbps。对于一个光节点覆盖 500 户的 HFC 网络,在上述三种调制方式下的网络带宽全部用于点对点的业务户均带宽分别为 7Mbps、10Mbps 和 12.5Mbps。

因此,在光纤入户尚未实现前,利用同轴电缆入户传输宽带数据的接入方式几乎是有线电视运营商对用户提供宽带接入服务的不二选择。

为规范 Cable Modem(电缆调制解调器)的宽带接入,美国有线电视网络运营商、主流有线电视设备供应商、电视工业研究机构等于1998年组建成立非营利组织Cable Labs,其主要职能是研究新的广播电视技术,发布规范、认证产品。

Cable Labs先后发布了DOCSIS 1.0、DOCSIS 1.1、DOCSIS 2.0、DOCSIS 3.0等基于HFC的宽带接入规范。

DOCSIS 1.0定义有线电视网络宽带接入的系统框架、射频接口、系统网络侧接口、系统用户侧接口、数据安全接口、网络管理接口等规范,实现了系统前端、终端、服务管理系统的设备兼容,极大地促进了有线电视宽带接入的发展。

DOCSIS 1.1在此基础上,增加了DOCSIS协议链路层的带宽保障机制等功能,使得有线电视宽带接入在共享带宽机制下,具备提供高速数据、电话等多业务服务能力。

DOCSIS 2.0引入了先进的物理层调制和多址访问技术,使得有线电视网络宽带接入的带宽,特别是回传带宽大为增加,提供电话等对称性业务能力大大加强。

DOCSIS 3.0增加了信道捆绑技术、IPv6支持、强化了安全和运营支撑等,使得有线电视网络数字媒体业务、数据业务、语音业务在信道、媒体流格式上统一起来,提高了宽带接入带宽,达到千兆级水平,同时,促进了数字媒体设备与宽带接入设备的融合,降低了网络的带宽成本。

DOCSIS协议同时也被国际电信联盟ITU-T所采用,其编号为ITU-T J.112。

2. Cable Modem技术原理

Cable Modem接入方式的物理基础是双向HFC网络,双向HFC网络可在单向HFC基础上进行改造,配加回传通道形成。

基于Cable Modem技术的有线宽带网络接入系统如图15-3所示。

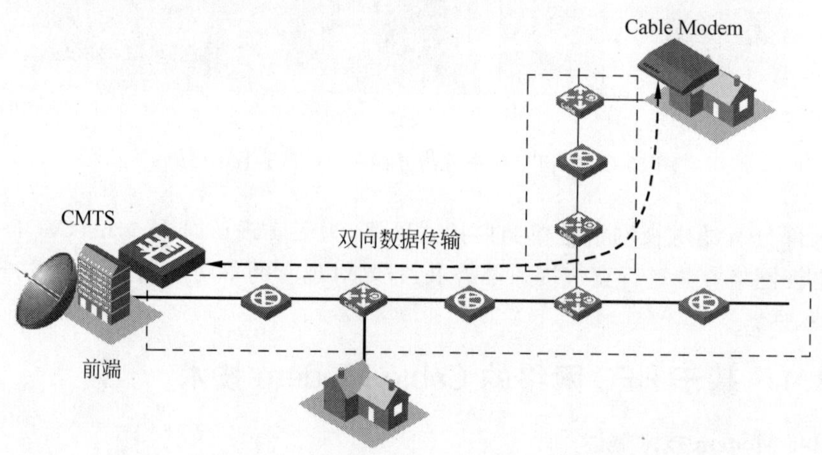

图15-3 基于Cable Modem技术的有线宽带网络接入系统

CMTS(Cable Modem Termination System,电缆调制解调器终端系统)主要部署在有线宽带网络的前端,而Cable Modem则部署在用户端,通过CMTS与Internet实现连接。

Cable Modem接入系统采用上、下行非对称信道的传输方式,在HFC网络下行带宽A波段(GY/T 106—1999)的电视频道中划分出一条到多条8MHz带宽信道(中心频率小于858MHz),用于以广播形式的下行数据发送。当信号采用256QAM(正交调幅)调制方式时,每个8MHz带宽信道最高速率可达51Mbps(REED-SOLOMON编码后),上行数据通过 5～65MHz 进行回传。

CMTS 作为系统的核心，它提供对 Cable Modem 的 SNMP 接口，对节点内所有 Cable Modem 进行注册登录、管理和控制。可根据带宽实际消耗情况，自动完成上行 5～65MHz 和下行 108～862MHz 数据传输频率间的转换、平衡分配。能基于信道特征自适应的调整下行发送数据和上行接收数据的调制信号及调制方式。

3. 技术特点与应用分析

Cable Modem 接入技术比较成熟，得到全球范围内的广泛应用，系统前端、终端和管理系统之间的兼容性好，具备可运营、可管理特性。

在 Cable Modem 接入系统中，最终用户能够享受到的上下行带宽取决于采用的调制方式和 HFC 骨干线路上光节点覆盖的用户范围(一般为 500～2000 户)。也就是说用户共享带宽，用户数越多，运营商给每个用户分配的带宽越少。在用户比较密集的情况下，Cable Modem 接入的带宽相对其他的宽带技术来说比较有限。

另外在原有的铜轴线路上部署 Cable Modem 系统时，需要对原有的铜轴线路进行双向改造，有时还牵涉到更换电缆，成本较高。

由于低频信号容易受干扰，往往造成数据传输质量不高，容易中断并且定位起来十分困难，因此对网络质量和技术维护要求较高。

15.3.2 基于以太网的 EoC 技术

以太网技术具有成本低、技术简单、使用管理方便等特点，因此也是一种比较理想的宽带接入技术。在基于以太网的有线电视宽带网络接入方式中，其中一种采用五类铜质双绞线进行入户改造，完成双向数据业务的接入功能，有线电视网络仍然采用 HFC 网络实现。这种接入方式具有接入带宽高，可扩充，可以承载多业务运营的优点，但也存在需重新入户施工，施工量和施工难度较大的缺点，因此主要适用于新建住宅预埋线路或办公楼等网络用户密集的地区。

出于成本的考虑，有线电视宽带网络的运营商更加倾向于能够更好地利用现有的同轴 CATV 线缆的接入技术。其中比较有代表性的一种被称为 EoC 技术。

EoC 是基于有线电视同轴电缆网使用以太网协议的接入技术。EoC 采用特定的介质转换技术(主要包括阻抗变换、平衡/不平衡变换等)，将符合 802.3 系列标准的数据信号通过同轴电缆传输，接入用户家中，实现数据的双向传输。

EoC 技术在传输 CATV 信号的频率范围之外，划分低频段上的频率范围来传输上、下行数据信号。有线电视信号在 111～860MHz 频率传输，而常见 EoC 技术使用的基带数据信号可以在 0～30MHz 频率传输。EoC 传输技术可以使两者在一根同轴电缆中传输而互不影响。把电视信号与数据信号通过合路器，利用有线电视网络送至用户。在用户端，通过分离器将电视信号与数据信号分离开来，接入相应的终端设备。

根据以太网信号是否经过调制解调处理后再通过同轴电缆传输，EoC 技术一般又分为无源 EoC 和有源 EoC 两种。

无源 EoC 技术的优点如下。

(1) 即插即用，无须在客户端进行复杂的调试。

(2) 利用现有网络的同轴电缆资源，用户端设备为无源设备，节省建网成本。

(3) 运营维护简单,费用低。

(4) 可以为每个用户提供 10Mbps 全双工带宽。

在无源 EoC 技术中,由于用户终端为无源设备,系统传输损耗容限约为 12dB 左右,故楼栋内的入户分配网需采用星型集中分配方式,而且从楼栋以太同轴网桥到用户终端之间不能有任何分支器和损耗较大的分配器。这些条件限制了无源 EoC 的应用范围,对于广播电视网络中常见的树型网络适用性不高。

有源 EoC 技术大多是基于调制技术。其基本原理是将数据信号调制到能在 CATV 同轴线缆传输的某一频段上,然后将 CATV 信号和调制后的数据信号混合传输,下行方向传输 CATV 和数据调制信号,上行方向传输数据调制信号,为双向数据传输提供回传通道。EPCN 就是一种比较成熟的有源 EoC 技术。

15.4 EPCN 技术介绍

H3C 公司的 EPCN 技术属于有源 EoC 技术范畴。

EPCN 在物理层采用同轴线缆,链路层采用以太网技术,引入点到多点通信控制技术,使得以太网在点到多点的同轴分配网中进行承载。EPCN 作为一种有源的 EoC 技术,没有无源 EoC 技术在组网上的局限性,同轴分配网可以是星型、树型等任意拓扑结构。

15.4.1 EPCN 系统组成

EPCN 系统由 CLT(Cable Line Terminal,电缆线路终端)、CNU(Cable Network Unit,有线电视网络单元)和分支分配器组成。CLT 放在小区机房、小区光节点或者楼道内,CNU 放在用户家里机顶盒上。两者之间由分支分配器组成的树型或者星型 CATV 网络相连,如图 15-4 所示。

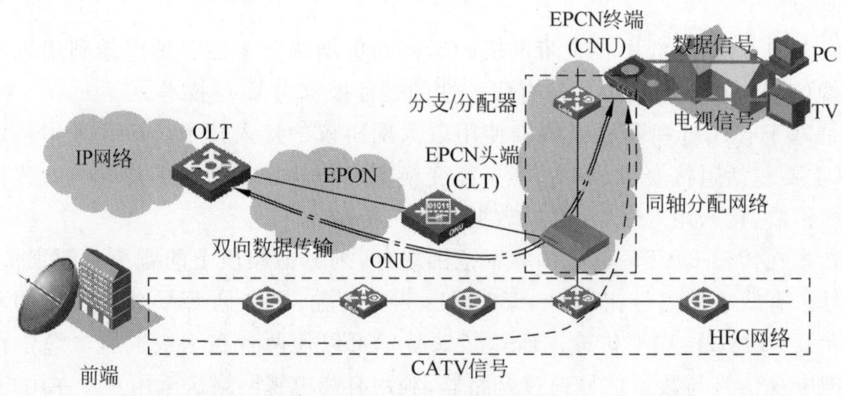

图 15-4 EPCN 系统示意

所有 CNU 的上行数据都传递给 CLT,CNU 之间不能互通。也就是说各个用户之间是隔离的,这可以有效避免相互之间的影响。

EPCN 系统主要部署在有线电视网络的同轴分配网络部分,CLT 往上则以光纤为介质通过 EPON(Ethernet over Passive Optical Networks,以太无源光网络)技术连接到

Internet。

15.4.2 EPCN传输原理

EPCN技术使用OFDM(Orthogonal Frequency Division Multiplexing,正交频分多路复用)调制方式,其基本原理是将高速的数据流分配到多个相互正交的子载波上同时传输。OFDM将以太网信号调制到7.5～30MHz的频率范围内,每一个24.414kHz为一个子载波,共划分917个子载波。

EPCN系统的上下行数据采用了不同的传输方式,如图15-5所示。

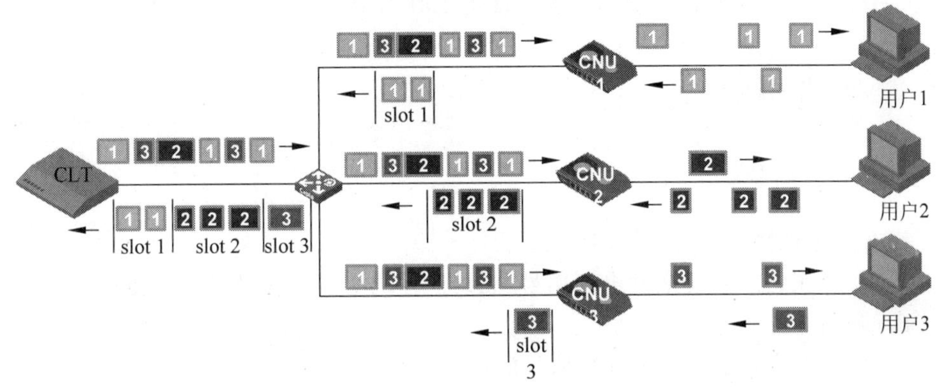

图15-5 EPCN上下行传输方式

每当CNU上电后,CNU会搜索CLT,并在CLT上注册自己的MAC地址,同时,CLT给每一个CNU分配一个唯一的终端设备标识(TEI)。

下行方向,数据从CLT到多个CNU以时分复用技术(TDM)广播到各个CNU。当数据信号到达CNU时,CNU根据TEI,在物理层上做判断,接收给它自己的数据帧,摒弃那些给其他CNU的数据帧。例如图15-5中,CNU1收到包1、2、3,但是它仅仅发送包1给终端用户1,摒弃包2和包3。

上行方向,可采用时分多址接入技术(TDMA)和载波检测多路复用(CSMA)传输上行流量。其中CSMA可以提供四级优先级,在传输安全性上基于128位AES严格加密。TDMA则采用面向连接的设计,可以提供较好的QoS保障,同时其采用DBA(动态带宽分配)技术大大提高带宽的传输效率。

15.4.3 EPCN的技术优势

EPCN具有的技术优势包括以下几个方面。

(1) 带宽高

EPCN系统物理层带宽最大可达200Mbps,MAC层带宽100Mbps。

(2) 抗扰性强

由于EPCN使用的最高频率为30MHz,比传统CATV电视信号的最低频率(1频道,49.75MHz)还低,从设计上保证了两者之间不会相互干扰。在CLT和CNU设备内部均集成有高通滤波器,进一步杜绝EPCN信号对CATV电视信号的影响。因此EPCN技术抗扰性较强。

(3) 实施简单

由于采用低频技术,线路衰减较小,EPCN 可以实现从光节点到用户家的覆盖而无须任何有源中继设备,改造十分简单。

15.5 本章总结

(1) 有线电视网络相关基本概念的介绍:CATV 和 HFC。

(2) 有线电视网络的双向传输改造的两种技术方案对比:Cable Modem 和 EoC 技术。

(3) 一种典型的有源 EoC 技术介绍:H3C EPCN 技术。

15.6 习题和解答

15.6.1 习题

1. 在有线电视网络中,前端的功能包括(　　)。

A. 收集来自卫星传送的电视信号、无线广播的电视信号及经微波传送的电视信号

B. 调制电视信号

C. 控制有线电视网络中电视信号的传送

D. 控制主干网分出信号进入分配网络

2. 对于一个光节点覆盖 1000 户的 HFC 网络,采用 256QAM 调制方式时,网络带宽全部用于点对点的业务户均带宽为(　　)Mbps。

A. 7　　B. 10　　C. 5　　D. 12.5

3. 一般来说,利用 EoC 技术在 HFC 网络中传输的数据信号范围是________。

4. 采用 EPCN 技术时,HFC 的同轴分配网络的拓扑结构只能是星型或者树型。(　　)

A. True　　B. False

5. 在 EPCN 系统中,数据从 CLT 到 CNU 传输时采用的是(　　)方式。

A. 广播　　B. 组播　　C. 单播　　D. 任播

15.6.2 习题答案

1. ABC　　2. C　　3. 0～20MHz　　4. B　　5. A

第4篇

网络层协议原理

第16章

IP

TCP/IP 栈的网络层位于网络接口层和传输层之间，其主要协议包括 IP（Internet Protocol，互联网协议）、ARP（Address Resolution Protocol，地址解析协议）、RARP（Reverse Address Resolution Protocol，反向地址解析协议）、ICMP（Internet Control Message Protocol，互联网控制消息协议）、IGMP（Internet Group Management Protocol，互联网组管理协议）等。其中 IP 是 TCP/IP 网络层的核心协议，它规定了数据的封装方式，网络节点的标识方法，用于网络上数据的端到端的传递。

16.1 本章目标

学习完本章，应该能够达到以下目标。

(1) 掌握 IP 地址的格式和分类。

(2) 掌握子网划分的方法。

(3) 了解 IP 报文转发基本原理。

(4) 了解 VLSM 与 CIDR。

16.2 IP 概述

16.2.1 IP 及相关协议

TCP/IP 栈的网络层位于网络接口层和传输层之间。网络层的主要功能是标识大规模网络中的每个节点，并将数据包投递到正确的目的节点。

IP 及相关协议如图 16-1 所示。

TCP/IP 的网络层主要定义了以下协议。

(1) IP：负责网络层寻址、路由选择、分段及包重组。

(2) ARP：负责把 IP 地址解析成物理地址。在实际进行通信时，物理网络所使用的是物理地址，IP 地址是不能被物理网络所识别的。对于以太网而言，当 IP 数据包通过以太网发送时，以太网设备是以 MAC 地址传输数据的，ARP 就是用来将 IP 地址解析成 MAC 地址的。

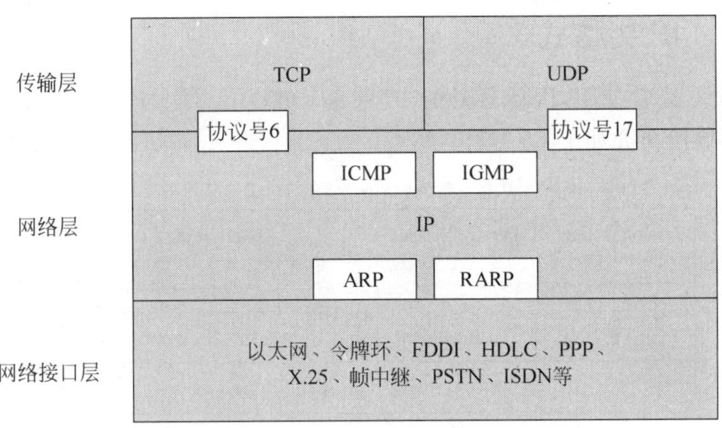

图 16-1 IP 及相关协议

(3) RARP：负责把物理地址解析成 IP 地址。常用于无盘工作站通过其 MAC 地址从服务器处解析对应的 IP 地址。

(4) ICMP：定义了网络层控制和传递消息的功能，可以报告 IP 数据包传递过程中发生的错误、失败等信息，提供网络诊断功能。Ping 和 Tracert 两个使用极其广泛的测试工具就是 ICMP 消息的应用。

(5) IGMP：负责管理 IP 组播组。用于支持在主机和路由器之间进行组播传输数据。它让一个物理网络上的所有路由器知道当前网络中有哪些主机需要组播。组播路由器需要这些信息以便知道组播数据包应该向哪些接口转发。

16.2.2 IP 的作用

TCP/IP 网络层的核心协议是由 RFC791 定义的 IP。IP 是尽力传输的网络协议，其提供的数据传送服务是不可靠的、无连接的。IP 协议不关心数据包的内容，不能保证数据包是否能成功地到达目的地，也不维护任何关于前后数据包的状态信息。面向连接的可靠服务由上层的 TCP 协议实现。

IP 将来自传输层的数据段封装成 IP 包并交给网络接口层进行发送，同时将来自网络接口层的帧解封装并根据 IP 协议号(Protocol Number)提交给相应的传输层协议进行处理。IP 协议的主要作用包括以下几个方面。

(1) 标识节点和链路：IP 为每个链路分配一个全局唯一的网络号(network-number)以标识每个网络；为节点分配一个全局唯一的 32 位 IP 地址，用以标识每个节点。

(2) 寻址和转发：IP 路由器(Router)根据所掌握的路由信息，确定节点所在网络的位置，进而确定节点所在的位置，并选择适当的路径将 IP 包转发到目的节点。

(3) 适应各种数据链路：为了工作在多样化的链路和介质上，IP 必须具备适应各种链路的能力，例如可以根据链路的 MTU(Maximum Transfer Unit，最大传输单元)对 IP 包进行分片和重组，可以建立 IP 地址到数据链路层地址的映射以通过实际的数据链路传递信息。

16.2.3 IP 头格式

IP 头选项不经常使用,因此普通的 IP 头部长度为 20B。IP 报文格式如图 16-2 所示。其中一些主要字段简介如下。

0 1 2 3 4 5 6 7 8 9 0 1 2 3 4 5 6 7 8 9 0 1 2 3 4 5 6 7 8 9 0 1

<table>
<tr><td>Version</td><td>IHL</td><td colspan="2">Type of Service</td><td colspan="4">Total Length</td><td rowspan="5">20B</td></tr>
<tr><td colspan="4">Identification</td><td>Flags</td><td colspan="3">Fragment Offset</td></tr>
<tr><td colspan="2">Time to Live</td><td colspan="2">Protocol</td><td colspan="4">Header Checksum</td></tr>
<tr><td colspan="8">Source Address</td></tr>
<tr><td colspan="8">Destination Address</td></tr>
<tr><td colspan="6">Options</td><td colspan="2">Padding</td><td></td></tr>
</table>

图 16-2 IP 报文格式

(1) 版本(Version):标明了 IP 协议的版本号,目前的协议版本号为 4。下一代 IP 协议的版本号为 6。

(2) 头长度(Internet Header Length,IHL):指 IP 包头部长度,占 4 位,以字节为单位。

(3) 服务类型(Type of Service,ToS):用于标志 IP 包期望获得的服务等级,常用于 QoS(Quality of Service,服务质量)中。

(4) 总长度(Total Length):整个 IP 包的长度,包括数据部分,以字节为单位。利用首部长度字段和总长度字段,就可以知道 IP 数据包中数据内容的起始位置和长度。由于该字段长 16 比特,所以 IP 数据包最长可达 65535B。

(5) 标识(Identification):唯一地标识主机发送的每一个 IP 包。通常每发送一个包其值就会加 1。

(6) 生存时间(Time to Live,TTL):设置了数据包可以经过的路由器数目。一旦经过一个路由器,TTL 值就会减 1,当该字段值为 0 时,数据包将被丢弃。

(7) 协议(Protocol):标识数据包内传送的数据所属的上层协议,IP 用协议号区分上层协议。TCP 协议的协议号为 6,UDP 协议的协议号为 17。

(8) 头校验和(Header Checksum):IP 头部的校验和用于检查包头的完整性。由于数据是来自于 TCP 或其他上层协议的段,这些协议应提供自身的差错检测。这样,IP 只需关心分组头中的检测错误。这样做的一个优点是检测较少的比特使路由器能够更迅速地处理分组。为计算校验和,将头转换成 16 比特整数序列。使用反码运算相加,结果取补,并存储于校验和字段中。在接收端,根据收到的信息重新计算校验和。如果结果与存储在校验和字段中的值不符,接收方知道头中出现了错误。每次传输必须重新计算校验和,因为 IP 头在不断改变,例如 TTL 字段每次传输都会变化。

(9) 源地址(Source Address)和目的地址(Destination Address):分别标识数据包的源节点和目的节点的 IP 地址。

16.3 IP 地址

连接到 Internet 上的设备必须有一个全球唯一的 IP 地址(IP Address)。IP 地址与链路类型、设备硬件无关,而是由管理员分配指定的,因此也称为逻辑地址(Logical Address)。每台主机可以拥有多个网络接口卡,也可以同时拥有多个 IP 地址。路由器也可以看作这种主机,但其每个 IP 接口必须处于不同的 IP 网络,即各个接口的 IP 地址分别处于不同的 IP 网段。

Internet 上的每个节点既有 IP 地址,也有物理地址(即常说的 MAC 地址)。MAC 地址是设备生产厂家固化在网卡上的,可以在全球范围唯一标识一个节点。既然如此,为什么还需要 IP 地址呢? MAC 地址是固化在设备上的,不便于修改,因此实际组网中,不能够方便地根据客户的需求定义网络设备地址;而 IP 地址是一种逻辑地址,可以按照客户的需求规划和分配整网的地址,非常灵活。同时使用 IP 地址,设备更易于移动和维修。如果一个网卡坏了,可以被更换,而不需更换一个新的 IP 地址;如果一个 IP 节点从一个网络移到另一个网络,可以给它一个新的 IP 地址,而无须换一个新的网卡。

16.3.1 IP 地址格式及表示方法

1. IP 地址格式

IP 地址长度为二进制 32 位,在计算机内部,IP 地址是用二进制表示的,共 32 位。例如:

11000000 10101000 00000101 01111011

然而,使用二进制表示法很不方便记忆,因此通常采用点分十进制方式表示。即把 32 位的 IP 地址分成四段,每 8 个二进制位为一段,每段二进制分别转换为人们习惯的十进制数,并用点隔开。这样,IP 地址就表示为以小数点隔开的 4 个十进制整数,如 192.168.5.123 IP 地址,表示方法如图 16-3 所示。

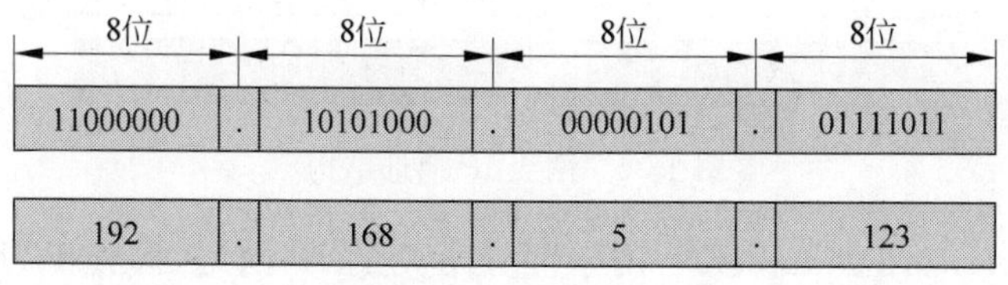

图 16-3 IP 地址表示方法

2. IP 网络和 IP 地址的分层结构

由于理论上总共有 2^{32} 个 IP 地址,也就是约 43 亿个 IP 地址,在互联网上,每台路由器都储存每个节点的路由信息几乎是不可能的。为便于实现路由选择、地址分配和管理维护,IP 网络和 IP 地址均采用分层结构。

如图 16-4 所示,典型的 IP 网络由众多的路由器和网段(Network Segment)构成。每个网段对应一个链路,每个网段上都有若干 IP 节点。这些节点既可以是只连接到一个链路的主机,也可以是同时连接到多个链路的路由器。路由器在这些网段之间执行数据转发服务。

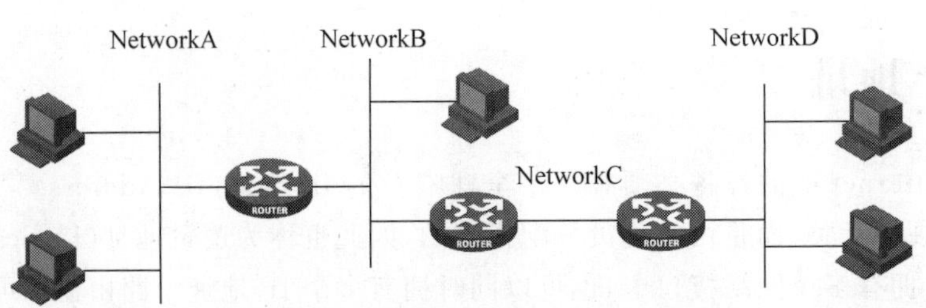

图 16-4 IP 网络的结构

路由器的主要功能包括以下几个方面。

(1) 连接分离的网络：路由器的每个接口处于一个网络，将原本孤立的网络连接起来，实现大范围的网络通信。

(2) 链路层协议适配：由于链路层协议的多样性，不同类的链路之间不能直接通信。路由器可以适配各种数据链路的协议和速率，使其间的通信成为可能。

(3) 在网络之间转发数据包：为了实现这个功能，路由器之间需要运行网关到网关协议(Gateway to Gateway Protocol，GGP)交换路由信息和其他控制信息，以了解去往每个目的网络的正确路径，典型的 GGP 包括 RIP、OSPF、BGP 等路由协议(Routing Protocol)。

IP 网络的包转发是逐跳(Hop-by-Hop)进行的。即包括路由器在内的每个节点要么将一个数据包直接发送给目的节点，要么将其发送给到目的节点路径上的下一跳(Next Hop)节点，由下一跳继续将数据包转发下去。数据包必须历经所有的中间节点之后才能到达目的。每一个路由器或主机的转发决策都是独立的，其依据是存储于自身路由表(Routing Table)中的路由(Route)。

注意：*早期的 Internet 术语将路由器称为网关(Gateway)，故而在探讨基本的 IP 通信时，这两个术语是不加区分的。*

相应地，IP 地址也由两个部分组成，两级 IP 地址结构如图 16-5 所示。

图 16-5 两级 IP 地址结构

(1) 网络号(Network-Number)：用于区分不同的 IP 网络，即该 IP 地址所属的 IP 网段。一个网络中所有设备的 IP 地址具有相同的网络号。

(2) 主机号(Host-Number)：用于标识该网络内的一个 IP 节点。在一个网段内部，主机号是唯一的。

这样，路由器只需要储存每个网段的路由信息即可。

例如在图 16-6 所示的网络由两个网络构成，每个网络中有 3 台主机。网络之间通过一台路由器相连。路由器只需记录左侧的网络地址为 192.168.2.0，通过接口 E0/0 连接；右侧的网络地址为 10.0.0.0，通过接口 E0/1 连接。

这一点类似于日常使用的电话号码。例如在号码 010-82882448 中，010 是城市区号，代表北京；而 82882448 则是城市中具体的电话号码，代表一台特定的电话机。010-82882448 可以唯一地标识北京市的一台固定电话机。

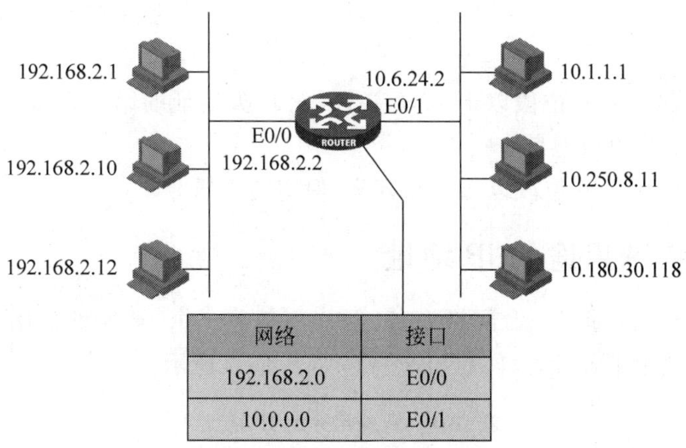

网络	接口
192.168.2.0	E0/0
10.0.0.0	E0/1

图 16-6 典型 IP 网络

16.3.2 IP 地址分类

在现实的网络中，各个网段内具有的 IP 节点数各不相同，为了更好地管理和使用 IP 地址资源，IP 地址被划分为 5 类——A 类、B 类、C 类、D 类和 E 类。每类地址的网络号和主机号在 32 位地址中占用的位数各不相同，因而其可以容纳的主机数量也有很大区别。

IP 地址的分类如图 16-7 所示。

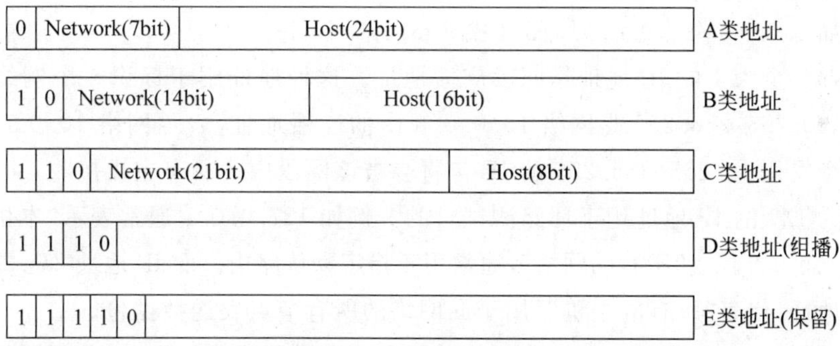

图 16-7 IP 地址分类

(1) A 类 IP 地址的第一个八位段(Octet)以 0 开始。A 类地址的网络号为第一个八位段，网络号取值范围为 1～126(127 留作他用)。A 类地址的主机号为后面的三个八位段，共 24 位。A 类地址的范围为 1.0.0.0～126.255.255.255，每个 A 类网络有 2^{24} 个 A 类 IP 地址。

(2) B 类 IP 地址的第一个八位段以 10 开始。B 类地址的网络号为前两个八位段，网络号的第一个八位段取值为 128～191。B 类地址的主机号为后面的二个八位段共 16 位。B 类地址的范围为 128.0.0.0～191.255.255.255，每个 B 类网络有 2^{16} 个 B 类 IP 地址。

(3) C 类 IP 地址的第一个八位段以 110 开始。C 类地址的网络号为前三个八位段，网络号的第一个八位段取值为 192～223。C 类地址的主机号为后面的一个八位段共 8 位。

C类地址的范围为192.0.0.0～223.255.255.255，每个C类网络有 $2^8=256$ 个C类IP地址。

(4) D类地址第一个八位段以1110开头，因此D类地址的第一个八位段取值为224～239。D类地址通常为组播地址。

(5) E类地址第一个八位段以11110开头，保留用于研究。

16.3.3 特殊用途的IP地址

IP地址用于唯一的标识一台网络设备，但并不是每一个IP地址都用于这个目的。一些特殊的IP地址被用于各种各样的其他用途，如表16-1所示。

表16-1 特殊用途的IP地址

网络号	主机号	地址类型	用 途
Any	全0	网络地址	代表一个网段
Any	全1	广播地址	特定网段的所有节点
127	Any	回环地址	回环测试
全0		所有网络	路由器用于指定默认路由
全1		广播地址	本网段所有节点

主机号部分全为0的IP地址称为网络地址(Network Address)。网络地址用来标识一个网段。例如1.0.0.0/8、10.0.0.0/8、192.168.1.0/24等。

主机号部分全为1的IP地址是网段广播地址。这种地址用于标识一个网络内的所有主机。例如，10.255.255.255是网络10.0.0.0内的广播地址，表示网络10.0.0.0内的所有主机。一个发往10.255.255.255的IP包将会被该网段内的所有主机接收。

网络号为127的IP地址用于环路测试目的。例如127.0.0.1通常表示"本机"。

IP地址0.0.0.0代表"所有的网络"，通常用于指定默认路由。而IP地址255.255.255.255是全网广播地址，代表"所有的主机"，用于向网络的所有节点发送数据包。

综上所述，每一个网段都会有一个网络地址和一个网段广播地址，因此实际可用于主机的地址数等于网段内的全部地址数减2。例如B类网段172.16.0.0有16个主机位，因此有 2^{16} 个IP地址，去掉一个网络地址172.16.0.0和一个广播地址172.16.255.255不能用于标识主机，实际共有 $2^{16}-2$ 个可用地址。

各类IP地址的实际可用地址范围如下所示。

(1) A类：1.0.0.0～126.255.255.255。

(2) B类：128.0.0.0～191.255.255.255。

(3) C类：192.0.0.0～223.255.255.255。

(4) D类：224.0.0.0～239.255.255.255。

(5) E类：240.0.0.0～255.255.255.255。

注意：转发网段广播和全网广播会对网络性能造成严重的不利影响，因此几乎所有的路由器在默认情况下均不转发广播包。

16.4 IP 子网划分

16.4.1 IP 子网划分的需求

如图 16-8 所示，早期的 Internet 是一个简单的二级网络结构。接入 Internet 的机构由一个物理网络构成，该物理网络包括机构中需要接入 Internet 网络的全部主机。

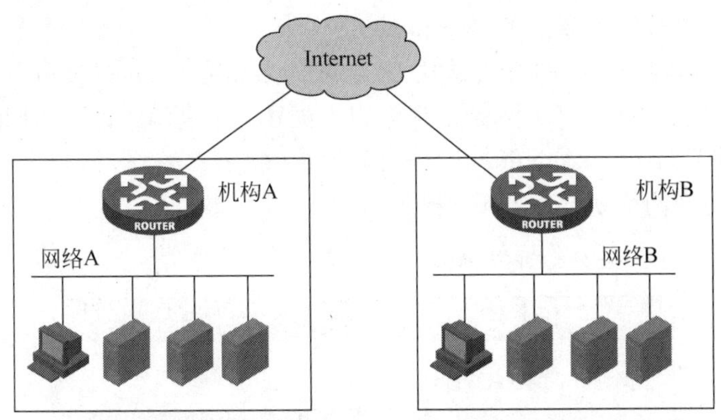

图 16-8 早期 Internet 的二级网络结构

自然分类法将 IP 地址划分为 A、B、C、D、E 类。每个 32 位的 IP 地址都被划分为由网络号和主机号构成的二级结构。为每个机构分配一个按照自然分类法得到的 Internet 网络地址，能够很好地适应满足当时的网络结构。

随着时间的推移，网络计算逐渐成熟，网络的优势被许多大型组织所认知，Internet 中出现了很多大型的接入机构。这些机构中需要接入的主机数量众多，单一物理网络容纳主机的数量有限，因此在同一机构内部需要划分多个物理网络。

早期解决这类大型机构接入 Internet 的方法是为机构内的每一个物理网络划分一个逻辑网络，即对每一个物理网络都分配一个按照自然分类法得到的 Internet 网络地址。

但这种“物理网络－自然分类 IP 网段”的对应分配方法存在严重问题。

(1) IP 地址资源浪费严重

举例来说，一个公司只有 1 个物理网络，其中需要 300 个 IP 地址。一个 C 类地址能提供 254 个主机 IP 地址，不满足需要，因此需要使用一个 B 类地址。1 个 B 类网络能提供 65534 个 IP 地址，网络中的地址得不到充分利用，大量的 IP 地址被浪费。

(2) IP 网络数量不敷使用

举例来说，一个公司拥有 100 个物理网络，每个网络只需要 10 个 IP 地址。虽然需要的地址量仅有 1000 个，但该公司仍然需要 100 个 C 类网络。很多机构都面临类似问题，其结果是，在 IP 地址被大量浪费的同时，IP 网络数量却不能满足 Internet 的发展需要。

(3) 业务扩展缺乏灵活性

举例来说，一个公司拥有 1 个 C 类网络，其中只有 10 个地址被使用。该公司需要增加一个物理网络，就需要向 IANA 申请一个新的 C 类网络，在得到这个合法的 Internet 网络地址前，他们就无法部署这个网络接入 Internet。这显然无法满足企业发展的灵活性需求。

综上所述，仅依靠自然分类的 IP 地址分配方案，对 IP 地址进行简单的两层划分，无法应对 Internet 的爆炸式增长。

16.4.2 IP 子网及子网掩码

20 世纪 80 年代中期，IETF 在 RFC950 和 RFC917 中针对简单的两层结构 IP 地址所带来的日趋严重的问题提出了解决方法。这个方法称为子网划分(Subnetting)。即允许将一个自然分类的网络分解为多个子网(Subnet)。

如图 16-9 所示，划分子网的方法是从 IP 地址的主机号(Host-Number)部分借用若干位作为子网号(Subnet-Number)，剩余的位作为主机号。于是两级的 IP 地址就变为三级的 IP 地址，包括网络号(Network-Number)、子网号和主机号。这样，拥有多个物理网络的机构可以将所属的物理网络划分为若干个子网。

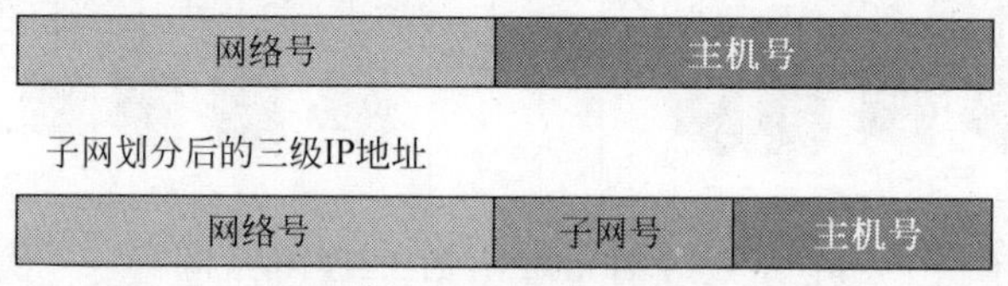

图 16-9 子网划分方法

子网划分属于一个组织的内部事务。外部网络可以不必了解机构内由多少个子网组成，因为这个机构对外仍可以表现为一个没有划分子网的网络。从其他网络发送给本机构某个主机的数据，可以仍然根据原来的选路规则发送到本机构连接外部网络的路由器上。此路由器接收到 IP 数据包后再按网络号及子网号找到目的子网，将 IP 数据包交付给目的主机。要求路由器具备识别子网的能力。

子网划分使得 IP 网络和 IP 地址出现多层次结构，这种层次结构便于地址的有效利用和分配和管理。

只根据 IP 地址本身无法确定子网号的长度。为了把主机号与子网号区分开，就必须使用子网掩码(Subnet Mask)。

子网掩码和 IP 地址一样都是 32 位长度，由一串二进制 1 和跟随的一串二进制 0 组成，如图 16-10 所示。子网掩码可以用点分十进制方式表示。与子网掩码中的 1 对应于 IP 地址中的网络号和子网号，子网掩码中的 0 对应于 IP 地址中的主机号。

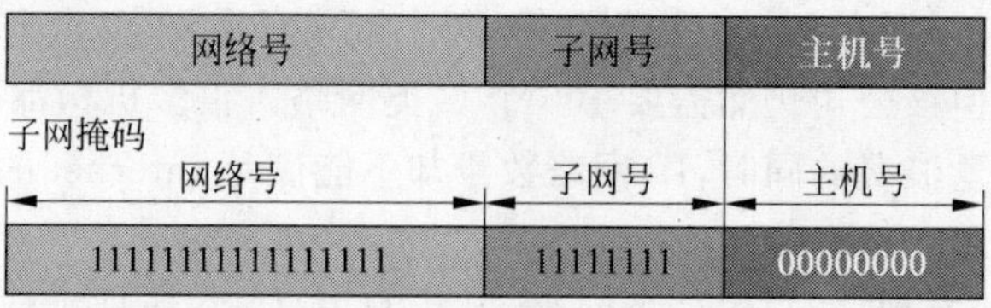

IP地址
网络号 | 子网号 | 主机号
子网掩码
网络号 | 子网号 | 主机号
1111111111111111 | 11111111 | 00000000

图 16-10 IP 地址与子网掩码

将子网掩码和 IP 地址进行逐位逻辑与运算，就能得出该 IP 地址的子网地址。

事实上，所有的网络都必须有一个掩码（Address Mask）。如果一个网络没有划分子网，那么该网络使用默认掩码。

（1）A 类地址的默认掩码为 255.0.0.0。

（2）B 类地址的默认掩码为 255.255.0.0。

（3）C 类地址的默认掩码为 255.255.255.0。

将默认子网掩码和不划分子网的 IP 地址进行逐位逻辑与运算，就能得出该 IP 地址的网络地址。

需要注意的是，IP 子网划分并不改变自然分类地址的划定。例如有一个 IP 地址为 2.1.1.1，其子网掩码为 255.255.255.0，这仍然是一个 A 类地址，而并非 C 类地址。

习惯上有以下两种方式来表示一个子网掩码。

（1）点分十进制表示法：与 IP 地主类似，将二进制的子网掩码化为点分十进制形式。例如，C 类默认子网掩码 11111111 11111111 11111111 00000000 可以表示为 255.255.255.0。

（2）位数表示法：也称为斜线表示法（Slash Notation），即在 IP 地址后面加上一个斜线“/”，然后写上子网掩码中二进制 1 的位数。例如，C 类默认子网掩码 11111111 11111111 11111111 00000000 可以表示为 24。

注意：实际上，为了方便表达，点分十进制表示法也可以使用斜线表示。例如地址 1.1.1.1/24 也可以表示为 1.1.1.1/255.255.255.0。

前面提到 IP 地址和子网掩码进行按位“布尔与”（Boole AND）运算，计算的结果就是网络地址，在划分子网的情况下也称为子网地址。将子网地址的主机号全置位为 1，即可得到该子网的广播地址。

所谓布尔与运算是一种逻辑运算，其运算规则如表 16-2 所示。只有相“与”的两位都是 1 时结果才是 1，其他情况时结果就是 0。

表 16-2　布尔“与”（AND）运算规则

运　算	结　果	运　算	结　果
1 AND 1	1	0 AND 1	0
1 AND 0	0	0 AND 0	0

例如在图 16-11 中，IP 地址 134.144.1.1 与子网掩码 255.255.255.0 进行与运算，得到其子网地址为 134.144.1.0。将主机号全置位为 1，得到该子网的广播地址为 134.144.1.255。

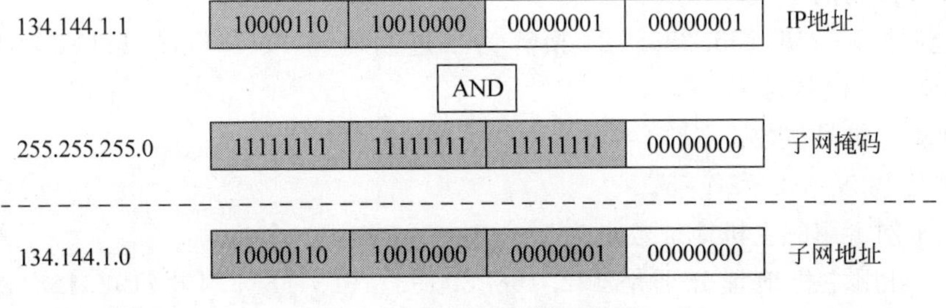

图 16-11　计算子网地址

16.4.3 IP子网划分相关计算

由于子网划分的出现,使得原本简单的IP地址规划和分配工作变得复杂起来。作为一个网络人员,必须应该清楚地知道如何对网络进行子网划分,才能在满足网络应用需求的前提下合理高效地利用IP地址资源。

1. 计算子网内可用地址数

计算子网内的可用主机数是子网划分计算中比较简单的一类问题,与计算A、B、C三类网络可用主机数的方法相同。

如图16-12所示,如果子网的主机号位数为N,那么该子网中可用的主机数为2^N-2个。减2是因为有两个主机地址不可用,即主机号为全0和全1。当主机号为全0时,表示该子网的网络地址;当主机号全为1时,表示该子网的广播地址。

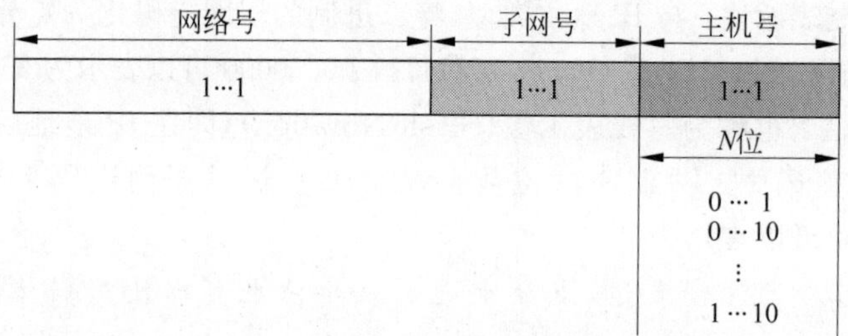

图16-12 计算子网内可用主机地址数

例如图16-13所示,已知一个C类网络划分成子网后为192.168.3.192,子网掩码为255.255.255.224,计算该子网内可供分配的主机地址数量。

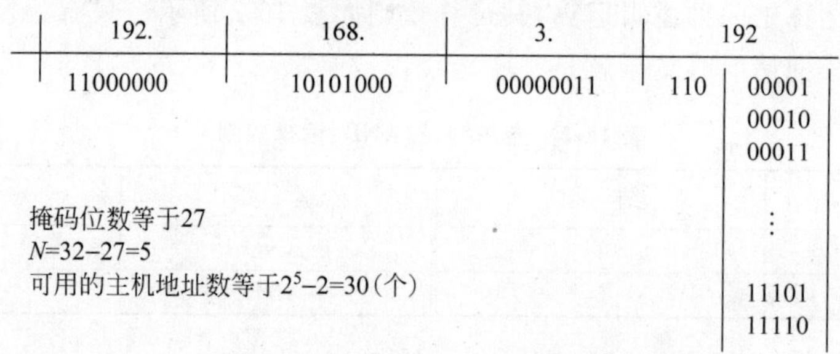

图16-13 子网内可用主机地址数计算示例

要计算可供分配的主机数量,就必须要知道主机号的位数。计算过程如下。

(1) 计算掩码的位数。

将十进制掩码255.255.255.224换算为二进制掩码11111111.11111111.11111111.11100000,掩码的位数为27。

(2) 计算主机号位数。

主机号位数$N=32-27=5$。

(3) 该子网可用的主机地址数量为$2^N-2=2^5-2=30$(个)。

这30个可用主机地址分别是192.168.3.193、192.168.3.194、192.168.3.195、…、192.168.3.222。地址192.168.3.192为整个子网的地址,而192.168.3.223为这个子网的

广播地址，都不能分配给主机使用。

2. 根据主机地址数划分子网

根据主机地址数划分子网示例如图 16-14 所示。

11111111	11111111	111111	00	00000000	子网掩码
10101000	11000011	000000	00	00000000	
		000001			
		000010			
		⋮			
		111111			

图 16-14 根据主机地址数划分子网示例

在子网划分计算中，有时需要在已知每个子网内需要容纳的主机数量的前提下，来划分子网。要想知道如何划分子网，就必须知道划分子网后的子网掩码，那么该问题就变成了求子网掩码。此类问题的计算方法总结如下。

(1) 计算网络主机号的位数：假设每个子网需要划分出 Y 个 IP 地址，那么当 Y 满足公式 $2^{N-1} \leqslant Y+2 \leqslant 2^N$ 时，N 就是主机号的位数。其中 $Y+2$ 是因为需要考虑主机号为全 0 和全 1 的情况。

计算子网掩码的位数：计算出主机号位数 N 后，可得出子网掩码位数为 $32-N$。

根据子网掩码的位数计算出子网号的位数 M。该子网就有 2^M 种划分法，具体的子网地址也可以很容易地算出。

如图 16-14 所示，需要将 B 类网络 168.195.0.0 划分成若干子网，要求每个子网内的主机数为 700 台。计算过程如下。

(2) 按照子网划分要求，每个子网的主机地址数为 $Y=700$。

计算网络主机号：根据公式 $2^{N-1} \leqslant Y+2 \leqslant 2^N$ 计算出 $N=10$。

计算子网掩码的位数：子网掩码位数为 $32-10=22$，子网掩码为 255.255.252.0，二进制表示为 11111111.11111111.11111100.00000000。

根据子网掩码位数可知子网号位数为 6。那么，该网络能划分成 2^6 个子网，这些子网分别是 168.195.0.0、168.195.4.0、168.195.8.0、168.195.12.0、…、168.195.252.0，子网掩码为 255.255.252.0。

3. 根据子网掩码计算子网数

如果希望在一个网络中建立子网，就要在这个网络的默认掩码上增加若干位，形成子网掩码，这样就减少了用于主机地址的位数。加入到掩码中的位数决定了可以配置的子网数。

如图 16-15 所示，假设子网号的二进制位数(即子网掩码基于默认掩码增加的位数)为 M，那么可分配的子网数量为 2^M 个。

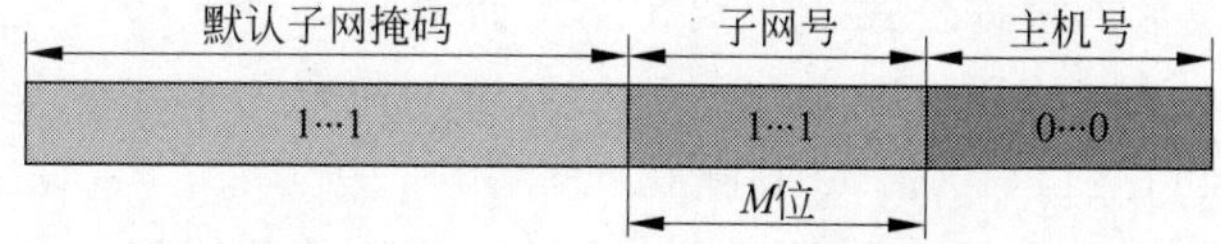

图 16-15 根据子网掩码计算子网数

由此可见,对于特定网络来说,若使用位数较少的子网号,则获得的子网较少,而每个子网中可容纳的主机较多;反之,若使用位数较多的子网号,则获得的子网较多,而子网中可容纳的主机较少。因此可以根据网络中需要划分的子网数、每个子网中需要配置的主机数来选择合适的子网掩码。

还应注意到,划分子网增加了灵活性,但却降低了 IP 地址的利用率,因为划分子网后主机号为全 0 或全 1 的 IP 地址不能分配给主机使用。

注意:在 RFC950 规定的早期子网划分标准中,子网号不能为全 0 和全 1,所以子网数量应该为 2^M-2 个。但是在后期的 RFC1812 中,这个限制已经被取消了。

如无明确说明,在后续有关子网划分的计算中,都认为子网号可以为全 0 和全 1。

4. 根据子网数划分子网

子网划分计算中,有时要在已知需要划分子网数量的前提下,来划分子网。当然,这类划分子网问题的前提是每个子网需要包括尽可能多的主机,否则该子网划分就没有意义。因为,如果不要求子网包括尽可能多的主机,那么子网号位数可以随意划分成很大,而不是最小的子网号位数,这样就浪费了大量的主机地址。

例如,将一个 C 类网络 192.168.0.0 划分成 4 个子网,那么子网号位数应该为 2,子网掩码为 255.255.255.192。如果不考虑子网包括尽可能多的主机的话,子网号位数可以随意划分成大于 3、4、5,这样的话,主机号位数就变成 5、4、3,可用主机地址就大大地减少了。

同样,划分子网就必须得知道划分子网后的子网掩码,需要计算子网掩码。此类问题的计算方法总结如下。

计算子网号的位数。假设需要划分 X 个子网,每个子网包括尽可能多的主机地址。那么当 X 满足公式 $2^{M-1} \leqslant X \leqslant 2^M$ 时,M 就是子网号的位数。

由子网号位数计算出网掩码,划分出子网。根据子网数划分子网计算示例如图 16-16 所示。

11111111	11111111	11111	000	00000000	子网掩码
10101000	11000011	00000	000	00000000	
		00001			
		00010			
		⋮			
		11111			

图 16-16 根据子网数划分子网计算示例

例如,需将 B 类网络 168.195.0.0 划分成 27 个子网,要求每个子包括尽可能多的主机。计算过程如下。

按照例子中的子网划分要求,需要划分的子网数 $X=27$。

计算子网号的位数。根据公式 $2^{M-1} \leqslant X \leqslant 2^M$ 计算出 $M=5$。

计算子网掩码。子网掩码位数为 16+5=21,子网掩码为 255.255.248.0,二进制表示为 11111111.11111111.11111000.00000000。

由于子网号位数是 5,所以该 B 类网络 168.195.0.0 总共能划分成 $2^5=32$ 个子网。这些子网是 168.195.0.0、168.195.8.0、168.195.16.0、168.195.24.0、…、168.195.248.0，子网掩码为 255.255.248.0。任意取其中的 27 个即可满足要求。

16.5 VLSM 和 CIDR

虽然对网络进行子网划分的方法可以对 IP 地址结构进行有价值的扩充，但是仍然要受到一个基本的限制——整个网络只能有一个子网掩码。不论用户选择哪个子网掩码，都意味着各个子网内的主机数完全相等。不幸的是，在现实世界中，不同的组织对子网的要求是不一样的，希望一个组织把网络分成相同大小的子网是很不现实的。当在整个网络中一致使用同一掩码时，在许多情况下会浪费大量主机地址。

针对这个问题，IETF 发布了标准文档 RFC1009。该文档规范了如何使用多个子网掩码划分子网。该标准规定，同一 IP 网络可以划分为多个子网并且每个子网可以有不同的大小。相对于原来的固定长度子网掩码技术，该技术称为 VLSM(Variable Length Subnet Mask，可变长子网掩码)。

VLSM 使网络管理员能够按子网的具体需要定制子网掩码，从而使一个组织的 IP 地址空间能够被更有效地利用。

例如，假设某组织拥有一个 B 类网络，网络地址为 172.16.0.0，它使用 16 位的网络号。按照定长子网掩码的划分方法，该网络如果使用 6 位子网号，将会得到一个 22 位的子网掩码。整个网络可以划分为 64 个可用的子网，每个子网内有 1022 个可用的主机地址。

这种定长子网化策略对需要超过 30 个子网和每个子网内超过 500 台主机的组织是合适的。但是，如果这个组织由一个超过 500 台主机的大分支以及许多只有 40～50 台主机的小分支组成，则大部分地址就被浪费了。每个分支即使只有 40 台主机，也将消耗一个有 1022 个主机地址的子网。显而易见，针对这样的组织，地址浪费现象是非常严重的。

解决这个矛盾的方法是允许对一个网络可以使用不同大小的子网掩码，对 IP 地址空间进行灵活的子网划分。考虑前面的例子，通过 VLSM 技术，网络管理员可以通过不同的子网掩码将网络切分为不同大小的部分。大的分支可以继续使用 22 位的子网掩码，然而小的分支可以使用 25 位或 26 位的子网掩码(126 个主机或 62 个主机)。这样，利用 VLSM 可以更好地避免 IP 地址的浪费。

通过定长子网划分或可变长度子网划分的方法，在一定程度上解决了 Internet 在发展中遇到的困难。然而到 1992 年，Internet 仍然面临三个必须尽早解决的问题。

(1) B 类地址在 1992 年已经分配了将近一半，预计到 1994 年 3 月将全部分配完毕。

(2) Internet 主干网路由表中的路由条目数急剧增长，从几千个增加到几万个。

(3) IPv4 地址即将耗尽。

当时预计前两个问题将在 1994 年变得非常严重，因此 IETF 很快就研究出无分类编址的方法来解决前两个问题。而第三个问题由 IETF 的 IPv6 工作组负责研究。无分类编址是在 VLSM 基础上研究出来的，它的正式名字是无类域间路由(Classless Inter-Domain Routing，CIDR)。CIDR 在 RFC1517、RFC1518、RFC1519 及 RFC1520 中进行定义，现在 CIDR 已经成为 Internet 的标准协议。

CIDR 消除了传统的自然分类地址和子网划分的界限，可以更加有效地分配 IPv4 的地址空间,在 IPv6 使用之前应对 Internet 的规模增长。

CIDR 不再使用"子网地址"或"网络地址"的概念,转而使用"网络前缀"(Network-Prefix)这个概念。与只能使用 8 位、16 位、24 位长度的自然分类网络号不同,网络前缀可以有各种长度,前缀长度由其相应的掩码标识。

CIDR 前缀既可以是一个自然分类网络地址,也可以是一个子网地址,也可以是由多个自然分类网络聚合而成的"超网"地址。所谓超网,就是利用较短的网络前缀将多个使用较长网络前缀的小网络聚合为一个或多个较大的网络。例如,某机构拥有 2 个 C 类网络 200.1.2.0 和 200.1.3.0,而其需要在一个网络内部署 500 台主机,那么可以通过 CIDR 的超网化将这 2 个 C 类网络聚合为一个更大的超网 200.1.2.0,掩码为 255.255.254.0。

CIDR 可以将具有相同网络前缀的连续的 IP 地址组成 CIDR 地址块。一个 CIDR 地址块使用地址块的起始地址(前缀)和起始地址的长度(掩码)来定义。例如,某机构拥有 256 个 C 类网络 200.1.0.0、200.1.1.0、…、200.1.255.0,那么可以将这些地址合并为一个 B 类大小的 CIDR 地址块,其前缀为 200.1.0.0,掩码为 255.255.0.0。

因为一个 CIDR 地址块可以表示很多个网络地址,所以支持 CIDR 的路由器可以利用 CIDR 地址块来查找目的网络,这种地址的聚合称为强化地址汇聚,它使得 Internet 的路由条目数大量减少。路由聚合减少了路由器之间路由选择信息的交互,从而提高了整个 Internet 的性能。

16.6 本章总结

(1) 32 位 IP 地址分为网络号和主机号两部分,用以标识网络和主机。

(2) 子网划分缓解了 IP 地址资源耗尽。

(3) 进行子网规划时涉及多种计算。

(4) VLSM 和 CIDR 可以更加有效地利用 IP 地址空间。

16.7 习题和解答

16.7.1 习题

1. 192.168.1.1 是(　　)地址。

   A. A 类地址　　B. B 类地址　　C. C 类地址　　D. D 类地址

   E. 以上均不对

2. 224.0.0.5 代表的是(　　)地址。

   A. 主机地址　　B. 网络地址　　C. 组播地址　　D. 广播地址

3. 在一个没有经过子网划分的 C 类网络中允许安装(　　)台主机。

   A. 1024　　B. 65025　　C. 254　　D. 16

   E. 48

4. RARP 的作用是(　　)。

   A. 将自己的 IP 地址转换为 MAC 地址

B. 将对方的 IP 地址转换为 MAC 地址

C. 将对方的 MAC 地址转换为 IP 地址

D. 知道自己的 MAC 地址，通过 RARP 得到自己的 IP 地址

5. IP 地址 219.25.23.56 的默认子网掩码有(　　)位。

A. 8　　B. 16　　C. 24　　D. 32

16.7.2 习题答案

1. C　　2. C　　3. C　　4. D　　5. C

第17章

ARP和RARP

作为网络中主机的身份标识，IP 地址是一个逻辑地址，但在实际进行通信时，物理网络所使用的依然是物理地址，IP 地址是不能被物理网络所识别的。RFC826 定义的 ARP(Address Resolution Protocol，地址解析协议)给出了将主机的网络地址动态映射为 MAC 地址的方法。而 RFC903 定义的 RARP(Reverse Address Resolution Protocol，反向地址解析协议)给出了一种允许工作站动态获得其协议地址的方法。

本章将讲解 ARP 和 RARP 的基本原理，并讲解基本的 IP 包转发过程。

17.1 本章目标

学习完本章，应该能够达到以下目标。

(1) 理解 ARP 和代理 ARP 的基本工作原理。

(2) 理解 RARP 的基本工作原理。

(3) 列举 ARP 和代理 ARP 的主要配置和信息查看命令。

(4) 描述 IP 包转发基本过程。

17.2 ARP 基本原理

RFC826 定义的 ARP 给出了将主机的网络地址动态映射为 MAC 地址的方法。

17.2.1 ARP 的功能

作为网络中主机的身份标识，IP 地址是一个逻辑地址，但在实际进行通信时，物理网络所使用的依然是物理地址，IP 地址是不能被物理网络所识别的。对于以太网而言，当 IP 数据包通过以太网发送时，以太网设备并不识别 32 位 IP 地址，它们是以 48 位的 MAC 地址标识每一设备并依据此地址传输以太网数据的。因此在物理网络中传送数据时，需要在逻辑 IP 地址和物理 MAC 地址之间建立映射(Map)关系。地址之间的这种映射叫作地址解析(Address Resolution)。

ARP 就是用于动态地将 IP 地址解析为 MAC 地址的协议。主机通过 ARP 解析到目的 MAC 地址后，将在自己的 ARP 缓存表中增加相应的 IP 地址到 MAC 地址的映射表项，用于后续到同一目的地报文的转发。如图 17-1 所示，ARP 的作用如同问路一样，IP 地址好比是目的地的名称，MAC 地址好比是目的地的物理位置。

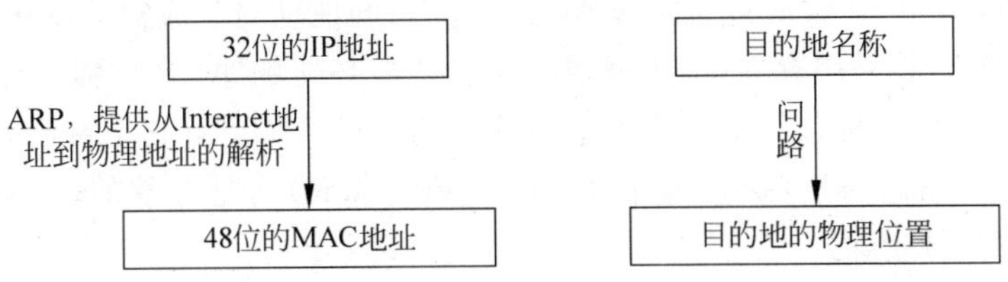

图 17-1 ARP 的功能

17.2.2 ARP 基本工作原理

假设 HostA 和 HostB 在同一物理网络上，且处于同一个网段，HostA 要向 HostB 发送 IP 包，其地址解析过程如图 17-2 所示。

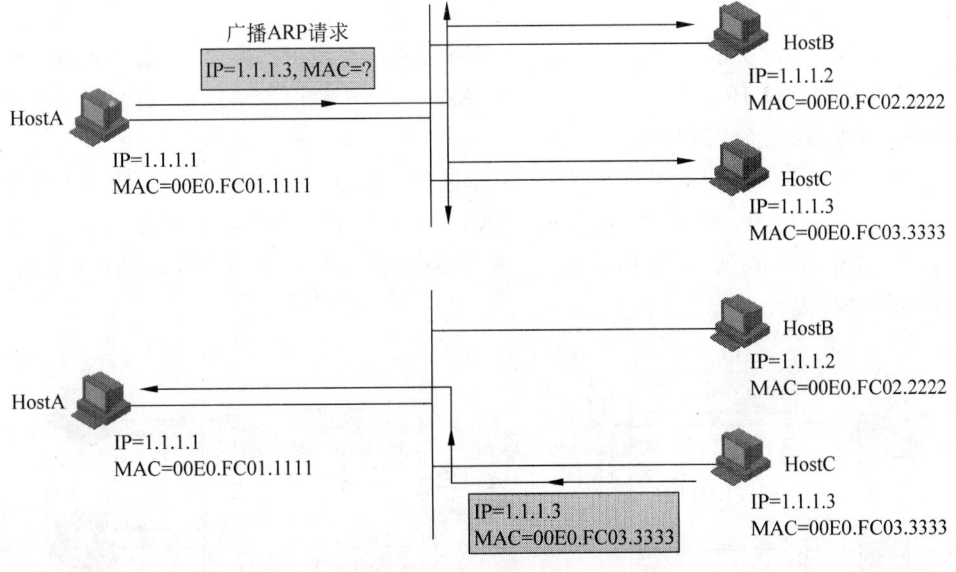

图 17-2 ARP 基本工作过程

(1) HostA 首先查看自己的 ARP 表，确定其中是否包含有 HostB 的 IP 地址对应的 ARP 表项。如果找到了对应的表项，则 HostA 直接利用 ARP 表项中的 MAC 地址对 IP 数据包封装成帧，并将帧发送给 HostB。

(2) 如果 HostA 在 ARP 表中找不到对应的表项，则暂时缓存该数据包，然后以广播方式发送一个 ARP 请求。ARP 请求报文中的发送端 IP 地址和发送端 MAC 地址为 HostA 的 IP 地址和 MAC 地址，目标 IP 地址为 HostB 的 IP 地址，目标 MAC 地址为全 0 的 MAC 地址。

(3) 由于 ARP 请求报文以广播方式发送，该网段上的所有主机都可以接收到该请求。HostB 比较自己的 IP 地址和 ARP 请求报文中的目标 IP 地址，由于两者相同，HostB 将 ARP 请求报文中的发送端(即 HostA)IP 地址和 MAC 地址存入自己的 ARP 表中，并以单播方式向 HostA 发送 ARP 响应，其中包含了自己的 MAC 地址。其他主机发现请求的 IP

地址并非自己，于是都不做应答。

(4) HostA 收到 ARP 响应报文后，将 HostB 的 IP 地址与 MAC 地址的映射加入自己的 ARP 表中，同时将 IP 数据包用此 MAC 地址为目的地址封装成帧并发送给 HostB。

ARP 地址映射将被缓存在 ARP 表中，以减少不必要的 ARP 广播。当需要向某一个 IP 地址发送报文时，主机总是首先检查它的 ARP 表，目的是了解它是否已知目的主机的物理地址。一个主机的 ARP 表项在老化时间(Aging Time)内是有效的，如果超过老化时间内未被使用，就会被删除。

ARP 表项分为动态 ARP 表项和静态 ARP 表项。

(1) 动态 ARP 表项由 ARP 协议动态解析获得，如果超过老化时间未被使用，则会被自动删除。

(2) 静态 ARP 表项通过管理员手工配置，不会被老化。静态 ARP 表项的优先级高于动态 ARP 表项，可以将相应的动态 ARP 表项覆盖。

17.2.3 代理 ARP

当主机不了解网关的信息，或主机无法判断目的是否处于本网段时，某些主机会对处于其他网段的目的主机 IP 地址直接进行 ARP 解析。此时，路由器可以运行代理 ARP(Proxy ARP)协助主机实现通信。

图 17-3 所示为一个典型的代理 ARP 工作过程。HostA 希望与另一网段的主机 HostC 通信，但由于某种原因，HostA 直接发送了 ARP 请求，解析 HostC 的 MAC 地址。运行了代理 ARP 的路由器收到 ARP 请求后，代理 HostA 在 2.0.0.0 网段发出 ARP 请求，解析 HostC 的 MAC 地址。

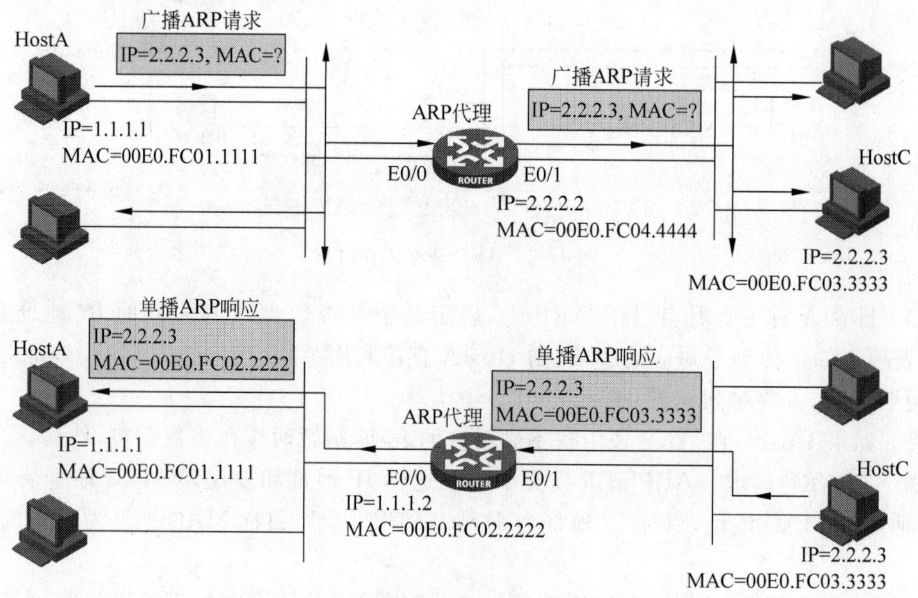

图 17-3 代理 ARP 典型工作过程

HostC 认为路由器向其发出了 ARP 请求，遂回应以 ARP 响应，通告自己的 MAC 地址 00E0.FC03.3333。路由器收到 ARP 响应后，也向 HostA 发送 ARP 响应，但通告的 MAC

地址是其连接到 1.0.0.0 网络的以太口 E0/0 的 MAC 地址 00E0.FC02.2222。这样在 HostA 的 ARP 表中会形成 IP 地址 2.2.2.3 与 MAC 地址 00E0.FC02.2222 的映射项。

因此 HostA 实际上会将所有要发给 HostC 的数据包发送到路由器上，路由器再将其转发给 HostC。反之也相同，HostC 实际上会将所有要发给 HostA 的数据包发送到路由器上，路由器再将其转发给 HostA。

代理 ARP 的一个主要优点就是能够在不影响其他路由器的路由表的情况下在网络上添加一个新的路由器，这样使得子网的变化对主机是透明的。主机可以不用修改 IP 地址和子网掩码就能和现有的网络互通。代理 ARP 应该使用在主机没有配置默认网关或没有任何路由策略的网络上。

例如，一台笔记本电脑在公司和家庭都需要上网。公司网络要求配置静态 IP 地址，而家里使用 ADSL 路由器自动分配 IP 地址，如果每次都要重新修改计算机的 IP 设置，将会是非常麻烦的。如果 ADSL 路由器支持代理 ARP 功能，则可以直接使用公司的静态 IP 地址在家里正常上网了。

但运行代理 ARP 时路由器将会转发 ARP 广播请求，造成全网效率降低，因此不适用于大规模网络。

17.3 RARP 基本原理

RFC903 定义的 RARP 给出了一种允许工作站动态获得其协议地址的方法。

17.3.1 RARP 的功能

在 20 世纪 90 年代中期，有一种组网方式十分流行，叫作"无盘"网络。这种网络中的大部分工作站是无盘工作站。无盘工作站本身不需要硬盘，操作系统文件放在网络中某台指定的文件服务器中。无盘工作站启动时从服务器获取操作系统文件并进行引导。这种组网方式大大节约了网络建设的成本。

工作站的 IP 地址在操作系统中配置，而无盘工作站的操作系统软件都存放在服务器中，其启动时尚不具有 IP 地址。但无盘工作站从服务器下载操作系统软件时需要通过 IP 与服务器通信。这就形成一个矛盾——要获得系统文件就需要 IP 地址，要获得 IP 地址就需要系统文件。

设想一下，一台无盘工作站在不知道自身的 IP 地址和操作系统启动之前，掌握了哪些信息，能执行哪些任务。显然，无盘工作站已经具有一块网卡，拥有一个全球唯一的物理地址；另外在其 ROM 中还有一个基本的引导系统，能依赖物理地址进行简单的局域网通信。因此无盘工作站可以采用 RARP 获取 IP 地址。

17.3.2 RARP 基本工作原理

采用 RARP 可通过以下过程获取 IP 地址并进一步获取操作系统。

(1) 引导到 ROM 中的基本系统，广播发送一个请求报文，以期获得 IP 地址应答。发送请求的目的地址为广播地址，因为此时 RARP 服务器的物理地址尚未确定；源地址为其自身物理地址，以便 RARP 服务器与其通信。

(2) RARP服务器收到IP地址请求时,对其加以响应,分配一个IP地址给无盘工作站。

(3) 无盘工作站获取IP地址后,利用此地址与存储操作系统文件的服务器通信,获取操作系统并进行引导。

RARP服务器要响应请求,首先必须知道物理地址与IP地址的对应关系。为此,在RARP服务器中维持着一个本网"物理地址—IP地址"映射表。无盘工作站发出的RARP请求中携带着本网的物理网络地址,当某无盘工作站发出RARP请求后,网上所有机器均收到该请求,但只有RARP服务器处理请求并根据请求者物理地址响应请求。服务器此时已经知道无盘工作站的物理地址,因此不再采用广播方式,而是直接向无盘工作站发送应答。这样,当无盘工作站收到该应答报文时,便知道了自己的IP地址。RARP典型工作过程如图17-4所示。

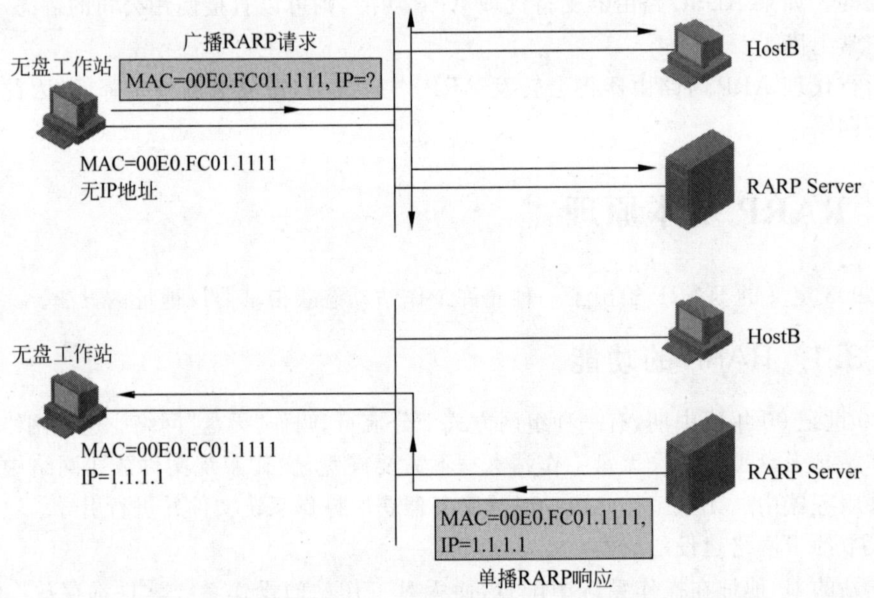

图17-4 RARP典型工作过程

ARP用于从IP地址到物理地址的转换,RARP用于从物理地址到IP地址的转换。两者几乎是可逆的,因此报文格式完全相同。

17.4 IP包转发

17.4.1 主机单播IP包发送

主机在发送IP包之前,首先需判断目的主机所处的位置。主机对比自身IP地址的网络地址与目的IP地址的网络地址,如果两者相等,则可知目的主机与自己处于同一网段;如果两者不相等,则目的主机与自己处于不同网段。

如果目的主机与本机处于同一网段,主机可以与其直接通信。此时主机首先解析目的主机 IP 地址对应的硬件地址,随即将 IP 包以此硬件地址为目的地址封装成帧,由直接连接此网段的接口发送给目的主机。

如果目的与本机处于不同网段,则主机需将 IP 包交给一台称为默认网关(Default Gateway)的路由器,由此路由器设法将 IP 包转发给目的主机。此时主机根据默认网关的 IP 地址解析出默认网关的硬件地址,随即将 IP 包以此硬件地址为目的地址封装成帧,由直接连接此网段的接口发送给默认网关。主机单播 IP 包发送如图 17-5 所示。

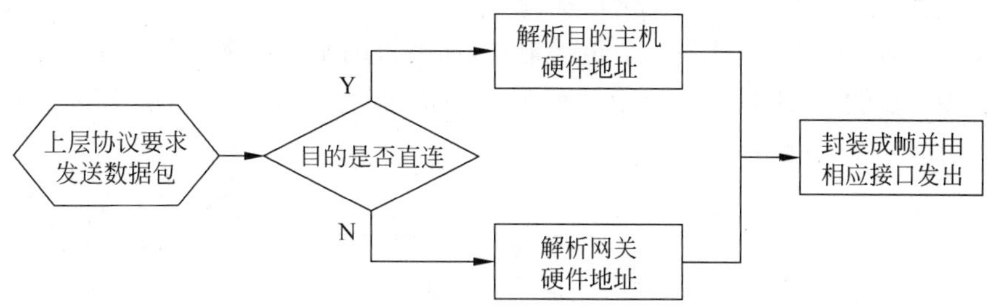

图 17-5 主机单播 IP 包发送

17.4.2 路由器单播 IP 包转发

路由器收到一个 IP 包后,首先检测其目的地址。如果目的地址为本机,则接收此包并将其解封装,所得数据提交上层协议处理。

如果此 IP 包目的地址并非本机,而处于某个接口直连的网段,路由器可以与其直接通信。此时路由器首先解析目的主机 IP 地址对应的硬件地址,随即将 IP 包以此硬件地址为目的地址封装成帧,由直接连接此网段的接口发送给目的主机。

如果目的与路由器处于不同网段,则路由器需将 IP 包交给下一跳(Next Hop)路由器,由下一跳设法将 IP 包转发给目的主机。此时主机根据路由表中的路由信息查出下一跳的 IP 地址,解析出下一跳的硬件地址,随即将 IP 包以此硬件地址为目的地址封装成帧,由直接连接此网段的接口发送给下一跳路由器。路由器单播 IP 包转发如图 17-6 所示。

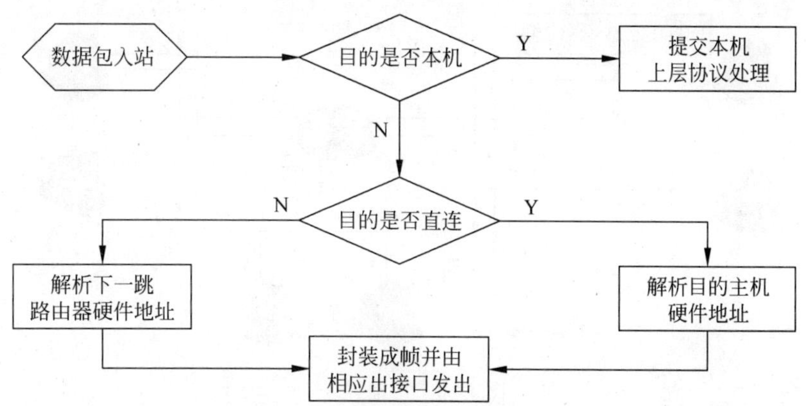

图 17-6 路由器单播 IP 包转发

17.4.3 主机接收 IP 包

在收到网络接口层提交的 IP 数据包时，主机首先检查这个包的目的地址是否等于自身 IP 地址。如果其目的地址符合下列情况之一，则主机接收此包，并将其数据提交相应的上层协议处理。

(1) 这个包的目的 IP 地址等于自身 IP 地址。

(2) 这个包的目的 IP 地址是一个广播地址。

(3) 这个包的目的 IP 地址是一个组播地址，而本机的某个服务正好属于此组播组。

如果此 IP 包的目的地址不符合上述任何一种情况，则主机的网络层丢弃此 IP 包。主机接收 IP 包如图 17-7 所示。

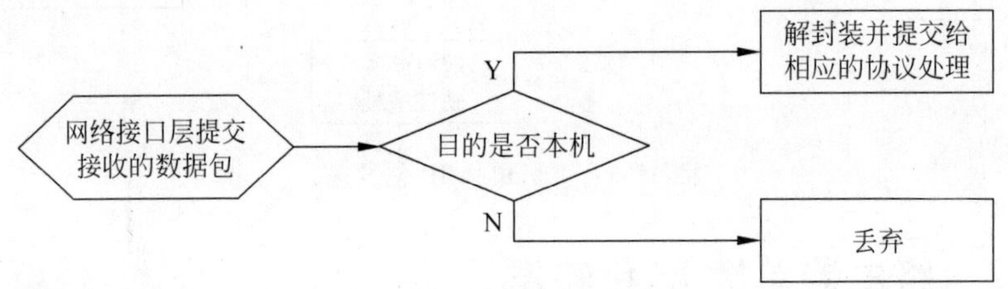

图 17-7 主机接收 IP 包

17.4.4 广播风暴

路由器转发广播将导致全网充斥广播。很多协议需要通过广播包完成公告、发现等任务。以 ARP 为例，每台主机对网段内其他任何主机通信时都需要广播 ARP 请求。如果路由器转发广播包，每个广播包将传遍整个互联网，大大浪费了网络资源。并且由于广播包将会被提交到每一台主机的网络层进行处理，每一台主机的资源都会遭到无谓的浪费。这种情况发展到一定程度，整个网络会由于广播而瘫痪，这种情况称为广播风暴(Broadcast Storm)，如图 17-8 所示。

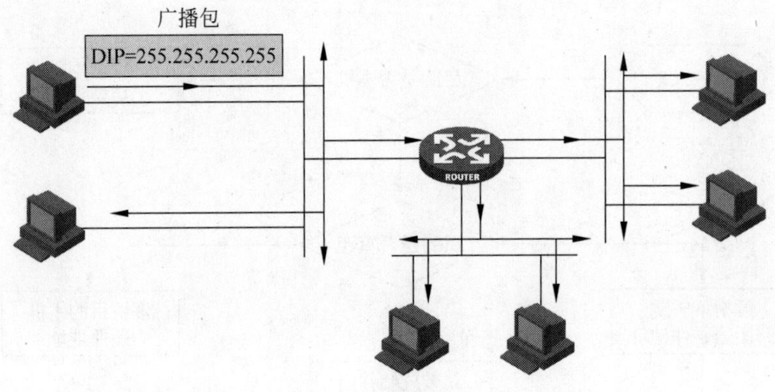

图 17-8 广播风暴

为了避免广播风暴的发生，路由器在默认情况下不转发广播包。

17.5 ARP基本配置

17.5.1 ARP的配置和查看

静态ARP表项通过手工配置和维护，不会被老化，不会被动态ARP表项覆盖。

配置静态ARP表项可以增加通信的安全性。静态ARP表项可以限制和指定IP地址的设备通信时只使用指定的MAC地址，此时攻击报文无法修改此表项的IP地址和MAC地址的映射关系，从而保护了本设备和指定设备间的正常通信。

静态ARP表项分为短静态ARP表项和长静态ARP表项。

(1) 在配置长静态ARP表项时，除了配置IP地址和MAC地址项外，还必须配置该ARP表项所在VLAN和出接口。长静态ARP表项可以直接用于报文转发。

(2) 在配置短静态ARP表项时，只需要配置IP地址和MAC地址项。如果出接口是三层以太网接口，短静态ARP表项可以直接用于报文转发；如果出接口是VLAN虚接口，短静态ARP表项不能直接用于报文转发，需要对表项进行解析：当要发送IP数据报时，设备先发送ARP请求报文，如果收到的响应报文中的发送端IP地址和发送端MAC地址与所配置的IP地址和MAC地址相同，则将接收ARP响应报文的接口加入该静态ARP表项中，此时，该短静态ARP表项由未解析状态变为解析状态，之后就可以用于报文转发。

一般情况下，ARP动态执行并自动寻求IP地址到以太网MAC地址的解析，无须管理员的介入。当希望设备和指定用户只能使用某个固定的IP地址和MAC地址通信时，可以配置短静态ARP表项，当进一步希望限定这个用户只在某VLAN内的某个特定接口上连接时就可以配置长静态ARP表项。

要在MSR路由器上手工添加长静态ARP表项，在系统视图下使用命令。

arp static *ip-address mac-address vlan-id interface-type interface-number* [**vpn-instance** *vpn-instance-name*]

要在MSR路由器上手工添加短静态ARP表项，在系统视图下使用命令。

arp static *ip-address mac-address* [**vpn-instance** *vpn-instance-name*]

默认情况下，没有配置任何短静态ARP表项。

要在MSR路由器上删除静态ARP表项，在系统视图下使用undo arp static命令。

在任意视图下执行display arp命令可以显示ARP的运行情况。在用户视图下，可以执行reset命令清除ARP表中的动态ARP表项。

在Windows主机中可以用arp-a命令查看ARP表项，可以用arp-s命令添加静态ARP表项。

17.5.2 代理ARP的配置和查看

要在MSR路由器上开启代理ARP功能，可在接口视图下使用proxy-arp enable命令。默认情况下未启动代理ARP功能。要显示代理ARP信息，可在任意视图下使用命令。

display proxy-arp [**interface** *interface-type interface-number*]

17.6 本章总结

(1) ARP 用于把已知的 IP 地址解析为 MAC 地址。

(2) 代理 ARP 用于跨网段的 IP 地址解析。

(3) RARP 用于在数据链路层地址已知时解析 IP 地址。

(4) 通常网段内通信在主机之间直接进行,跨网段通信通过网关进行。

17.7 习题和解答

17.7.1 习题

1. 查看主机 ARP 缓存的命令是(　　)。

A. ARP -a　　B. ARP -s　　C. ARP /a　　D. ARP /s

2. 已知网关的 IP 地址为 192.168.1.1,MAC 地址为 00-23-8B-4A-7A-39。如果在主机上执行命令“arp-s 1234-1234-1234”后,该主机将无法访问 Internet。(　　)

A. True　　B. False

3. ARP 协议的作用是(　　)。

A. 用来建立一个已知 IP 地址到 MAC 子层地址的映射

B. 用来建立一个已知 IP 地址到另外一个 IP 地址的映射

C. 用来建立一个已知 MAC 地址到 IP 子层地址的映射

D. 用来建立一个已知 MAC 子层地址到 MAC 子层地址的映射

4. ARP 请求报文属于(　　),ARP 响应报文属于(　　)。

A. 单播　　B. 组播　　C. 广播　　D. 以上都是

17.7.2 习题答案

1. A　　2. A　　3. A　　4. CA

第18章

ICMP

在无可靠性保证的 IP 通信中,IP 设备需要互相交换一定的控制信息,以便互相沟通通信环境状况,报告发生的错误。ICMP(Internet Control Message Protocol,互联网控制消息协议)正是为这一目的而设计的。

18.1 本章目标

学习完本章,应该能够达到以下目标。

(1) 理解 ICMP 基本原理。

(2) 理解 ping 应用工作原理。

(3) 理解 tracert 应用工作原理。

18.2 ICMP 介绍

RFC792 定义的 ICMP 是一个网络层协议。ICMP 定义了错误报告和其他回送给源点的关于 IP 数据包处理情况的消息,可以用于报告 IP 数据包传递过程中发生的错误、失败等信息,提供网络诊断等功能。

IP 是尽力传输的网络协议,其提供的数据传送服务是不可靠的、无连接的,不能保证 IP 数据包能成功地到达目的地。正是因为 IP 不能提供可靠的服务,所以在某些情况下,路由器或目的主机可能需要与源主机进行直接通信,以便交互某种信息。例如,假定一个中途路由器没有去往目的网络的路由,该路由器可能需要向源主机报告这个信息。ICMP 正是为这个目的而设计的。

ICMP 允许主机或路由器报告差错情况和提供有关异常情况的报告。如果在传输过程中发生某种错误,设备便会向信源端返回一条 ICMP 消息,告知它发生的错误类型。

ICMP 基于 IP 运行,但 ICMP 实际上是集成于 IP 中的一部分,并且必须被 IP 实现。ICMP 的设计目的并非是使 IP 成为一种可靠的协议,而是对通信中发生的问题提供反馈。ICMP 消息的传递同样得不到任何可靠性保证,因而可能在传递途中丢失。

根据不同的消息,ICMP 消息分为不同的类型,如表 18-1 所示。ICMP 消息的类型由消息中的类型字段和代码字段来共同决定。总体上可分为两大类,即 ICMP 差错消息和 ICMP 查询消息。对于 ICMP 差错消息要做特殊处理,例如,在对 ICMP 差错消息进行响应时，永远不会生成另一份 ICMP 差错消息(如果没有这个限制规则，可能会遇到一个差错产生另一个差错的情况，而差错再产生差错，这样会无休止地循环下去)。

表 18-1　ICMP 消息类型

类型字段的值	ICMP 消息的类型	差错消息	查询消息
0	Echo Reply		√
3	Destination Unreachable	√	
4	Source Quench	√	
5	Redirect	√	
8	Echo Request		√
11	Time Exceeded	√	
12	Parameter Problem	√	
13	Timestamp Request		√
14	Timestamp Reply		√
15	Information Request		√
16	Information Reply		√
17	Address Mask Request		√
18	Address Mask Reply		√

ICMP 报文利用 IP 数据包来承载，其包格式如图 18-1 所示。

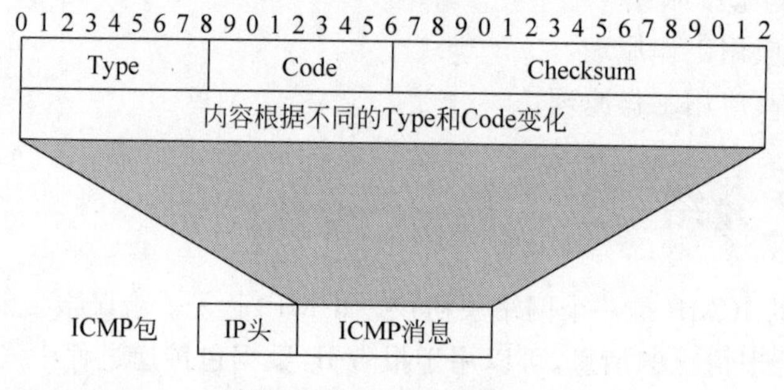

图 18-1　ICMP 包格式

其中 Type 字段指示此 ICMP 消息的类型，主要的 ICMP 类型定义如表 18-1 所示。而 Code 字段指示此 ICMP 消息的具体含义。例如 Type 值为 3 代表目的不可达消息(Destination Unreachable Message)，同时若 Code 值为 0 表示目的网络不可达(Net Unreachable)。

常用的 ICMP 消息类型含义如下。

(1) 目的不可达(Destination Unreachable)：目的主机可能不存在或已关机，可能发送者提供的源路由要求无法实现，或设定了不分段的包太大而不能封装于帧中。在这些情况下，路由器检测出错误，并向源发送者发送一个 ICMP Destination Unreachable 消息。它包含了不能到达目的地的数据包的完整 IP 头，以及其载荷数据的前 64bit，这样发送者就能知道哪个包无法投递。

(2) 回波请求(Echo Request)：是由主机或路由器向一个特定的目的主机发出的询问。这种询问消息用来测试目的站是否可达。

(3) 回波响应(Echo Reply)：对回波请求做出响应时发送。收到 Echo Request 的主机对源主机发送 ICMP Echo Reply 消息作为响应。

(4) 参数问题(Parameter Problem):假设一个 IP 包的头中产生错误或非法值,路由器发现问题后向源发送一个 Parameter Problem 消息。这个消息包含了有问题的 IP 头和一个指向出错字段的指针。

(5) 重定向(Redirect):假设主机向路由器发送了一个包,而此路由器知道其他一些路由器能将分组更快地投递,为了方便以后路由,此路由器向主机发送一个 Redirect 消息。它通知主机其他路由器的位置,以及今后应当将具有相同目的地址的包发向哪里。这就允许主机动态地更新它的路由表,更好地适应网络条件的变化。

(6) 源抑制(Source Quench):当某个速率较高的源主机向另一个速率较慢的目的主机(或路由器)发送一连串的数据包时,就有可能使速率较慢的目的主机产生拥塞,因而不得不丢弃一些数据包。源主机通过高层协议得知丢失了一些数据包,就会不断地重发这些数据包,这就使得原本已经拥塞的目的主机更加拥塞。在这种情况下,目的主机就要向源主机发送 ICMP Source Quench 消息,使源站暂停发送。

(7) 超时(Time Exceeded):当 IP 包中的 TTL 字段减到 0 或分片重组定时器到期时,此包或任何未重组的分片将从网络中被删除。删除分组的路由器接着向源发送一个 Time Exceeded 消息,说明分组未被投递。

(8) 时间戳请求和时间戳应答(Timestamp Request/Timestamp Reply):时间戳分组使主机能估计它到另一个主机一次往返通信所需的时间。源主机创建并发送一个含有发送时刻(源时间戳)的 Timestamp Request 消息,目的主机收到分组后创建一个含有原时间戳和目的主机接收时间戳以及目的主机传输时间戳的 Timestamp Reply 消息。当源主机收到 Timestamp Reply 时,它同时记录分组的到达时刻。这些时间戳使主机能够估计网络的 IP 包投送效率。

详细的 Type 和 Code 定义可以参见 RFC792 及其他相关 RFC 中的定义。

18.3 ICMP 的应用

在网络工作实践中,ICMP 被广泛使用于网络测试。本节介绍 ping 和 tracert 两个使用极其广泛的测试工具,这两个工具都是利用 ICMP 协议来实现的。

18.3.1 ping

ping 是 ICMP 的一个最常见的应用,主机可通过它来测试网络的可达性。用户运行 ping 命令时,主机向目的主机发送 ICMP Echo Request 消息。Echo Request 消息封装在 IP 包内,其目的地址为目的主机的 IP 地址。目的主机收到 Echo Request 消息后,向源主机回送一个 ICMP Echo Reply 消息。源主机如果收到 Echo Reply 消息,即可获知该目的主机是可达的。假定某个中间路由器没有到达目的网络的路由,便会向源主机端返回一条 ICMP Destination Unreachable 消息,告知源主机目的不可达。源主机如果在一定时间内无法收到回应,则认为目的主机不可达,并返回超时信息。

如图 18-2 所示,在 RTA 上使用 ping 命令探测到地址为 192.168.3.1 的 RTC 的可达性时,RTA 向 RTC 发送 ICMP Echo Request 报文。如果网络工作正常,则目的设备 RTC

在接收到该报文后,向源设备 RTA 回应 ICMP Echo Reply 报文;如果网络工作异常,源设备 RTA 将无法收到 Echo Reply 报文,因而会显示目的地址不可达或超时等提示信息。通过这个交互过程,源设备 RTA 即可知道目的设备的 IP 层相关状态。

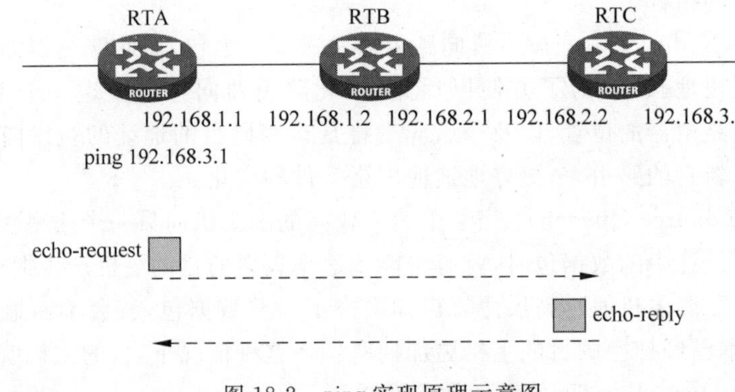

图 18-2 ping 实现原理示意图

需要注意的是 ping 的过程涉及双向的消息传递,只有在双向都可以成功传输时才能说明通信是正常的。另外主机安装了防火墙等因素也可能会造成 ping 不通的情况发生。

18.3.2 tracert

利用 ping 工具只能测试到目的主机的连通性,却不能了解数据包的传递路径。因而在不能连通时也难以了解问题发生在网络的哪个位置。使用 tracert 工具可以追踪数据包的转发路径,探测到某一个目的的途中经过哪些中间转发设备。

在 IP 头中有一个 TTL(Time To Live,生存时间)字段,其原本是为了避免一个数据包沿着一个路由环永久循环转发而设计的。接到数据包的每一个路由器都要将该数据包头中的 TTL 值减 1。如果 TTL 值为零则设备会丢弃这一数据包,并向源主机发回一个 ICMP 超时消息报告错误。tracert 正是利用 TTL 字段和 ICMP 协议结合实现的。

在需要探测路径时,源主机的 tracert 程序将发送一系列的数据包并等待每一个响应。在发送第一个数据包时,将它的 TTL 置为 1。途中的第一个路由器收到这一数据包会将 TTL 减 1,随即丢弃这一数据包并发回一个 ICMP 超时消息。由于 ICMP 消息是通过 IP 数据包传送的,因此 tracert 程序可以从中取出 IP 源地址,也就是去往目的地的路径上的第一个路由器的地址。之后 tracert 会发送一个 TTL 为 2 的数据包。途中第一个路由器将计时器减 1 并转发这一数据包,第二个路由器会再将 TTL 减 1,随即丢弃这一数据包并发回一个 ICMP 超时消息。tracert 程序可以从中取出 IP 源地址,也就是去往目的地的路径上的第二个路由器的地址。类似地,tracert 程序可以逐步获得途中每一路由器的地址,并最终探测到目的主机的可达性。

图 18-3 演示了在 RTA 上执行 tracert 192.168.3.1 命令的工作过程。

(1) 源设备 RTA 对目的设备的某个较大的端口发送一个 TTL 为 1 的 UDP 报文。

(2) 由于网络设备处理 IP 报文中的 TTL 值时,将其逐跳递减,因此,该报文到达第一跳 RTB 后,TTL 将变为 0,RTB 于是回应一个 TTL 超时的 ICMP 报文,该报文中含有第一跳的 IP 地址,这样源设备就得到了第一跳路由器 RTB 的地址。

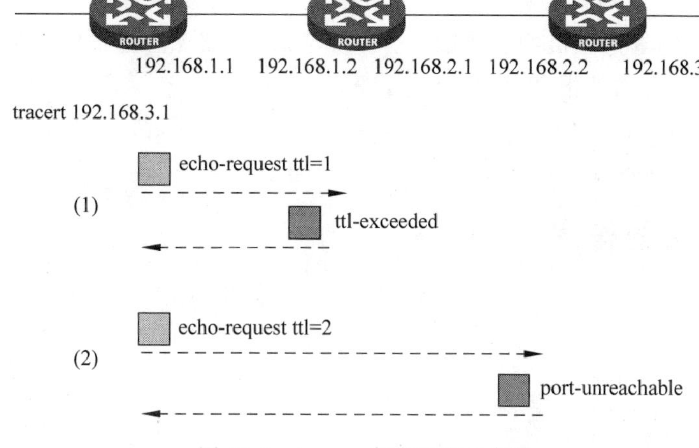

图 18-3 tracert 实现原理示意图

(3) 源设备重新发送一个 TTL 为 2 的报文给目的设备。

(4) TTL 为 2 的 ICMP 报文首先传递给 RTB，TTL 递减为 1，该 ICMP 报文到达 RTC 后，TTL 将递减为 0，由于 RTC 是 ICMP 的目的地，RTC 将回应给 RTA 一个端口不可达的 ICMP 消息，RTA 收到该消息后，将会知道已经跟踪到了目的地，因此，将停止向外发送报文。

如果 RTC 距离 RTA 有多跳，以上过程将不断进行，直到最终到达目的设备，源设备就得到了从它到目的设备所经过的所有路由器的地址。

tracert 的过程同样涉及双向的消息传递，只有在双向都可以成功传输时才能正确探测路径。另外，主机安装了防火墙等因素也可能会造成路径探测部分或完全失败的情况发生。

18.4 本章总结

(1) ICMP 定义了网络层控制和传递消息的功能。

(2) ping 使用 ICMP 回显请求与应答检测网络连通性。

(3) tracert 使用 TTL 超时机制检测网络连通性。

18.5 习题和解答

18.5.1 习题

1. ping 命令发送的报文是(　　)。

   A. Echo Request　　B. Echo Reply

   C. Time Exceeded　　D. LCP

2. 下面应该使用 ping 命令的是(　　)。

   A. 要查看主机的 TCP/IP 网络配置　　B. 网络无法连通

   C. 要测试到其他主机的连通性　　D. 机器无法正常启动时

3. 下面应该使用 tracert 命令的是(　　)。

A. 要查看本地到某主机的 IP 通信路径　　B. 网络无法连通

C. 要测试到其他主机的连通性　　D. 机器无法正常启动时

4. tracert 命令发送的报文是(　　)。

A. Echo Request　　B. Echo Reply

C. Time Exceeded　　D. LCP

18.5.2 习题答案

1. A　　2. C　　3. A　　4. A

第19章

DHCP

随着网络规模的不断扩大和网络复杂度的提高，计算机的数量经常超过可供分配的IP地址数量。同时随着便携机及无线网络的广泛使用，计算机的位置也经常变化，相应的IP地址也必须经常更新，从而导致网络配置越来越复杂。DHCP就是为满足这些需求而发展起来的。

DHCP(Dynamic Host Configuration Protocol，动态主机配置协议)的作用是为局域网中的每台计算机自动分配TCP/IP信息，包括IP地址、子网掩码、网关，以及DNS服务器等。其优点是终端主机无须配置、网络维护方便。本章主要讲述了DHCP协议的特点及其原理，并介绍了DHCP中继，最后介绍如何在H3C路由器上配置DHCP服务。

19.1 本章目标

学习完本章，应该能够达到以下目标。

(1) 掌握DHCP原理和特点。

(2) 掌握DHCP地址分配方式。

(3) 熟悉DHCP协议中IP地址获取过程。

(4) 了解DHCP中继的工作原理。

(5) 掌握路由器上DHCP相关配置方法。

19.2 DHCP简介

DHCP协议是从BOOTP(Bootstrap Protocol)协议发展起来的。在计算机网络发展初期，由于硬盘昂贵，无盘工作站被大量使用。这些没有硬盘的主机通过BOOTROM启动并初始化系统，再通过BOOTP协议由服务器为这些主机设定TCP/IP环境，从而使主机能够连接到网络上并工作。不过，在早期的BOOTP协议里，设定BOOTP服务器前必须事先获得客户端的硬件地址，而且硬件地址与IP地址是静态绑定，即便无盘工作站并没有连接到网络上，IP地址也不能够被其他主机使用。因为以上缺陷，BOOTP逐渐被DHCP协议所取代。

DHCP可以说是BOOTP的增强版本，能够动态的为主机分配IP地址，并设定主机的其他信息，例如默认网关、DNS服务器地址等。而且DHCP完全向下兼容BOOTP，

BOOTP 客户端也能够在 DHCP 的环境中良好运行。

DHCP 运行在客户端/服务器模式,服务器负责集中管理 IP 配置信息(包括 IP 地址、子网掩码、默认网关、DNS 服务器地址等)。客户端主动向服务器提出请求,服务器根据所预先配置的策略返回相应 IP 配置信息;客户端使用从服务器获得的 IP 配置信息与外部主机进行通信。

DHCP 协议报文采用 UDP 方式封装。DHCP 服务器所侦听的端口号是 67,客户端的端口号是 68。

DHCP 协议具有以下优点。

(1) 即插即用性

在一个通过 DHCP 实现 IP 地址分配和管理的网络中,终端主机无须配置即可自动获得所需要的网络参数,网络管理人员和维护人员的工作压力得到了很大程度上的减轻。

(2) 统一管理

在 DHCP 协议中,由服务器对客户端的所有配置信息进行统一管理。服务器通过监听客户端的请求,根据预先配置的策略给予相应的回复,将设置好的 IP 地址、子网掩码、默认网关等参数分配给用户。

(3) 有效利用 IP 地址资源

在 DHCP 协议中,服务器可以设定所分配 IP 地址资源的使用期限。使用期限到期后的 IP 地址资源可以由服务器进行回收。相比 BOOTP 协议,DHCP 协议可以更加有效地利用 IP 地址资源。

通常情况下,DHCP 采用广播方式实现报文交互,DHCP 服务仅局限在本地网段。如果需要跨本地网段实现 DHCP,需要使用 DHCP 中继技术实现。

19.2.1 DHCP 系统组成

如图 19-1 所示,DHCP 系统由 DHCP Server(DHCP 服务器)、DHCP Client (DHCP 客户端)、DHCP Relay(DHCP 中继)等组成,下面简单介绍这些组件。

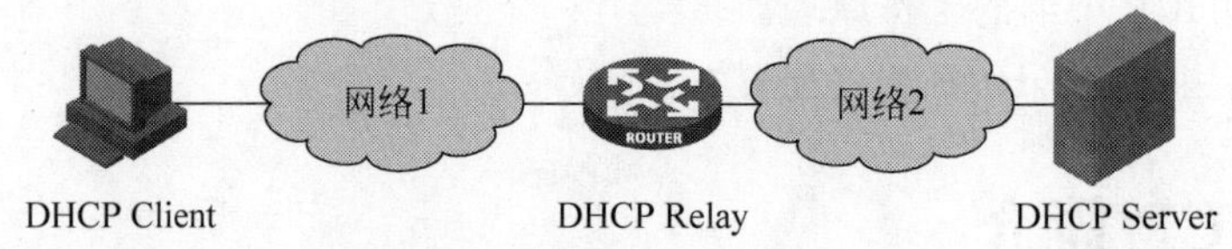

图 19-1 DHCP 系统组成

(1) DHCP 服务器

DHCP 服务器提供网络设置参数给 DHCP 客户端,通常是一台能提供 DHCP 服务功能的服务器或网络设备(路由器或三层交换机)。

(2) DHCP 中继

在 DHCP 服务器和 DHCP 客户端之间转发跨网段 DHCP 报文的设备,通常是网络设备。

(3) DHCP 客户端

DHCP 客户端通过 DHCP 服务器来获取网络配置参数,通常是一台主机或网络设备。

19.2.2 DHCP 地址分配方式

针对客户端的不同需求，DHCP 提供三种 IP 地址分配方式。

(1) 手工分配

由管理员为少数特定 DHCP 客户端(如 DNS、WWW 服务器、打印机等)静态绑定固定的 IP 地址。通过 DHCP 服务器将所绑定的固定 IP 地址分配给 DHCP 客户端。此 IP 地址永久被该客户端使用，其他主机无法使用。

(2) 自动分配

DHCP 服务器为 DHCP 客户端动态分配租期为无限长的 IP 地址。只有客户端释放该地址后，该地址才能被分配给其他客户端使用。

(3) 动态分配

DHCP 服务器为 DHCP 客户端分配具有一定有效期限的 IP 地址。如果客户端没有及时续约，到达使用期限后，此地址可能会被其他客户端使用。绝大多数客户端得到的都是这种动态分配的地址。

在 DHCP 环境中，DHCP 服务器为 DHCP 客户端分配 IP 地址时采用的一个基本原则就是尽可能地为客户端分配原来使用的 IP 地址。在实际使用过程中会发现，当 DHCP 客户端重新启动后，它也能够获得相同 IP 地址。DHCP 服务器为 DHCP 客户端分配 IP 地址时采用如下的先后顺序。

(1) DHCP 服务器数据库中与 DHCP 客户端的 MAC 地址静态绑定的 IP 地址。

(2) DHCP 客户端曾经使用过的地址。

(3) 最先找到的可用 IP 地址。

如果未找到可用的 IP 地址，则依次查询超过租期、发生冲突的 IP 地址，如果找到则进行分配，否则报告错误。

19.3 DHCP 协议报文介绍

DHCP 主要的协议报文类型分为八种。其中，DHCP Discover、DHCP Offer、DHCP Request、DHCP Ack 和 DHCP Release 这五种报文在 DHCP 协议交互过程中会比较常见。而 DHCP Nak、DHCP Decline 和 DHCP Inform 等三种报文则较少使用。

下面简要介绍这八种报文的作用。

(1) DHCP Discover 报文

DHCP Discover 报文是 DHCP 客户端系统初始化完毕后第一次向 DHCP 服务器发送的请求报文，该报文通常以广播的方式发送。

(2) DHCP Offer 报文

DHCP Offer 报文是 DHCP 服务器对 DHCP Discover 报文的回应报文，采用广播或单播方式发送。该报文中会包含 DHCP 服务器要分配给 DHCP 客户端的 IP 地址、掩码、网关地址等网络参数。

(3) DHCP Request 报文

DHCP Request 报文是 DHCP 客户端发送给 DHCP 服务器的请求报文，根据 DHCP

客户端当前所处的不同状态采用单播或广播的方式发送。完成的功能包括 DHCP 服务器选择及租期更新等。

(4) DHCP Release 报文

当 DHCP 客户端想要释放已经获得的 IP 地址资源或取消租期时,将向 DHCP 服务器发送 DHCP Release 报文,采用单播方式发送。

(5) DHCP Ack/Nak 报文

DHCP Ack 报文和 DHCP Nak 报文都是 DHCP 服务器对所收到的客户端请求报文的一个最终的确认。当收到的请求报文中的各项参数均正确时,DHCP 服务器就回应一个 DHCP Ack 报文,否则将回应一个 DHCP Nak 报文。

(6) DHCP Decline 报文

当 DHCP 客户端收到 DHCP Ack 报文后,它将对所获得的 IP 地址进行进一步确认,通常利用免费 ARP 报文进行确认,如果发现该 IP 地址已经在网络上使用,那么它将通过广播的方式向 DHCP 服务器发送 DHCP Decline 报文,拒绝所获得的这个 IP 地址。

(7) DHCP Inform 报文

当 DHCP 客户端通过其他方式(例如手工指定)已经获得可用的 IP 地址时,如果它还需要向 DHCP 服务器索要其他的配置参数时,它将向 DHCP 服务器发送 DHCP Inform 报文进行申请,DHCP 服务器如果能够对所请求的参数进行分配的话,那么将会单播回应 DHCP Ack 报文,否则不进行任何操作。

19.4 DHCP 服务器与客户机交互过程

当 DHCP 客户端接入网络后第一次进行 IP 地址申请时,DHCP 服务器和 DHCP 客户端将完成如下的信息交互过程。通过 DHCP 动态获取地址阶段如图 19-2 所示。

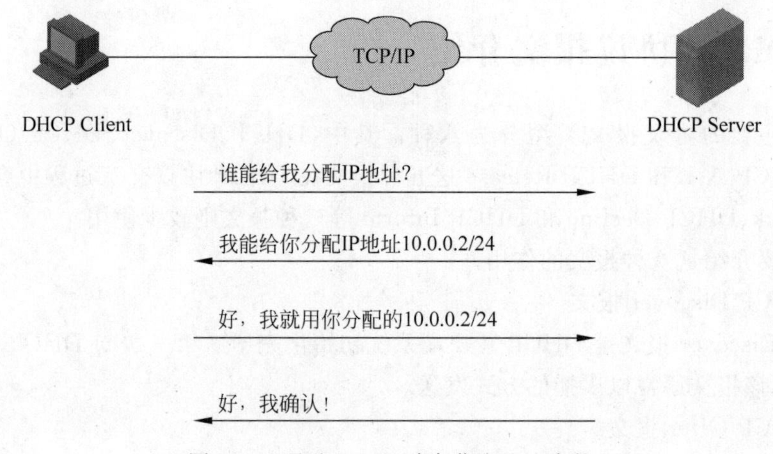

图 19-2 通过 DHCP 动态获取地址阶段

第 1 步:DHCP 客户端在它所在的本地物理子网中广播一个 DHCP Discover 报文,目的是寻找能够分配 IP 地址的 DHCP 服务器。此报文可以包含 IP 地址和 IP 地址租期的建议值。

第 2 步：本地物理子网中的所有 DHCP 服务器都将通过 DHCP Offer 报文来回应 DHCP Discover 报文。DHCP Offer 报文包含了可用网络地址和其他 DHCP 配置参数。当 DHCP 服务器分配新的地址时，应该确认提供的网络地址没有被其他 DHCP 客户端使用（DHCP 服务器可以通过发送指向被分配地址的 ICMP Echo Request 来确认被分配的地址没有被使用）。然后 DHCP 服务器发送 DHCP Offer 报文给 DHCP 客户端。

第 3 步：DHCP 客户端收到一个或多个 DHCP 服务器发送的 DHCP Offer 报文后将从多个 DHCP 服务器中选择其中的一个，并且广播 DHCP Request 报文来表明哪个 DHCP 服务器被选择，同时也可以包括其他配置参数的期望值。如果 DHCP 客户端在一定时间后依然没有收到 DHCP Offer 报文，那么它就会重新发送 DHCP Discover 报文。

第 4 步：DHCP 服务器收到 DHCP 客户端的 DHCP Request 广播报文后，发送 DHCP Ack 报文作为回应，其中包含 DHCP 客户端的配置参数。DHCP Ack 报文中的配置参数不能和早前相应 DHCP 客户端的 DHCP Offer 报文中的配置参数有冲突。如果因请求的地址已经被分配等情况导致被选择的 DHCP 服务器不能满足需求，DHCP 服务器应该回应一个 DHCP Nak 报文。

当 DHCP 客户端收到 DHCP 服务器包含配置参数的 DHCP Ack 报文后，会发送免费 ARP 报文进行探测，目的地址为 DHCP 服务器指定分配的 IP 地址，如果探测到此地址没有被使用，那么 DHCP 客户端就会使用此地址并且配置完毕。IP 地址拒绝及释放如图 19-3 所示。

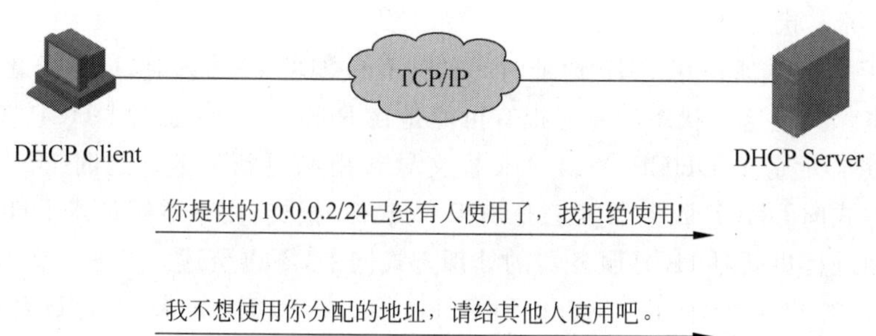

图 19-3 IP 地址拒绝及释放

如果 DHCP 客户端探测到地址已经被分配使用，DHCP 客户端会发送给 DHCP 服务器 DHCP Decline 报文，并且重新开始 DHCP 进程。另外，如果 DHCP 客户端收到 DHCP Nak 报文，DHCP 客户端也将重新启动 DHCP 进程。

当 DHCP 客户端选择放弃它的 IP 地址或租期时，它将向 DHCP 服务器发送 DHCP Release 报文。

当 DHCP 客户端从 DHCP 服务器获取到相应的 IP 地址后，同时也获得了这个 IP 地址的租期。所谓租期就是 DHCP 客户端可以使用相应 IP 地址的有效期，租期到期后 DHCP 客户端必须放弃该 IP 地址的使用权并重新进行申请。为了避免上述情况，DHCP 客户端必须在租期到期前重新进行更新，延长该 IP 地址的使用期限。DHCP 租约更新如图 19-4 所示。

在 DHCP 中，租期的更新同下面两个状态密切相关。

(1) 更新状态(Renewing)

当 DHCP 客户端所使用的 IP 地址时间到达有效租期的 50%的时候，DHCP 客户端将

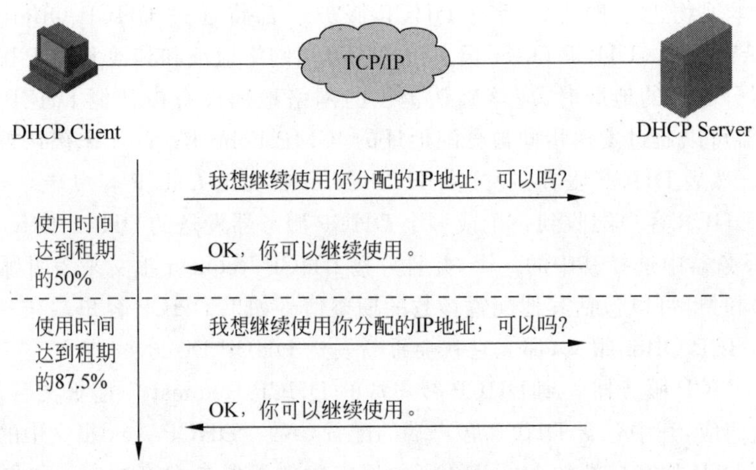

图 19-4　DHCP 租约更新

进入更新状态。此时,DHCP 客户端将通过单播的方式向 DHCP 服务器发送 DHCP Request 报文,用来请求 DHCP 服务器对它有效租期进行更新,当 DHCP 服务器收到该请求报文后,如果确认客户端可以继续使用此 IP 地址,则 DHCP 服务器回应 DHCP Ack 报文,通知 DHCP 客户端已经获得新 IP 租约;如果此 IP 地址不可以再分配给该客户端,则 DHCP 服务器回应 DHCP Nak 报文,通知 DHCP 客户端不能获得新的租约。

(2) 重新绑定状态(Rebinding)

当 DHCP 客户端所使用的 IP 地址时间到达有效期的 87.5%时,DHCP 客户端将进入重新绑定状态。到达这个状态的原因很有可能是在 Renewing 状态时 DHCP 客户端没有收到 DHCP 服务器回应的 DHCP Ack/Nak 报文导致租期更新失败。这时 DHCP 客户端将通过广播的方式向 DHCP 服务器发送 DHCP Request 报文,用来继续请求 DHCP 服务器对它的有效租期进行更新,DHCP 服务器的处理方式同上,不再赘述。

当 DHCP 客户端处于 Renewing 和 Rebinding 状态时,如果 DHCP 客户端发送的 DHCP Request 报文没有被 DHCP 服务器端回应,那么 DHCP 客户端将在一定时间后重传 DHCP Request 报文。如果一直到租期到期,DHCP 客户端仍没有收到回应报文,那么 DHCP 客户端将被迫放弃所拥有的 IP 地址。

19.5　DHCP 中继

由于在 IP 地址动态获取过程中采用广播方式发送报文,因此 DHCP 只适用于 DHCP 客户端和服务器处于同一个子网内的情况。为进行动态主机配置,需要在所有网段上都设置一个 DHCP 服务器,这显然是很不经济的。

DHCP 中继功能的引入解决了这一难题。客户端可以通过 DHCP 中继与其他子网中 DHCP 服务器通信,最终获取到 IP 地址。这样,多个网络上的 DHCP 客户端可以使用同一个 DHCP 服务器,既节省了成本,又便于进行集中管理。

DHCP 中继的工作原理如下。

(1) 具有 DHCP 中继功能的网络设备收到 DHCP 客户端以广播方式发送的 DHCP

Discover 或 DHCP Request 报文后，根据配置将报文单播转发给指定的 DHCP 服务器。

(2) DHCP 服务器进行 IP 地址的分配，并通过 DHCP 中继将配置信息广播发送给客户端，完成对客户端的动态配置。

DHCP 中继工作原理如图 19-5 所示。

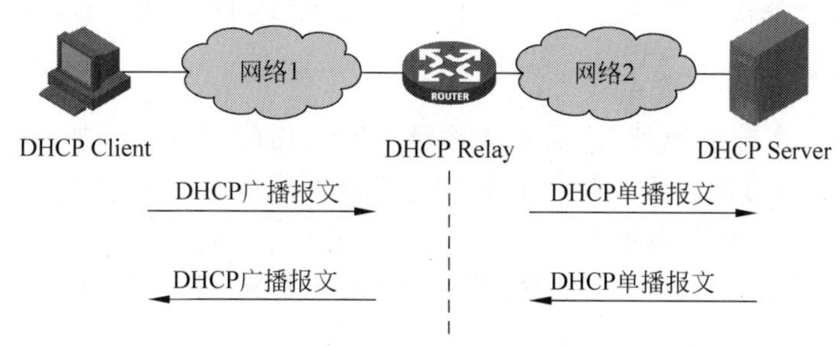

图 19-5 DHCP 中继工作原理

19.6 DHCP 服务器配置

在大型网络中，客户端通常由专门的 DHCP 服务器分配 IP 地址。在小型网络中，可以在路由器上启用 DHCP 服务，使路由器具有 DHCP 服务器功能，从而给客户端分配地址及相关参数。

19.6.1 配置 DHCP 服务器

在路由器上配置 DHCP 服务器的步骤如下。

第 1 步：在系统视图下启动 DHCP 功能。

dhcp enable

只有使能 DHCP 服务后，其他相关的 DHCP 配置才能生效。

第 2 步：在系统视图下创建 DHCP 地址池。

dhcp server ip-pool *pool-name*

第 3 步：在 DHCP 地址池视图下配置动态分配的主网段地址范围。

network *network-address* [*mask-length* | **mask** *mask*]

通常情况下，采用动态地址分配方式进行地址分配。对于采用动态地址分配方式的地址池，需要配置该地址池可分配的主网段地址范围，地址范围的大小通过掩码来设定。

第 4 步：在 DHCP 地址池视图下配置为 DHCP 客户端分配的网关地址。

gateway-list *ip-address* & <1-8>

DHCP 客户端访问本子网以外的服务器或主机时，数据必须通过网关进行转发。DHCP 服务器可以在为客户端分配 IP 地址的同时指定网关的地址。每个 DHCP 地址池视图下最多可以配置 8 个网关地址。

通过以上配置，在客户端发送 DHCP 协议报文给 DHCP 服务器后，服务器会给客户端分配地址池里所配置的地址,并分配所指定的网关。

通过域名访问 Internet 上的主机时,需要将域名解析为 IP 地址,这是通过 DNS (Domain Name System,域名系统)实现的。为了使 DHCP 客户端能够通过域名访问 Internet 上的主机,DHCP 服务器应在为客户端分配 IP 地址的同时指定 DNS 服务器地址。

在 DHCP 地址池视图下,配置为 DHCP 客户端分配的 DNS 服务器地址。

dns-list *ip-address*

DHCP 服务器在分配地址时,需要排除已经被占用的 IP 地址(如网关、DNS 服务器等)。否则,同一地址分配给两个客户端会造成 IP 地址冲突。每个 DHCP 地址池视图下最多可以配置 8 个 DNS 服务器地址。

在系统视图下,配置 DHCP 地址池中哪些 IP 地址不参与自动分配。

dhcp server forbidden-ip *start-ip-address* [*end-ip-address*]

DHCP 服务器在分配地址时,可以指定所分配给客户端的地址租用期限。

在 DHCP 地址池视图下,配置为 DHCP 客户端分配的 IP 地址的租用期限。

expired { **day** *day* [**hour** *hour* [**minute** *minute*] [**second** *second*]] | **unlimited** }

参数说明如下。

(1) **day** *day*:天数,取值范围为 0～365。

(2) **hour** *hour*:小时数,取值范围为 0～23。

(3) **minute** *minute*:分钟数,取值范围为 0～59。

(4) **second** *second*:秒数,取值范围为 0～59。

(5) **unlimited**:有效期限为无限长。

19.6.2 DHCP 服务器基本配置示例

图 19-6 所示是在路由器上运行 DHCP 服务器的基本配置示例。图中路由器启用 DHCP 服务器功能,所使用的 DHCP 地址池是 192.168.1.0/24,池中地址的租用期限是 5 天。地址池中有两个地址不能被自动分配,其中地址 192.168.1.10 被 DNS 服务器固定使用,192.168.1.254 被分配给客户端作为网关。

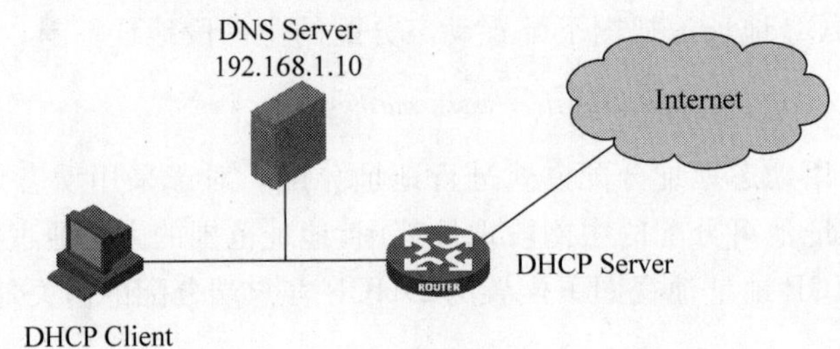

图 19-6 DHCP 服务器基本配置示例

路由器的配置如下:

```
[Router] dhcp enable
[Router] server forbidden-ip 192.168.1.10
```

```
[Router] server forbidden-ip 192.168.1.254
[Router] dhcp server ip-pool 0
[Router-dhcp-pool-0] network 192.168.1.0 mask 255.255.255.0
[Router-dhcp-pool-0] gateway-list 192.168.1.254
[Router-dhcp-pool-0] dns-list 192.168.1.10
[Router-dhcp-pool-0] expired day 5
```

在完成上述配置后，在任意视图下执行 display 命令可以显示配置后 DHCP 服务器的运行情况，通过查看显示信息验证配置的效果。表 19-1 所示为较常用的查看 DHCP 服务器的命令。

表 19-1 DHCP 服务器的显示及维护

显示 DHCP 地址池的可用地址信息	**display dhcp server free-ip** [**pool** *pool-name*]
显示 DHCP 地址池中不参与自动分配的 IP 地址	**display dhcp server forbidden-ip**
显示 DHCP 服务器的统计信息	**display dhcp server statistics** [**pool** *pool-name*]

19.7 DHCP 中继配置

客户端和 DHCP 服务器如果不在同一个子网内，就需要用到 DHCP 中继功能来使网络设备转发 DHCP 协议报文。

19.7.1 DHCP 中继配置步骤

在路由器上配置 DHCP 中继的步骤如下。

第 1 步：在系统视图下启动 DHCP 功能。

dhcp enable

只有使能 DHCP 服务后，其他相关的 DHCP 配置才能生效。

第 2 步：在接口视图下配置接口工作在 DHCP 中继模式。

dhcp select relay

默认情况下，使能 DHCP 服务后，接口工作在 DHCP 服务器模式。所以需要使用上述命令来使接口工作在中继模式。配置接口工作在中继模式后，当接口收到 DHCP 客户端发来的 DHCP 报文时，会将报文转发给 DHCP 服务器，由服务器分配地址。

第 3 步：在接口视图下指定 DHCP 服务器的地址。

dhcp relay server-address *ip-address*

为了提高可靠性，可以在一个网络中设置多个 DHCP 服务器。当接口与 DHCP 服务器组关联后，会将客户端发来的 DHCP 报文转发给服务器组中的所有服务器。

通过以上配置，路由器在收到客户端发出的 DHCP 协议报文后，会以单播形式转发给指定的 DHCP 服务器。

19.7.2 DHCP 中继配置示例

图 19-7 所示是在路由器上运行 DHCP 中继配置示例。图中路由器的接口 E1/1 连接

到客户端,DHCP 服务器的 IP 地址是 192.168.1.10。

图 19-7 DHCP 中继配置示例

路由器配置如下:

```
[Router] dhcp enable
[Router] interface ethernet 1/1
[Router-Ethernet1/1] dhcp select relay
[Router-Ethernet1/1] dhcp relay server-address 192.168.1.10
```

配置完成后,路由器能够中继客户端与服务器之间的 DHCP 协议报文交互。

在任意视图下执行 display 命令可以显示配置后 DHCP 中继的运行情况,通过查看显示信息验证配置的效果。表 19-2 为常用的查看 DHCP 中继信息的命令。

表 19-2 DHCP 中继的显示及维护

操　作	命　令
工作在 DHCP 中继模式的接口上指定的 DHCP 服务器地址信息	**display dhcp relay server-address** [**interface** *interface-type interface-number*]
显示 DHCP 中继的相关报文统计信息	**display dhcp relay statistics** [**interface** *interface-type interface-number*]

19.8 本章总结

(1) DHCP 基于客户端/服务器架构。
(2) DHCP 可以自动为客户端分配 IP 地址。
(3) DHCP 通过租期管理 IP 地址来提高使用效率。
(4) DHCP 中继能够使 DHCP 跨越子网工作。
(5) 路由器可配置为 DHCP 服务器和 DHCP 中继。

19.9 习题和解答

19.9.1 习题

1. DHCP 协议采用的传输层协议是(　　)。

A. TCP　　B. UDP
C. TCP 或 UDP　　D. NCP

2. DHCP 提供的地址分配方式包括(　　)。

A. 自动分配　　B. 手工分配
C. 动态分配　　D. 静态分配

3. DHCP 采用客户端/服务器体系架构，客户端和服务器端侦听的知名端口号分别是(　　)。

A. 67 68　　B. 68 67　　C. 54 53　　D. 68 69

4. DHCP 客户端初始化完毕后向 DHCP 服务器发送的第一个 DHCP 报文是(　　)。

A. DHCP Offer　　B. DHCP Request

C. DHCP Discover　　D. DHCP Inform

5. DHCP 客户端和 DHCP 中继之间的 DHCP Discover 报文和 DHCP Request 报文采用(　　)。

A. 单播　　B. 广播　　C. 组播　　D. 任播

19.9.2 习题答案

1. B　　2. ABC　　3. B　　4. C　　5. B

第20章

IPv6基础

IPv4(Internet Protocol version 4,因特网协议版本 4)是目前因特网所使用的网络层协议。自 20 世纪 80 年代初以来,IPv4 一直在因特网上良好稳定地运行着。但是,IPv4 协议设计之初是为几百台计算机组成的小型网络而设计的,随着因特网及其所提供的服务突飞猛进的发展,IPv4 已经暴露出一些不足之处。IPv6(Internet Protocol version 6,因特网协议版本 6)也称为 IPng(IP Next Generation,下一代因特网协议),是 IETF(Internet Engineering Task Force,因特网工程任务组)设计的一套因特网协议规范,是 IPv4 的升级版本。IPv6 与 IPv4 最大的区别是,IP 地址的长度从 32 位增加到 128 位。除此之外,IPv6 还在安全性、QoS 等方面进行了增强,并设计了全新的邻居发现协议来实现地址解析、地址自动配置等功能。

20.1 本章目标

学习完本章,应该能够达到以下目标。

(1) 了解 IPv6 的特点。

(2) 了解 IPv6 地址的表示方式、构成和分类,了解 IEEE EUI-64 格式转换原理。

(3) 了解邻居发现协议的作用及地址解析、地址自动配置的工作原理。

(4) 掌握 IPv6 地址的配置。

20.2 IPv6 概述

实践证明 IPv4 是一个非常成功的协议,它本身也经受住了因特网从最初数目很少的计算机发展到目前上亿台计算机互联的考验。但是,IPv4 协议也不是十全十美的,随着因特网规模的快速扩张,逐渐地暴露出了一些问题。其中最严重的问题是 IPv4 可用地址日益缺乏,已分配 IPv4 地址空间,如图 20-1 所示。

数据显示,截至 2007 年 4 月,整个 IPv4 的可用地址空间只剩下 18%的地址空间没有被分配。而近十年来,Internet 爆炸式增长与使用 IP 地址的 Internet 服务与应用设备(如 PDA、家庭与小型办公室网络、IP 电话与无线服务等)的大量涌现,加快了 IPv4 地址的消耗速度。从 2000—2007 年,亚洲的因特网用户增长了 1.5 倍,非洲增长了 5 倍多,拉美和中东增长了 3 倍多,欧洲也增长了近 1 倍。对于除美国以外的其他地区来说,对 IPv4 地址的需

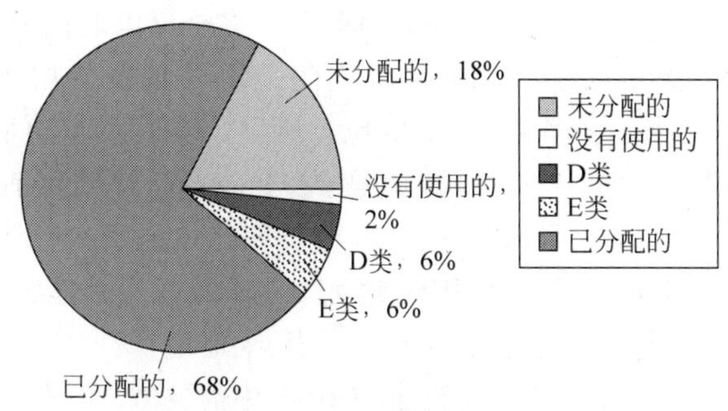

图 20-1 已分配 IPv4 地址空间

求便更加紧张。预计全世界使用因特网的用户达到世界人口的 20%时，IPv4 地址将严重紧缺，从而限制 IP 技术应用的进一步发展，全球 IPv4 地址分配如表 20-1 所示。

表 20-1 全球 IPv4 地址分配表

地　　区	人口(亿)	人口比例	Internet 用户(亿)	用户比例	拥有的 IPv4 地址
全球	65.74	100%	11.14(16.9%)	100%	100%
美国(北美)	3.34	5.1%	2.33(69.7%)	20.9%	60%+
亚洲(太平洋)	37.46	56.9%	4.16(11.1%)	37.3%	15%+
欧洲(中东)	10.03	15.2%	3.33(33.4%)	29.8%	15%+
非洲、拉美	14.89	22.6%	1.29(8.6%)	11.5%	10%−

说明：以上数据来源于 http://www.internetworldstats.com/stats.htm。

另外，对于终端用户来说，IPv4 的配置不够简便。终端用户需要给网络接口卡手工配置地址或指定其使用 DHCP 服务自动获得地址，这给一些没有网络知识的用户造成了不便。随着越来越多的计算机和设备需要经常移动、连接不同网络，用户配置 IP 地址的工作量和难度增加了。在使用自动配置技术获取地址时，部署及维护 DHCP 服务给网络管理增加了额外的负担，同时也带来了网络安全隐患。以上种种都需要 IP 能够提供一种更简单、更方便的地址自动配置技术，使用户免于手动配置地址及降低网络管理的难度。

同时，IPv4 协议中还存在诸如安全性差、QoS 功能弱等其他问题。用户在访问 Internet 资源时，很多私人信息是需要受到保护的，如收发 E-mail 或者访问网上银行。IPv4 协议本身并没有提供这种安全技术，需要使用额外的安全技术如 IPSec、SSL 等来提供这种保障。而大量涌现的新兴网络业务，如实时多媒体、IP 电话等，需要 IP 网络在时延、抖动、带宽、差错率等方面提供一定的服务质量保障。IPv4 协议在设计时已经考虑到了对数据流提供一定的服务质量，但由于 IPv4 本身的一些缺陷，如 IPv4 地址层次结构不合理，路由不易聚合，路由选择效率不高，IPv4 报头不固定等，使得节点难以通过硬件来实现数据流识别，从而使得目前 IPv4 无法提供很好的服务质量。

所以，因特网工程任务组 IETF 在 20 世纪 90 年代开始着手 IPng 的制定工作，IPv6 由此应运而生。

制定 IPv6 的专家们总结了早期制定 IPv4 的经验，以及互联网的发展和市场需求，认为下一代互联网协议应侧重于网络的容量和网络的性能，不应该仅仅以增加地址空间为唯一目标。IPv6 继承了 IPv4 的优点，摒弃了 IPv4 的缺点。IPv6 与 IPv4 是不兼容的，但 IPv6

同其他所有的 TCP/IP 协议族中的协议兼容，即 IPv6 完全可以取代 IPv4。

IPv6 协议最大的特点是几乎无限的地址空间。IPv4 地址的位数是 32 位，但在 IPv6 中，地址的位数增长到原来的 4 倍，达到 128 位。所以，IPv6 地址空间大得惊人。IPv4 中，理论上可编址的节点数是 2 的 32 次方，也就是 4294967296，按照目前的全世界人口数，大约每 3 个人有 2 个 IPv4 地址。而 IPv6 的 128 位长度的地址意味着 3.4×10^{38} 个地址。世界上的每个人都可以拥有 5.7×10^{28} 个 IPv6 地址。这个地址量是非常巨大的。有个夸张的说法——可以为地球上的每一粒沙子都分配一个 IPv6 地址。

同时，IETF 在制定 IPv6 时，还考虑到了在 IPv6 中需要解决其他一些 IPv4 协议中存在的问题，如前文提到的配置不够简便、安全性差、QoS 功能弱等，从而使协议本身能够适应目前网络的发展需要。

20.3 IPv6 地址

20.3.1 IPv6 地址格式

在 IPv4 中，地址是用 192.168.1.1 这种点分十进制方式来表示的。但在 IPv6 中，地址共有 128 位，如果再用十进制表示的话就太长了。所以，IPv6 采用冒号十六进制表示法来表示地址。

IPv6 的 128 位地址被分成 8 段，每 16 位为一段，每段被转换为一个 4 位十六进制数，并用冒号隔开。

下面是一个二进制的 128 位 IPv6 地址。

0010000000000001000001000001000000000000000000000000000000000001
0000000000000000000000000000000000000000000000000100010111111111

将其划分为 8 段，每 16 位一段。

0010000000000001　0000010000010000　0000000000000000　0000000000000001
0000000000000000　0000000000000000　0000000000000000　0100010111111111

将每段转换为十六进制数，并用冒号隔开，就形成如下的 IPv6 地址。

2001:0410:0000:0001:0000:0000:0000:45FF

为了尽量缩短地址的书写长度，IPv6 地址可以采用压缩方式来表示。在压缩时，有以下几个规则。

(1) 每段中的前导 0 可以去掉，但保证每段至少有一个数字。

如：2001:0410:0000:0001:0000:0000:0000:45FF 就可以压缩为 2001:410:0:1:0:0:0:45FF。

但有效 0 不能被压缩。所以上述地址不能压缩为 2001:41:0:1:0:0:0:45FF 或 21:410:0:1:0:0:0:45FF。

(2) 一个或多个连续的段内各位全为 0 时，可用“::”(双冒号)压缩表示，但一个 IPv6 地址中只允许有一个双冒号(::)。

如：2001:0410:0000:0001:0000:0000:0000:45FF 就可以压缩为 2001:410:0:1::45FF 或 2001:410::1:0:0:0:45FF。

但不允许多个"::"存在于一个地址中。所以上述地址不能压缩成 2001:410::1::45FF。

表 20-2 是更多的 IPv6 地址压缩表达方式示例。

表 20-2 IPv6 地址压缩表达方式示例

IPv6 地址	压缩后的表示
2001:DB8:0:0:8:800:200C:417A	2001:DB8::8:800:200C:417A
FF01:0:0:0:0:0:0:101	FF01::101
0:0:0:0:0:0:0:1	::1
0:0:0:0:0:0:0:0	::

IPv6 取消了 IPv4 的网络号、主机号和子网掩码的概念,代之以前缀、接口标识符、前缀长度;IPv6 也不再有 IPv4 地址中 A 类、B 类、C 类等地址分类的概念。

(1) 前缀:前缀的作用与 IPv4 地址中的网络部分类似,用于标识了这个地址属于哪个网络。

(2) 接口标识符:与 IPv4 地址中的主机部分类似,用于标识了这个地址在网络中的具体位置。

(3) 前缀长度:作用类似于 IPv4 地址中的子网掩码,用于确定地址中哪一部分是前缀,哪一部分是接口标识符。

例如,地址 1234:5678:90AB:CDEF:ABCD:EF01:2345:6789/64,"/64"表示此地址的前缀长度是 64 位,所以此地址的前缀就是 1234:5678:90AB:CDEF,接口标识符就是 ABCD:EF01:2345:6789。

20.3.2 IPv6 地址分类

IPv4 地址包括单播、组播、广播等几种类型。与其类似,IPv6 地址也有不同类型,包括:单播地址、组播地址和任播地址。IPv6 地址中没有广播地址,在 IPv4 协议中某些需要用到广播地址的服务或功能,IPv6 协议中都用组播地址来完成。

(1) 单播地址

用来唯一标识一个接口,类似于 IPv4 的单播地址。单播地址只能分配给一个节点上的一个接口,发送到单播地址的数据报文将被传送给此地址所标识的接口。

IPv6 单播地址根据其作用范围的不同,又可分为链路本地地址、站点本地地址、全球单播地址等。还包括一些特殊地址,如未指定地址和环回地址。

(2) 组播地址

用来标识一组接口,类似于 IPv4 的组播地址。多个接口可配置相同的组播地址,发送到组播地址的数据报文被传送给此地址所标识的所有接口。

IPv6 组播地址的范围是 FF00::/8。

(3) 任播地址

任播地址是 IPv6 中特有的地址类型,也用来标识一组接口。但与组播地址不同的是,发送到任播地址的数据报文被传送给此地址所标识的一组接口中距离源节点最近的一个接口。例如,移动用户在使用 IPv6 协议接入因特网时,根据地理位置的不同,接入距离用户最近的一个接收站。

任播地址是从单播地址空间中分配的,并使用单播地址的格式。仅看地址本身,节点是无法区分任播地址与单播地址的。所以,必须在配置时明确指明它是一个任播地址。

IPv6 地址类型是由地址前面几位(称为格式前缀)来指定的,主要地址类型与格式前缀的对应关系,如表 20-3 所示。

表 20-3　地址类型与格式前缀的对应关系

地址类型		格式前缀(二进制)	IPv6 前缀标识
单播地址	未指定地址	00…0(128bits)	::/128
	环回地址	00…1(128bits)	::1/128
	链路本地地址	1111111010	FE80::/10
	站点本地地址	1111111011	FEC0::/10
	全球单播地址	其他形式	—
组播地址		11111111	FF00::/8
任播地址		从单播地址空间中进行分配,使用单播地址的格式	

表 20-3 中列出了常用的 IPv6 单播地址、组播地址、任播地址的类型及格式。

(1) 未指定地址:地址"::"称为未指定地址,不能分配给任何节点。在节点获得有效的 IPv6 地址之前,可在发送的 IPv6 报文的源地址字段填入该地址,表示目前暂无地址。未指定地址不能作为 IPv6 报文中的目的地址。

(2) 环回地址:单播地址 0:0:0:0:0:0:0:1(简化表示为::1)称为环回地址,不能分配给任何物理接口。它的作用与 IPv4 中的环回地址 127.0.0.1 相同,节点可通过给自己发送 IPv6 报文而测试协议是否工作正常。

(3) 链路本地地址:用于链路本地节点之间的通信。在 IPv6 中,以路由器为边界的一个或多个局域网段称之为链路。使用链路本地地址作为目的地址的数据报文不会被转发到其他链路上。其前缀标识为 FE80::/10。

(4) 站点本地地址:与 IPv4 中的私有地址类似。使用站点本地地址作为目的地址的数据报文不会被转发到本站点(相当于一个私有网络)外的其他站点。其前缀标识为 FEC0::/10。站点本地地址在实际应用中很少使用。

(5) 全球单播地址:与 IPv4 中的公有地址类似。全球单播地址由 IANA(Internet Assigned Numbers Authority,Internet 地址分配机构)负责进行统一分配。全球单播地址前缀标识为 2000::/3。

(6) 组播地址:地址标识为 FF00::/8。常用的预留组播地址有 FF02::1(链路本地范围所有节点组播地址)、FF02::2(链路本地范围所有路由器组播地址)等。

另外,还有一类组播地址:被请求节点(Solicited-Node)地址。该地址主要用于获取同一链路上邻居节点的链路层地址及实现重复地址检测。每一个单播或任播 IPv6 地址都有一个对应的被请求节点地址。其格式为

FF02:0:0:0:0:1:FFXX:XXXX

其中,FF02:0:0:0:0:1:FF 为 104 位固定格式;XX:XXXX 为单播或任播 IPv6 地址的后 24 位。

(7) 任播地址：任播地址与单播地址没有区别，是从单播地址空间中分配的。

20.3.3 IEEE EUI-64 格式

构成 IPv6 单播地址的接口标识符用来在网络中唯一标识一个接口。目前 IPv6 单播地址基本上都要求接口标识符为 64 位。在 IPv6 协议中，接口标识符可以由管理员配置，也可以由设备自动生成。自动生成的好处是用户无须配置地址，降低了网络部署难度。如果由设备自动生成接口标识符，则需要符合 IEEE EUI-64 格式规范。

IEEE EUI-64 格式的接口标识符是从接口的链路层地址（MAC 地址）变化而来的。IPv6 地址中的接口标识符是 64 位，而 MAC 地址是 48 位，因此需要在 MAC 地址的中间位置（从高位开始的第 24 位后）插入十六进制数 FFFE（1111111111111110）。为了确保这个从 MAC 地址得到的接口标识符是唯一的，还要将第 7 位（U/L 位）设置为"1"。最后得到的这组数就作为 EUI-64 格式的接口标识符，MAC 地址到 EUI-64 格式的转换过程如图 20-2 所示。

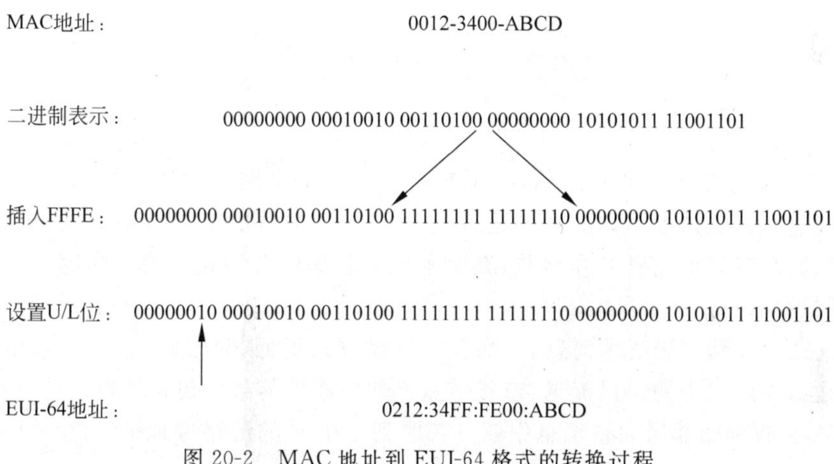

图 20-2 MAC 地址到 EUI-64 格式的转换过程

20.4 邻居发现协议

IPv6 邻居发现协议是 IPv6 中一个非常重要的协议。它实现了一系列功能，包括地址解析、路由器发现/前缀发现、地址自动配置、地址重复检测等。

IPv4 网络中，当一个节点想和另外一个节点通信时，它需要知道另外一个节点的链路层地址。比如，以太网共享网段上的两台主机通信时，主机需要通过 ARP 协议解析出另一台主机的 MAC 地址，从而知道如何封装报文。在 IPv6 网络中也有解析链路层地址的需要，就是由邻居发现协议来完成的。

而路由器发现/前缀发现、地址自动配置功能则是 IPv4 协议中所不具备的，是 IPv6 协议为了简化主机配置而对 IPv4 协议的改进。

路由器发现/前缀发现是指主机能够获得路由器及所在网络的前缀，以及其他配置参数。如果在共享网段上有若干台 IPv6 主机和一台 IPv6 路由器，通过路由器发现/前缀发现功能，IPv6 主机会自动发现 IPv6 路由器上所配置的前缀及链路 MTU 等信息。

地址自动配置功能是指主机根据路由器发现/前缀发现所获取的信息，自动配置 IPv6 地址。在主机发现了路由器上所配置的前缀及链路 MTU 等信息后，主机会用这些信息来自动生成 IPv6 地址，然后用此地址来与其他主机进行通信。

IPv6 中的地址自动配置具有与 IPv4 中的 DHCP 类似的功能。所以在 IPv6 中，DHCP 已不再是实现地址自动配置所必不可少的了。

邻居发现协议能够通过地址解析功能来获取同一链路上邻居节点的链路层地址。所谓"同一链路"是指节点之间处于同一链路层上，中间没有网络层设备隔离。通过以太网介质相连的两台主机，通过运行 PPP 协议的串口链路连接的两台路由器，都是属于同一链路上的邻居节点。

地址解析通过节点交互邻居请求消息和邻居通告消息来实现，如图 20-3 所示。

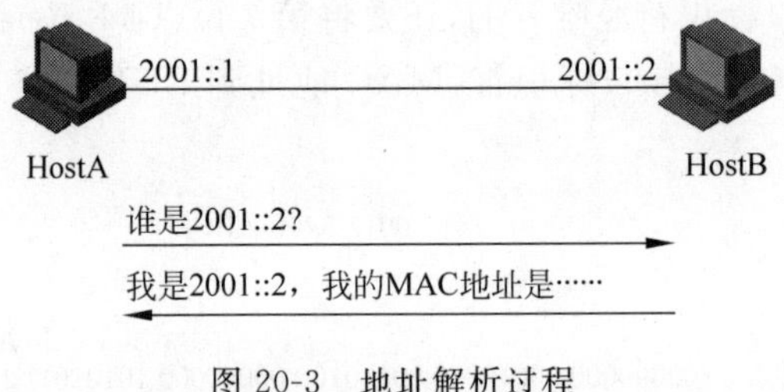

图 20-3 地址解析过程

(1) 主机 A 想要与主机 B 通信，但不知道主机 B 的链路层地址，则会以组播方式发送邻居请求消息。邻居请求消息的目的地址是主机 B 的被请求节点组播地址。这样这个邻居请求消息就能够只被主机 B 所接收，其他主机会忽略这个消息。消息内容中包含了主机 A 的链路层地址。

(2) 主机 B 收到邻居请求消息后，则会以单播方式返回邻居通告消息。以单播方式返回的目的是减少网络中的组播流量，节省带宽。邻居通告消息中包含了自己的链路层地址。

主机 A 从收到的邻居通告消息中就可获取到主机 B 的链路层地址。之后主机 A 用主机 B 的链路层地址来进行数据报文封装，双方即可通信了。

IPv6 地址自动配置包括了路由器发现/前缀发现和地址自动配置。路由器发现/前缀发现是指主机从收到的路由器请求消息中获取邻居路由器及所在网络的前缀，以及其他配置参数。地址自动配置是指主机根据路由器发现/前缀发现所获取的信息，自动配置 IPv6 地址。

IPv6 地址自动配置通过路由器请求消息和路由器通告消息来实现，过程如图 20-4 所示。

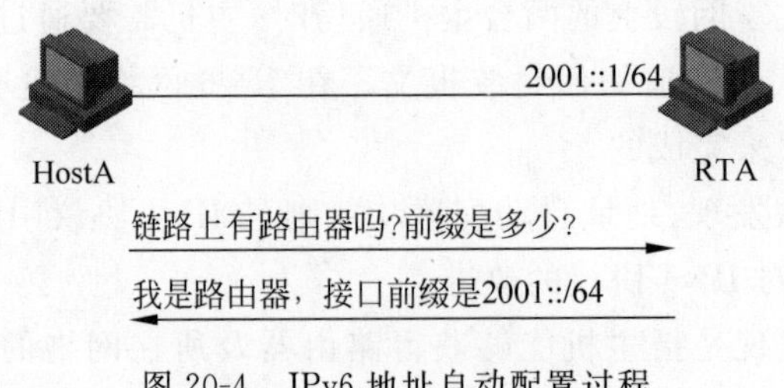

图 20-4 IPv6 地址自动配置过程

(1) 主机启动时,通过路由器请求消息向路由器发出请求,请求前缀和其他配置信息,以便用于主机的配置。路由器请求消息的目的地址是 FF02::2(链路本地范围所有路由器组播地址),这样所有路由器就会收到这个消息。

(2) 路由器收到路由器请求消息后,会返回路由器通告消息,其中包括前缀和其他配置参数信息(路由器也会周期性地发布路由器通告消息)。路由器通告消息的目的地址是 FF02::1(链路本地范围所有节点组播地址),以便所有节点都能收到这个消息。

主机利用路由器返回的路由器通告消息中的地址前缀及其他配置参数,自动配置接口的 IPv6 地址及其他信息,从而生成全球单播地址。

如图 20-4 所示,主机在启动时发送路由器请求消息,路由器收到后,会把接口前缀 2001::/64 信息通过路由器通告消息通告给主机,然后主机以此前缀再加上 EUI-64 格式的接口标识符,生成一个全球单播地址。

20.5 IPv6 地址配置

IPv6 全球单播地址可以通过下面三种方式配置。

(1) 采用 EUI-64 格式形成: 当配置采用 EUI-64 格式形成 IPv6 地址时,接口的 IPv6 地址的前缀需要手工配置,而接口标识符则由接口自动生成。

(2) 手工配置: 用户手工配置 IPv6 全球单播地址。

(3) 无状态自动配置: 根据接收到的 RA 报文中携带的地址前缀信息,自动生成 IPv6 全球单播地址。

每个接口可以有多个全球单播地址。手工配置的全球单播地址(包括采用 EUI-64 格式形成的全球单播地址)的优先级高于自动生成的全球单播地址。

在接口视图下配置接口采用 EUI-64 格式形成 IPv6 地址。

ipv6 address { *ipv6-address prefix-length* | *ipv6-address/prefix-length* } **eui-64**

在接口视图下手工指定 IPv6 地址。

ipv6 address { *ipv6-address prefix-length* | *ipv6-address/prefix-length* }

在接口视图下配置接口无状态自动配置 IPv6 地址。

ipv6 address auto

IPv6 的链路本地地址可以通过两种方式获得。

(1) 自动生成: 设备根据链路本地地址前缀(FE80::/10)及接口的链路层地址,自动为接口生成链路本地地址。

(2) 手工指定: 用户手工配置 IPv6 链路本地地址。

每个接口只能有一个链路本地地址,为了避免链路本地地址冲突,推荐使用链路本地地址的自动生成方式。

在接口视图下配置接口自动生成链路本地地址。

ipv6 address auto link-local

在接口视图下手工指定接口的链路本地地址。

ipv6 address *ipv6-address* **link-local**

当接口配置了 IPv6 全球单播地址后，同时会自动生成链路本地地址。

配置地址完成后，可以使用 display ipv6 interface 来进行地址的查看。以下为命令输出信息。

```
[RTA]display ipv6 interface gigabitethernet 2/1/1
GigabitEthernet2/1/1 current state: UP
Line protocol current state: UP
IPv6 is enabled, link-local address is FE80::20F:E2FF:FE00:2
  Global unicast address(es):
    3001::1, subnet is 3001::/64
  Joined group address(es):
    FF02::1
    FF02::2
    FF02::1:FF00:1
    FF02::1:FF00:2
  MTU is 1500 bytes
  ND DAD is enabled, number of DAD attempts: 1
  ND reachable time is 30000 milliseconds
  ND retransmit interval is 1000 milliseconds
  Hosts use stateless autoconfig for addresses
IPv6 Packet statistics:
  InReceives:                    25829
  InTooShorts:                   0
  InTruncatedPkts:               0
  InHopLimitExceeds:             0
  InBadHeaders:                  0
  InBadOptions:                  0
  ReasmReqds:                    0
  ReasmOKs:                      0
  InFragDrops:                   0
  InFragTimeouts:                0
  OutFragFails:                  0
  InUnknownProtos:               0
  InDelivers:                    47
  OutRequests:                   89
  OutForwDatagrams:              48
  InNoRoutes:                    0
  InTooBigErrors:                0
  OutFragOKs:                    0
  OutFragCreates:                0
  InMcastPkts:                   6
  InMcastNotMembers:             25747
  OutMcastPkts:                  48
  InAddrErrors:                  0
  InDiscards:                    0
  OutDiscards:                   0
```

由以上的命令输出可以看到，此接口上配置了全球单播地址 3001::1，系统同时自动生成了链路本地地址 FE80::20F:E2FF:FE00:2。

20.6 本章总结

(1) IPv6 最大的优点是几乎无限的地址空间。

(2) IPv6 取消了广播,增加了任播。

(3) 邻居发现协议具有地址解析、路由器发现、地址自动配置等功能。

20.7 习题和解答

20.7.1 习题

1. IPv6 的优点包括(　　)。
   A. 极大的地址空间　　B. 地址配置简便
   C. 安全性、QoS 增强　　D. 技术实现更加简单
2. IPv6 地址包含有(　　)类型。
   A. 单播　　B. 组播　　C. 广播　　D. 任播
3. IPv6 地址的长度是(　　)位。
   A. 32　　B. 64　　C. 128　　D. 256
4. 链路本地地址的前缀是(　　)。
   A. FE80::/10　　B. FEC0::/10　　C. 2001::/64　　D. FF00::/8
5. 下列(　　)功能是邻居发现协议所具有的。
   A. 地址解析　　B. 路由器发现/前缀发现
   C. 地址自动配置　　D. 地址重复检测

20.7.2 习题答案

1. ABC　　2. ABD　　3. C　　4. A　　5. ABCD

20.6 本章总结

20.7 习题和解答

20.7.1 习题

20.7.2 习题答案

第5篇

传输层协议原理

第21章　TCP基本原理

第22章　UDP基本原理

第21章

TCP基本原理

用户的应用程序进程最终需要得到的是端到端的通信服务,传输层的主要任务就是建立应用程序间的端到端连接,并且为数据传输提供可靠或不可靠的通信服务。

TCP/IP 协议族的传输层协议主要包括 TCP(Transfer Control Protocol,传输控制协议)和 UDP(User Datagram Protocol,用户数据报协议)。TCP 是面向连接的可靠的传输层协议。它支持在不可靠网络上实现面向连接的可靠的数据传输。

21.1 本章目标

学习完本章,应该能够达到以下目标。

(1) 描述 TCP 协议的特点。

(2) 理解 TCP 封装。

(3) 描述 TCP/UDP 端口号的作用。

(4) 描述 TCP 协议的连接建立和断开过程。

(5) 描述 TCP 的可靠传输和流量控制机制。

21.2 TCP 协议特点

RFC793 定义的 TCP 是一种面向连接的、端到端的可靠传输协议。TCP 的主要特点如下。

(1) 三次握手(Three-Way Handshake)建立连接：确保连接建立的可靠性。

(2) 端口号：通过端口号标识上层协议和服务,实现了网络通道的多路复用。

(3) 完整性校验：通过对协议和载荷数据计算校验和(Checksum),保证了接收方能检测出传输过程中可能出现的差错。

(4) 确认机制：对于正确接收到的数据,接收方通过显式应答通告发送方,超出一定时间之后,发送方将重传没有被确认的段,确保传输的可靠性。

(5) 序列号：发送的所有数据都拥有唯一的序列号,这样不但唯一标识了每一个段(Segment),而且明确了每个段在整个数据流中的位置,接收方可以利用这些信息实现确认、丢失检测、乱序重排等功能。

(6) 窗口机制：通过可调节的窗口,TCP 接收方可以通告期望的发送速度,从而控制数据的流量。

由于 TCP 具有的这些特点，一些对数据传输可靠性、次序等比较敏感的应用程序和协议应用使用 TCP 作为其传输层协议。这些应用和协议包括 FTP、Telnet、E-mail(SMTP/POP3)等。

21.3 TCP/UDP 端口号

在 IP 网络中，一个 IP 地址可以唯一地标识一个主机。但一个主机上却可能同时有多个程序访问网络，要标识这些程序，只用 IP 地址就不够了。因此 TCP/UDP 采用端口号(Port Number)来标识这些上层的应用程序，从而使这些程序可以复用网络通道。而为了区分 TCP 和 UDP 协议，IP 用协议号 6 标识 TCP，用协议号 17 标识 UDP，如图 21-1 所示。

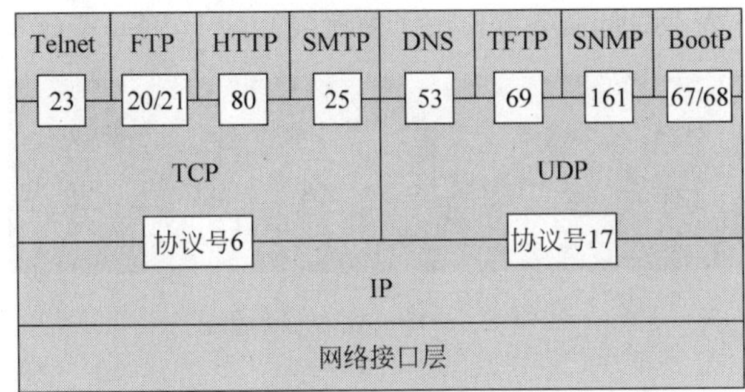

图 21-1　TCP/UDP 端口号

在实际的端到端通信中，通信的双方实际上是两个应用程序，这两个程序都需要用各自的端口号进行标识。所以，一个通信连接可以用双方的 IP 地址以及双方的端口号来标识，而每一个数据报内也必须包含源 IP 地址、源端口、目的 IP 地址和目的端口。IP 地址在 IP 头中标出，而端口号在 TCP/UDP 头中标出。

TCP/UDP 的端口号是一个 16 位二进制数，即端口号范围可以为 0～65535。其中，端口 0～1023 由 IANA(Internet Assigned Numbers Authority，Internet 号码分配机构)统一管理，分配或保留给众所周知的服务使用，这些端口称为众所周知端口(Well-known Port)。大于 1023 的端口号没有统一的管理，可以由应用程序任意使用。虽然 UDP 端口号与 TCP 端口号是不相关的，但通常仍然为同一个应用保留相同的 TCP 和 UDP 端口号，以免不必要的麻烦。一些常见协议的保留端口号如表 21-1 所示。详细分配信息可参见 RFC1700。

表 21-1　常见协议的保留端口号

端口号	协　议	端口号	协　议
20	FTP data	88	Kerberos
21	FTP control	92	NPP(Network Printing Protocol)
23	Telnet	118	SQL Services
25	SMTP	161	SNMP
53	DNS	162	SNMP Trap
69	TFTP	179	BGP
80	HTTP	520	RIP

保留众所周知的端口的必要性显而易见。例如,若 HTTP 服务的端口号是任意值,则用户在访问 Internet 网站时就会遇到麻烦,因为浏览器不知道目的网站所使用的端口号,用户就要自己输入端口号。但是这并不意味着众所周知的协议必须使用众所周知的端口号。例如管理员也可以为 HTTP 协议分配端口 8080,目的恰恰是避免任何人都能随意访问其网页。

知道一个特定的 TCP/IP 应用程序服务使用了哪一个端口是非常重要的。如果把主机当成一个封闭的堡垒,那么端口号就是堡垒上窗户的编号,可以开放主机上特定的端口来允许其他人访问,也可以关闭特定的端口来阻止非法的访问。

在 Windows 系统中也可以查看所使用的端口号信息。打开 Windows 的命令窗口,输入 netstat 命令,可以显示如图 21-2 所示的结果。从中可以看到本地主机和目标主机使用的端口号。其中 http 表示目标服务器使用了众所周知的 HTTP 端口 80。

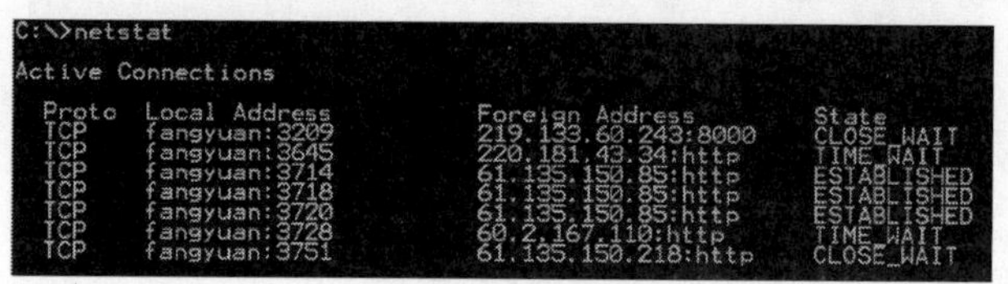

图 21-2 netstat 命令显示信息

21.4 TCP 封装

如图 21-3 所示,TCP 收到应用层提交的数据后,将其分段,并在每个分段前封装一个 TCP 头。最终的 IP 包是在 TCP 头之前再添加 IP 头形成的。

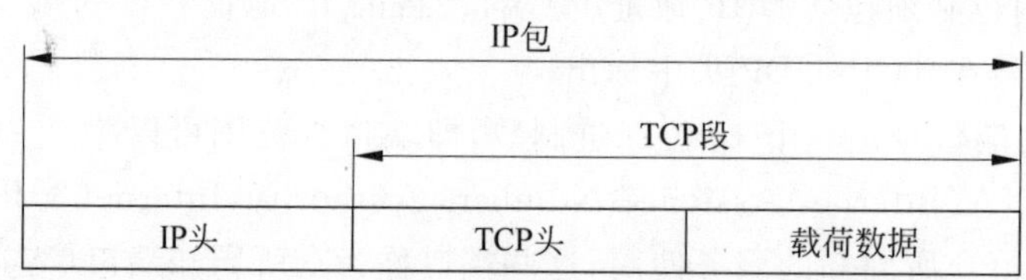

图 21-3 TCP 封装

图 21-4 显示了 TCP 头的格式。TCP 头由一个 20 字节的固定长度部分加上变长的选项(Option)字段组成。

0–15								16–31
Source Port								Destination Port
Sequence Number								
Acknowledgement Number								
Data Offset	Reserved	URG	ACK	PSH	RST	SYN	FIN	Window
Checksum								Urgent Pointer
Options								Padding
Data								

图 21-4 TCP 头格式

TCP 头格式如图 21-4 所示。TCP 头的各字段含义如下。

(1) 源端口(Source Port)：16 位的源端口字段包含初始化通信的端口号。源端口和源 IP 地址的作用是标识报文的返回地址。

(2) 目的端口(Destination Port)：16 位的目的端口字段定义传输的目的。这个端口指明接收方计算机上的应用程序接口。

(3) 序列号(Sequence Number)：该字段用来标识 TCP 源端设备向目的端设备发送的字节流,它表示在这个报文段中的第一个数据字节。如果将字节流看作在两个应用程序间的单向流动,则 TCP 用序列号对每个字节进行计数。序列号是一个 32 位的数。

(4) 确认号(Acknowledgement Number)：TCP 使用 32 位的确认号字段标识期望收到的下一个段的第一个字节,并声明此前的所有数据都已经正确无误地收到,因此,确认序号应该是上次已成功收到的数据字节序列号加 1。收到确认号的源计算机会知道特定的段已经被收到。确认号的字段只在 ACK 标志被设置时才有效。

(5) 数据偏移(Data Offset)：这个 4 位字段包括 TCP 头大小,以 32 位数据结构(字)为单位。

(6) 保留(Reserved)：6 位置 0 的字段。为将来定义新的用途保留。

(7) 控制位(Control bits)：共 6 位,每 1 位标志可以打开一个控制功能,这六个标志从左至右是 URG(Urgent pointer field significant,紧急指针字段标志)、ACK(Acknowledgment field significant,确认字段标志)、PSH(Push function,推功能)、RST(Reset the connection,重置连接)、SYN(Synchronize sequence numbers,同步序列号)、FIN(No more data from sender,数据传送完毕)。

① URG：此标志表示 TCP 包的紧急指针字段有效,用来保证 TCP 连接不被中断,并且督促中间层设备要尽快处理这些数据。

② ACK：取值为 1 的时候表示应答字段有效,也即 TCP 应答号将会包含在 TCP 段中；为 0 则反之。

③ PSH：这个标志位表示 Push 操作。所谓 Push 操作就是指在数据包到达接收端以后,立即传送给应用程序,而不是在缓冲区中排队。

④ RST：这个标志表示连接复位请求,用来复位那些产生错误的连接,也被用来拒绝错误和非法的数据包。

⑤ SYN：表示同步序号,用来建立连接。

⑥ FIN：表示发送端已经发送到数据末尾,数据传送完成,发送 FIN 标志位的 TCP 段后,连接将被断开。

(8) 窗口(Window)：目的主机使用 16 位的窗口字段告诉源主机它期望每次收到的数据的字节数。窗口字段是一个 16 位字段。

(9) 校验和(Checksum)：TCP 头包括 16 位的校验和字段用于错误检查。源主机基于部分 IP 头信息、TCP 头和数据内容计算一个校验和,目的主机也要进行相同的计算,如果收到的内容没有错误过,两个计算结果应该完全一样,从而证明数据的有效性。

(10) 紧急指针(Urgent Pointer)：紧急指针字段是一个可选的 16 位指针,指向段内的最后一个字节位置,这个字段只在 URG 标志被设置时才有效。

(11) 选项(Options)：至少 1 字节的可变长字段,标识哪个选项(如果有的话)有效。如果没有选项,这个字节等于 0,说明选项字段的结束。这个字节等于 1 表示无须再有操作;等于 2 表示下 4 字节包括源机器的最大段长度(Maximum Segment Size,MSS)。MSS 是数据字段中可包含的最大数据量,源和目的机器要对此达成一致。当一个 TCP 连接建立时,连接的双方都要通告各自的 MSS,协商可以传输的最大段长度。常见的 MSS 有 1024 字节,以太网可达 1460 字节。

(12) 填充(Padding):这个字段中加入额外的零,以保证 TCP 头是 32 位的整数倍。

(13) 数据(Data):从技术上讲,它并不是 TCP 头的一部分,但应该了解到,数据字段位于紧急指针和/或选项字段之后,填充字段之前。字段的大小是最大的 MSS,MSS 可以在源和目的机器之间协商。数据段可能比 MSS 小,但却不能比 MSS 大。

21.5 TCP 的连接建立和拆除

TCP 协议是一个面向连接的可靠的传输控制协议,在每次数据传输之前需要首先建立连接,当连接建立成功后才开始传输数据,数据传输结束还要断开连接。这一过程与打电话很相似,先拨号振铃,等待对方摘机说"喂",双方通过说"喂"确认可以通话后才开始通话。

由于 TCP 使用的网络层协议 IP 是一个不可靠、无连接的数据报传送服务,为确保连接的建立和终止都是可靠的,TCP 使用三次握手的方式来建立可靠的连接,也就是说其中交换了三个消息;结束 TCP 连接则采用四次握手来实现。TCP 使用报头中的标志同步段(Synchronization Segment,SYN)来描述创建一个连接的三次握手中的消息,用结束段(FIN Segment,FIN 是 Finish 的简写)来描述关闭一个连接的消息。另外,握手过程确保 TCP 只有在两端一致的情况下,才会打开或关闭一个连接。创建一个连接的三次握手过程中要求每一端产生一个随机 32 位序列号。因为每一个新的连接用的是一个新的随机序列号。

下面分别介绍三次握手和四次握手的过程。

TCP 的三次握手建立连接的过程如图 21-5 所示。

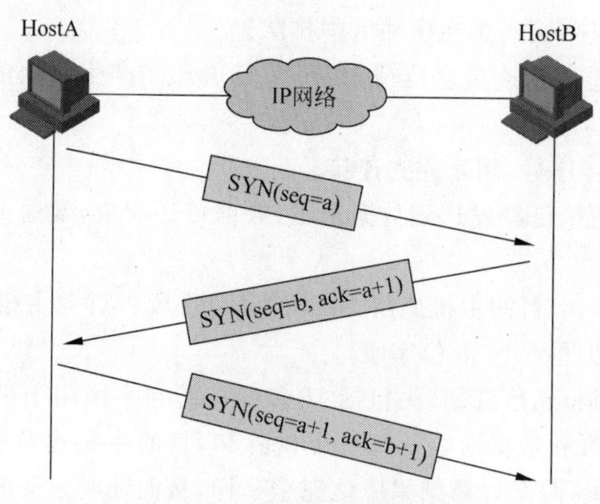

图 21-5 TCP 连接的建立

(1) 由发起方 HostA 向被叫方 HostB 发出连接请求。将段的序列号标为 a,SYN 置位。由于是双方发的第一个包,ACK 无效。

(2) HostB 收到连接请求后,读出序列号为 a,发送序列号为 b 的包,同时将 ACK 置为有效,将确认号置为 a+1,同时将 SYN 置位。

(3) HostA 收到 HostB 的连接确认后,对该确认再次作确认。HostA 收到确认号为 a+1、序列号为 b 的包后,发送序列号为 a+1、确认号为 b+1 的段进行确认。

(4) HostB 收到确认报文后,连接建立。

这样,一个双向的 TCP 连接就建立好了,双方可以开始传输数据。

以下来讨论一下三次握手过程是如何保证连接的可靠性的。如果接收方 HostB 在收到发送方 HostA 的连接请求分段 a 后,发送确认分段 b 并等待数据。由于其使用的网络层协议 IP 是不可靠的,可能使得该确认信息丢失,这样会使得发送方 HostA 认为接收方没有确认,而事实上接收方正在等待发送方传数据分段确认。为避免接收方的盲目等待,接收方 HostB 要收到发送方 HostA 对它的确认后才开始等待,如果没有收到发送方 HostA 的确认,它将认为它自己的确认丢失,因而将反复重传刚发过的确认分段 b。对于发送方 HostA 也一样,在收到接收方 HostB 的确认后立即对 HostB 的确认再做确认,然后开始发数据。如果 HostA 发送的对 HostB 的确认 a+1 传递丢失了,HostB 不会认为连接已建好,而发送方 HostA 却会开始发送数据 a+2,面对这种故障可能性,是否要求 HostB 对 a+1 确认,而 HostA 收到此确认后再传 a+2 呢? 没有必要。因为如果进行更多的确认,连接可靠性无疑会不断增加,但这样会消耗更多的连接时间,并且如果 HostB 没有收到 a+1,它会反复重传以前的确认分段 b,HostA 也可以借此意识到需要重新发送 a+1 确认。这样,在效率与可靠性的权衡中,TCP 选择了三次握手建立连接,在尽可能保证连接的可靠性的前提下也保证了一定的效率。

当数据传输结束后,需要断开 TCP 连接,过程如图 21-6 所示。

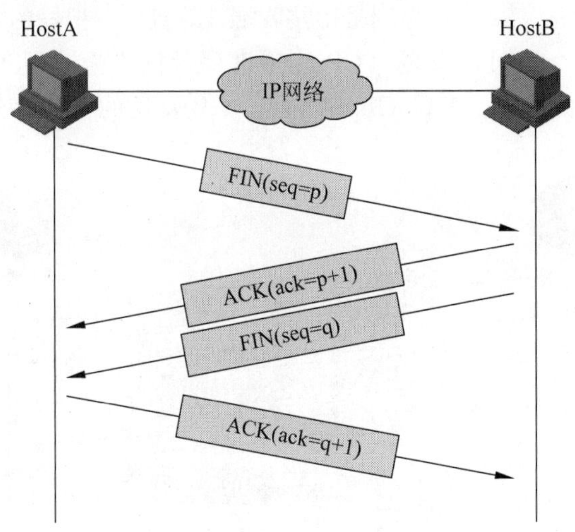

图 21-6 断开 TCP 连接

(1) HostA 要求终止连接,发送序列号为 p 的段,FIN 置为有效,同时确认此前刚收到的段。

(2) HostB 收到 HostA 发送的段后,发送 ACK 段,确认号为 p+1,同时关闭连接。

(3) HostB 发送序列号为 q 的段,FIN 置为有效,通知连接关闭。

(4) HostA 收到 HostB 发送的段后，发送 ACK 段，确认号为 q+1，同时关闭连接。

TCP 连接至此终止。可见这是一个四次握手过程。

21.6 TCP 可靠传输机制

21.6.1 传输确认

为保证数据传输的可靠性，TCP 要求对传输的数据进行确认。TCP 协议通过序列号和确认号来确保传输的可靠性。每一次传输数据时，TCP 都会标明该段的起始序列号，以便对方确认。在 TCP 协议中并不直接确认收到哪些段，而是通知发送方下一次该发送哪一个段，表示前面的段都已收到。序列号还可以帮助接收方对乱序到达的数据进行排序。

收到一个段确认一个段的方法虽然简单，但是会消耗网络资源较多。为了提高通信效率，TCP 采取了一些提高效率的方法。

首先，TCP 并不要求对每个段一对一地发送确认。接收端可以用一个 ACK 确认之前收到的所有数据。例如，接收到的确认序列号为 $N+1$ 时，表示接收方对到 N 为止的所有数据全部正确接收。

另外，TCP 并不要求必须单独发送确认，而是允许将确认放在传输给对方的 TCP 数据段中。如果收到一个段后没有段要马上传到对方，TCP 通常会等待一个微小的延时，希望将确认与后续的数据段合并发出。

由于每个段都有唯一的编号，这样当对方收到了重复的段时容易发现，数据段丢失后也容易定位，乱序后也可以重新排列。在动态路由网络中，一些数据包很可能经过不同的路径，因此报文可能会乱序到达。32 位的序列号由接收端计算机用于把段的数据重组成最初形式。

图 21-7 给出了一个经过简化的 TCP 传输过程示例。为了便于理解，本例只关注从 HostA 到 HostB 的单向传输。假设 HostA 向 HostB 发送的初始序列号为 1，且发送窗口

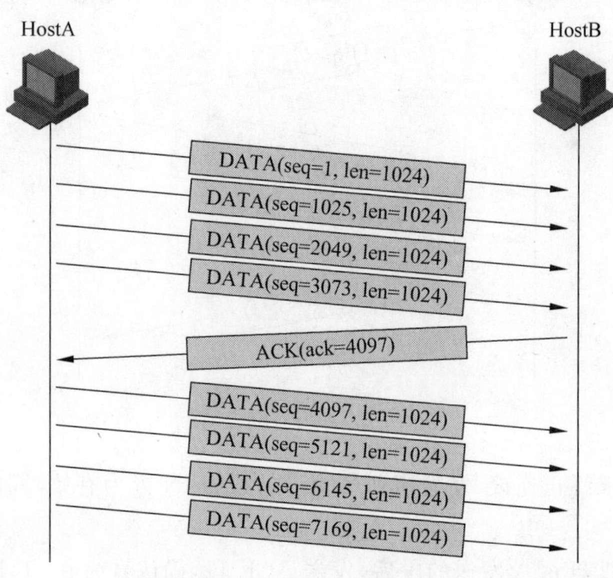

图 21-7 TCP 传输确认

为 4096 字节,HostA 向 HostB 发送的每个段数据长度为 1024 字节,HostA 将一次性向 HostB 发送 4 个段。而 HostB 收到并校验了数据的正确性后,在回送确认时只需发送确认号 4096+1=4097,就可以表示 4096 之前的全部数据都已经正确接收,下一次期望接收从 4097 开始的数据。下一次,HostA 仍然一次发送总量为 4096 字节的 4 个段给 HostB。

21.6.2 超时重传

图 21-8 给出了一个经过简化的典型的 TCP 重传过程示例。假设 HostA 向 HostB 发送的序列号为 1025 的第二个段在途中丢失。HostB 只对全部按序无错接收到的序列号最高的段给以确认,即 HostB 只以确认号 1025 向 HostA 确认第一个段已收到。

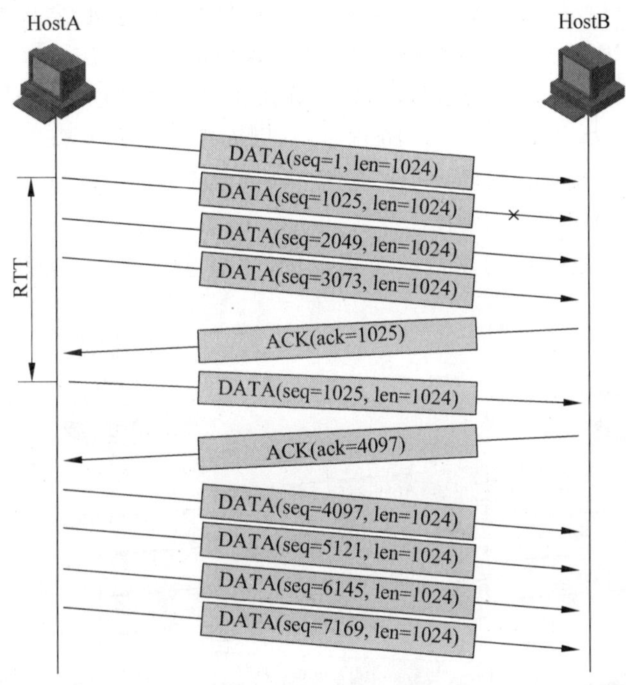

图 21-8 TCP 超时重传

HostA 在收到这个确认时,并不能确定 HostB 没有收到第二个段,因为也许第二个段也许还没有到达 HostB,或者 HostB 发出的第二个确认可能被延迟了,因此,HostA 不能立即重传第二个段。只有在第二个段发出超过 RTT(Round Trip Time,往返时间)而仍没有收到确认时,HostA 才认为这个段已经丢失,并重传这个段。

HostB 收到重传的第二个段后,按序无误收到的最后一个段的序列号为 3073,因此向 HostA 发送确认号为 4097 的确认,表示之前的数据均正确无误地收到。

TCP 接收方并不通过"错误通知"告知发送方重传。如果 HostA 向 HostB 发送的序列号为 1025 的第二个段到达了 HostB,但被检查出校验错误,HostB 也不会向 HostA 发送"错误通知"要求重传。因此,RTA 仍然需要等待 RTT 时间之后再重传这个段。

必须考虑的另一种情况是,HostB 回送的确认段也同样可能在传输中丢失或出错。此时对 HostA 来说并不需要额外的机制,因为 HostA 面临的现象与此前的例子是完全相同的——没有收到确认。HostA 仍然用同样的超时重传机制来处理即可。而如果 HostB 回送的确认只是被延迟,则 HostA 在重传后就可能收到两个确认,此时 HostA 只需要忽略多余的确认即可。

因此,RTT 时间就成为一个非常重要的参数。过大的 RTT 导致 TCP 重传非常迟缓,可能会降低传输的速度;过小的 RTT 则会导致 TCP 频繁重传,同样降低资源的使用效率。在实际实现中,TCP 通过实时跟踪发送的段与其相应确认之间的时间间隔来动态调整 RTT 的数值。

21.7 滑动窗口

TCP 使用大小可变的滑动窗口,并定义了窗口尺寸的通告机制,以增强流量控制的功能。这些机制为 TCP 提供了在终端系统之间调整流量的动态方法。

TCP 滑动窗口尺寸的单位为字节,起始于确认字段指明的值,这个值是接收端正期望一次性接收的字节。窗口尺寸是一个 16 位字段,因而窗口最大为 65535 字节。在 TCP 的传输过程中,双方通过交换窗口的大小来表达自己剩余的缓冲区空间,以及下一次能够接受的最大的数据量,避免缓冲区的溢出。

图 21-9 仍然通过数据单向发送的简化示例,介绍 TCP 如何通过滑动窗口实现流量控制。

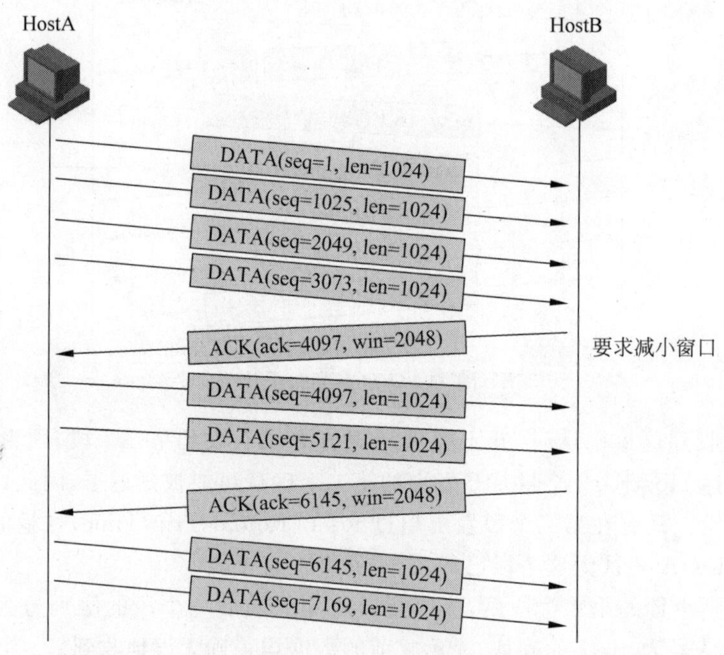

图 21-9 TCP 滑动窗口

假定初始的发送窗口大小为 4096,每个段的数据为 1024 字节,则 HostA 每次发送 4 个段给 HostB。HostB 正确接收到这些数据后,应该以确认号 4097 进行确认。然而同时,HostB 由于缓存不足或处理能力有限,认为这个发送速度过快,并期望将窗口降低一半。此时 HostB 在回送的确认中将窗口尺寸降低到 2048,要求 HostA 每次只发送 2048 字节。

HostA 收到这个确认后，便依照要求降低了发送窗口尺寸，也就降低了发送速度。

若接收方设备要求窗口大小为 0，表明接收方已经接收了全部数据，或者接收方应用程序没有时间读取数据，要求暂停发送。

TCP 运行在全双工模式，所以发送者和接收者可能在相同的线路上同时发送数据，但发送的方向相反。这暗示着，每个终端系统对每个 TCP 连接包含两个窗口，一个用于发送，一个用于接收。

可变滑动窗口解决了端到端流量控制问题，但是无法干预网络。如果中间节点，例如路由器被阻塞，则没有任何机制可以通知 TCP。如果特定的 TCP 实现对超时设定和再传输具有抵抗性，则会极度增加网络的拥挤程度。

21.8 本章总结

(1) TCP 和 UDP 通过端口号标识上层应用和服务。

(2) TCP 通过三次握手建立可靠连接。

(3) TCP 通过校验和进行差错校验，通过序列号、确认和超时重传机制实现可靠传输。

(4) TCP 通过滑动窗口实现流量控制。

21.9 习题和解答

21.9.1 习题

1. TCP 协议为保证连接建立的可靠，采用了(　　)来建立可靠的连接。

   A. 二次握手　　B. 三次握手　　C. 四次握手　　D. 五次握手

2. TCP 端口号区分上层应用，端口号小于(　　)的定义为常用端口。

   A. 128　　B. 256　　C. 1024　　D. 4096

3. 下列字段包含于 TCP 头中的是(　　)。

   A. 序列号　　B. 源端口　　C. 确认号　　D. 目标端口

4. HTTP 协议默认使用的端口号是(　　)。

   A. 10　　B. 21　　C. 80　　D. 8080

5. FTP 协议默认使用的端口号是(　　)。

   A. 10　　B. 21　　C. 80　　D. 8080

21.9.2 习题答案

1. B　　2. C　　3. ABCD　　4. C　　5. B

第22章

UDP基本原理

TCP/IP 协议族的传输层协议主要包括 TCP(Transfer Control Protocol,传输控制协议)和 UDP(User Datagram Protocol,用户数据报协议)。UDP 是无连接的传输协议,主要用于在相对可靠的网络上的数据传输,或用于对延迟较敏感的应用等。

22.1 本章目标

学习完本章,应该能够达到以下目标。

(1) 描述 UDP 协议的特点。

(2) 理解 UDP 封装。

(3) 描述 UDP 与 TCP 协议机制的主要区别。

22.2 UDP 的特点

RFC768 定义的 UDP 是为实现数据报(Datagram)模式的分组交换计算机网络通信而设计的。UDP 对应用程序提供了用最简化的机制向网络上的另一个应用程序发送消息的方法。UDP 提供无连接的、不可靠的数据报服务。

UDP 是面向数据报的传输协议。由于没有流的记录能力,UDP 无法记录数据位于流中的确切位置,因此不能像面向流的传输协议一样自动调整段的大小,而只能对应用程序进程的每个输出消息产生一个 UDP 数据报。

UDP 也采用端口号(Port Number)来标识这些上层的应用程序,从而使这些程序可以复用网络通道。

UDP 的特点如下。

(1) UDP 是无连接的:UDP 传送数据前并不与对方建立连接,在传输数据前,发送方和接收方程序需自行相互交换信息使双方同步。

(2) UDP 不对收到的数据进行排序:在 UDP 报文的首部中并没有关于数据顺序的信息(如 TCP 所采用的序列号),由于 IP 报文不一定按顺序到达,所以接收端无从排序。

(3) UDP 对接收到的数据报不发送确认,发送端不知道数据是否被正确接收,也不会重发数据。

(4) UDP 传送数据较 TCP 快速，系统开销也少。

(5) UDP 缺乏拥塞控制(Congestion Control)机制，需要基于网络的机制来减小因失控和高速 UDP 流量负荷而导致的拥塞崩溃效应。换句话说，因为 UDP 发送者不能够检测拥塞，所以像使用包队列和丢弃技术的路由器这样的网络基本设备往往就成为降低 UDP 过大通信量的有效工具。

22.3 UDP 封装

如图 22-1 所示，UDP 收到应用层提交的数据后，将其分段，并在每个分段前封装一个 UDP 头。最终的 IP 包是在 UDP 头之前再添加 IP 头形成的。IP 用协议号 17 标识 UDP。

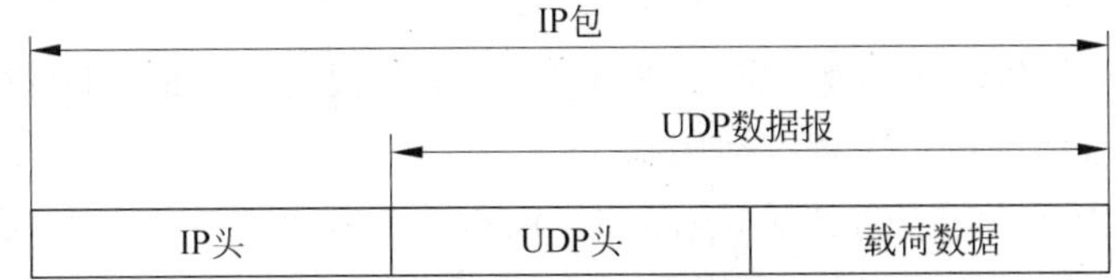

图 22-1 UDP 数据报封装

UDP 首部的各字段如图 22-2 所示。

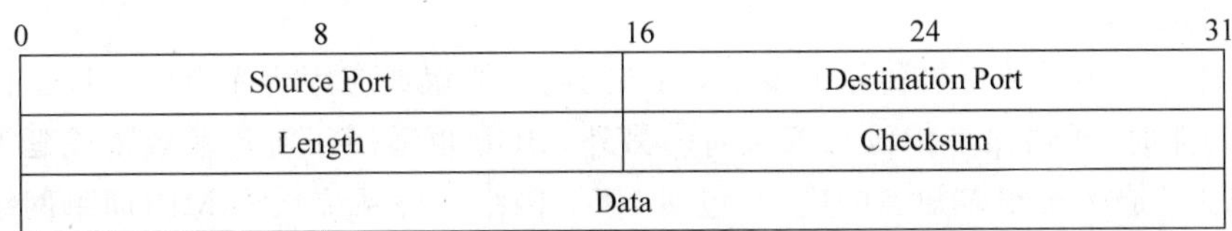

图 22-2 UDP 头格式

由于功能简单，UDP 头相对于 TCP 头简化了很多。UDP 头包含以下字段。

(1) 源端口(Source Port)：16 位的源端口号，含义与 TCP 相同。

(2) 目的端口(Destination Port)：16 位的目的端口号，含义与 TCP 相同。

(3) 长度(Length)：16 位的长度字段，表明包括 UDP 头和数据在内的整个 UDP 数据报的长度，单位为字节。

(4) 校验和(Checksum)：16 位的错误检查字段，基于部分 IP 头信息、UDP 头和载荷数据的内容计算得到，用于检测传输过程中出现的错误。

22.4 UDP 与 TCP 的对比

表 22-1 所示为 UDP 与 TCP 的功能对比。

可见，相对于 TCP，UDP 缺乏可靠性保证机制。UDP 段没有序列号、确认、超时重传和滑动窗口，其传输没有任何可靠性保证。

当然，使用 UDP 作为传输层协议也有以下独特的优势。

(1) 实现简单，占用资源少：由于抛弃了复杂的机制，不需要维护连接状态，也省却了发送缓存，UDP 协议可以很容易地运行在处理能力低、资源少的节点上。例如，无盘工作站在获得 OS 软件之前不可能实现复杂的传输机制，但系统的传递恰恰需要基于传输层协议，这时就可以使用基于 UDP 的 BootP 获取引导信息。

表 22-1 UDP 与 TCP 的对比

功 能 项	UDP	TCP
连接服务的类型	无连接	面向连接
维护连接状态	不维护连接状态	维持端到端的连接状态
对应用层数据的封装	对来自应用层数据直接封装为数据报。用端口号表示应用层程序	对应用层数据进行分段和封装，用端口号标识应用层程序
数据传输	不确保可靠传输	通过序列号和应答机制确保可靠传输
流量控制	无流量控制机制	使用滑动窗口机制控制流量

(2) 带宽浪费小，传输效率高：UDP 头比 TCP 头的尺寸小，而且 UDP 节约了 TCP 用于确认的带宽消耗，因此提高了带宽利用率。

(3) 延迟小：由于不需要等待确认和超时，也不需要考虑窗口的大小，UDP 发送方可以持续而快速地发送数据。对于很多应用而言，特别是实时应用，重新传输实际上没有意义。例如对 VoIP 来说，如果丢失了一个语音包，通话质量立即会受到影响，但重新传递这个语音包也已经没有必要了，因为通话者不会等重建了话音之后再听。这种情况下 UDP 比 TCP 更加合适。

UDP 适用于不需要可靠传输的情形，例如当高层协议或应用程序自己可以提供错误和流量控制功能时，或错误重传没有意义时。另外，UDP 也适用于对传输效率或延迟较敏感的应用。UDP 服务于很多知名的应用，包括 NFS(网络文件系统)、SNMP(简单网络管理协议)、DNS(域名系统)、TFTP(简单文件传输协议)、DHCP(动态主机配置协议)、RIP(路由信息协议)和语音视频流媒体传输等。

22.5 本章总结

(1) UDP 是无连接的传输协议。

(2) UDP 实现简单，资源占用少，实时性强。

(3) UDP 适用于不需要靠机制的情形，也适用于对传输效率或延迟较敏感的应用。

22.6 习题和解答

22.6.1 习题

1. UDP 协议为保证连接建立的可靠，采用了(　　)来建立可靠的连接。

   A. 二次握手　　B. 三次握手
   C. 四次握手　　D. 以上都不对，UDP 不建立连接

2. UDP 端口号区分上层应用，端口号小于(　　)的定义为常用端口。

   A. 128　　B. 256　　C. 1024　　D. 4096

3. 下列字段包含于 TCP 头而不包含于 UDP 头中的是(   )。
   A. 序列号　　B. 源端口　　C. 确认号　　D. 目标端口
4. 以下关于 UDP 的描述正确的是(   )。
   A. UDP 不维护连接状态,但可以实现差错重传
   B. UDP 维护连接状态,但不确保可靠传输
   C. UDP 无流量控制机制,但可以实现差错重传
   D. UDP 无流量控制机制,也不能实现可靠传输

22.6.2 习题答案

1. D　　2. C　　3. AC　　4. D

附　录

课程实验

实验1

网络设备的基本操作

1.1 实验内容与目标

完成本实验，应该能够达到以下目标。

(1) 使用 Console 接口登录设备。

(2) 使用 Telnet 终端登录设备。

(3) 掌握基本系统操作命令的使用。

(4) 掌握基本文件操作命令的使用。

(5) 使用 FTP、TFTP 上传下载文件。

1.2 实验组网图

本实验按照实验图 1-1 进行组网。

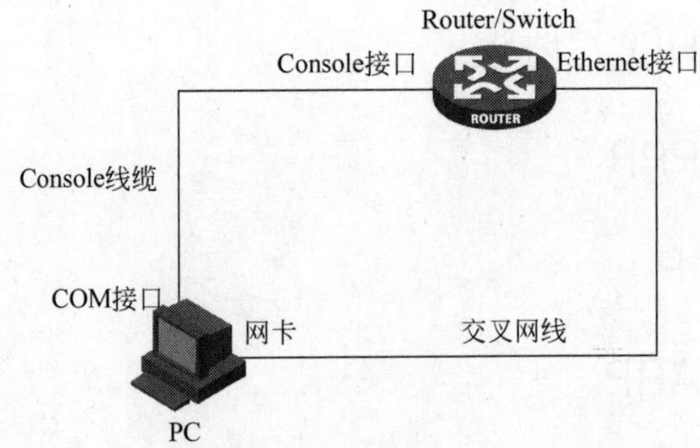

实验图 1-1 实验组网图

1.3 实验设备与版本

本实验所需的主要设备器材如实验表 1-1 所示。

实验表 1-1　实验设备器材

名称和型号	版　　本	数　量	描　　述
MSR36-20	CMW 7.1.049-R0106	1	略
PC	Windows 7	1	安装 PuTTY 软件
Console 串口线	—	1	略
第 5 类 UTP 以太网连接线	—	1	交叉线

1.4　实验过程

实验任务 1　通过 Console 登录

实验前请保证路由器(交换机)的所有配置已经清空。

步骤 1：连接配置电缆。

将 PC 的串口通过标准 Console 电缆与路由器的 Console 接口连接。电缆的 RJ-45 头一端连接路由器的 Console 接口；9 针 RS-232 接口一端连接计算机的串行口。

步骤 2：启动 PC，运行超级终端。

在 PC 桌面上运行"开始"→"程序"→"附件"→"通信"→"超级终端"命令，填入一个任意名称，单击"确定"按钮。

本实验中 PC 连接 Console 线缆的接口是________，所以从"连接时使用"下拉列表框选择合适的 COM 接口，并单击"确定"按钮。

在弹出的 COM 接口属性页面，单击"还原为默认值"按钮，正确设置相关的参数，单击"确定"按钮。在下面的空格处填写选择的参数。

每秒位数：________________________________

数据位：________________________________

奇偶校验：________________________________

停止位：________________________________

数据流控制：________________________________

步骤 3：进入 Console 配置界面。

按 Enter 键，进入用户视图。根据显示信息回答以下问题。

用户视图的提示符为________。

实验任务 2　使用系统操作及文件操作的基本命令

步骤 1：进入系统视图。

完成实验任务 1 时，配置界面处于用户视图下，执行________命令进入系统视图。系统视图的提示符为________形式。

在系统视图下，执行________命令以从系统视图切换到用户视图。

步骤 2：练习使用帮助特性和补全键。

(1) 在系统视图下，使用帮助特性列出所有以 s 开头的命令，并记录所看到的前三个命令。

____

____

____

(2) 在系统视图下，使用帮助特性列出 sysname 命令后可以输入的关键字和参数。并记下观察结果。

____

(3) 练习智能补全功能。在输入命令时，不需要输入一条命令的全部字符，仅输入前几个字符，再按________键，系统会自动补全该命令。如果有多个命令都具有相同的前缀字符的时候，连续按________键，系统会在这几个命令之间切换。

在系统视图下，先输入 in，然后多次使用智能补全功能，记下观察到的结果。

____

____

步骤 3：更改系统名称。

MSR 路由器默认的系统名称是________。使用适当的命令把系统名称改为 YourName。应在________视图下使用完整命令________。

步骤 4：更改系统时间。

(1) 执行合适的命令查看当前系统时间(用户视图和系统视图均可)。在下面的空格中写出完整的命令和观察到的结果。

____

____

(2) 进入用户视图，将系统时间修改为 2008 年 10 月 1 日 10:20:30。应使用的完整命令为____。

再次查看当前系统时间，验证修改结果。

(3) 熟悉系统自动识别功能。在输入命令行时，为方便操作，有时仅输入前面几个字符即可，当然前提是这个几个字符可以唯一表示一条命令。进入用户视图，然后执行下列操作。

输入命令 d clock，结果是______________________________。

输入命令 dis clock，结果是______________________________。

输入命令 dis clo，结果是______________________________。

步骤 5：显示系统运行配置。

使用________________命令显示系统当前运行的配置(Current-Configuration)，由于使用的设备及模块不同，操作时显示的具体内容也会有所不同。

在一屏显示的最后一行显示出提示信息"---- More ----"时，表示________。此时按________键可以继续翻页显示，按________键可以继续翻行显示，按________键可以结束显示。继续显示所有。

注意查找刚刚使用过的配置系统名称的命令，是否出现在配置中。________

查阅接口信息，并与设备的实际接口和模块进行比对。设备上的实际接口数目和类型与当前设备的型号和所插板卡有关。从当前配置中，可以看出该路由器拥有________个物理接口，记录这些接口的名称。

____。

剩下其他的配置为该设备的出厂默认配置。

步骤6：显示保存的配置。

使用__________命令显示当前系统的保存配置(Saved-Configuration)。输出信息的含义为__________。

与当前运行的配置(Current-Configuration)相比，输出信息的不同在于__________。原因是__________。

步骤7：保存配置。

使用________命令保存配置，将当前运行配置写进设备存储介质中。

系统提示输入保存配置文件的文件名，文件名的扩展名为 *.cfg。系统默认的保存后文件名为________，如果不更改系统默认保存的文件名，可按 Enter 键。

按 Enter 键后，如果选择了系统默认文件名来保存配置文件，系统会提示是否覆盖以前的配置文件。选择覆盖原配置文件。

再次显示保存的配置。检查，与当前运行的配置(Current-Configuration)相比，输出信息的区别在于__________。原因是__________。

步骤8：删除和清空配置。

(1) 删除所配置的系统名称，应使用的完整命令为________。

(2) 将设备恢复到出厂默认配置。首先在用户视图下执行________命令清空保存配置，观察保存配置与当前配置有无不同。执行________命令重启设备，启动成功后再观察保存配置与当前配置有无不同，设备配置是否清空。

步骤9：显示文件目录。

显示当前路径，应使用________命令。输出信息说明当前路径为________。

显示当前路径上所有的文件，应使用________命令。请记录从输出信息观察到的文件名称、尺寸和类型。

____。

步骤10：显示文本文件内容。

显示一个配置文件的内容，应使用的完整命令为________。

步骤11：改变当前工作路径。

改变当前的工作路径，进入一个子目录，应使用的完整命令为________。

退出当前目录，进入上一级目录，应使用的完整命令为________。

步骤12：文件删除。

保存一个配置文件并命名为 myconfig.cfg，应使用的完整命令为________。

列出所有文件，确认该文件已经存在，应使用的完整命令为________，此时的空闲存储空间为________。

删除该配置文件，应使用的完整命令为________。

再次列出文件,确认该文件已经删除。此时的空闲存储空间为________。

删除 myconfig. cfg 文件前后的空闲存储空间有无变化:________,原因是__________ ______________________________。

使用________命令列出当前目录下包括隐藏文件在内的所有的文件及子文件夹信息。记录隐藏文件和回收站文件的名称。

____

____

____

使用________命令清空回收站。再次显示包括隐藏文件在内的所有文件及子文件夹信息。输出结果与上次的区别在于____________________。

再次创建配置文件 myconfig. cfg,用一条命令永久删除它,使用的完整命令为________ ______________________。

再次列出所有文件,结果为____________。

实验任务3 通过 Telnet 登录

步骤 1:通过 Console 接口配置 Telnet 用户。

进入系统视图,创建一个用户,用户名为 test;为该用户创建登录时的认证密码,密码为 test;要求显示配置时密码可以以明文显示出来;设置该用户使用 Telnet 服务类型,该用户的优先级为 network-operator,使用的完整命令应为

____

____

____

____

步骤 2:配置 super 口令。

设置将用户切换到 network-admin 的密码为 H3C,密码以明文显示,以便用户可以用 super 命令从当前角色切换到 network-admin,使用的完整命令应为

____

步骤 3:配置登录欢迎信息。

使用 header login 命令将登录验证时的欢迎信息设置为"Welcome to H3C world!"。

步骤 4:配置对 Telnet 用户使用默认的本地认证。

VTY 接口属于逻辑终端线,用于对设备进行 Telnet 或 SSH 访问。进入 VTY 0～63 用户界面,配置路由器使用本地认证授权方式(认证模式为 scheme),使用的完整命令应为

____

____

步骤 5:进入接口视图,配置以太网接口和 PC 网卡地址。

使用 interface 命令进入与 PC 相连的以太网接口视图,用 ip address 命令配置将路由器以太网接口地址配置为 192.168.0.1/24,使用的完整命令应为

____

同时为 PC 设置一个与路由器接口相同网段的 IP 地址 192.168.0.10/24。

步骤 6：打开 Telnet 服务。

在路由器上启动 Telnet 服务，应使用命令____________________。

步骤 7：使用 Telnet 登录。

使用交叉网线连接 PC 和路由器的以太网接口；查看 PC 的连接状态和路由器接口指示灯，确认连接成功。

检测路由器与 PC 的连通性，在路由器上应使用的完整命令是________。

在 PC 命令行窗口中，用 telnet 192.168.0.1 命令 Telnet 到路由器的以太网接口 IP 地址，并按 Enter 键。输入 Telnet 用户名及口令，进入命令行界面。键入＜?＞查看此时该用户角色(network-operator)可使用的命令。

步骤 8：更改登录用户角色。

使用 super 命令将用户角色切换到 network-admin，应使用的完整命令是________。

按________键查看此时该用户(network-admin)可使用的命令，并与 network-operator 能够使用的命令进行对比，区别是________________________________。

步骤 9：保存配置，重新启动。

先保存当前配置，再重新启动系统，应使用________命令重启系统。

实验任务 4 使用 FTP 上传下载系统文件

步骤 1：通过 Console 接口配置 FTP 用户。

添加一个本地用户，为其设置密码，设置该用户使用 FTP 服务类型，并设置该用户的角色为 network-admin，使用的完整命令应为

____

____

____

____

步骤 2：打开 FTP 服务。

在路由器上启动 FTP 服务，使用的完整命令应为________。

步骤 3：使用 FTP 登录。

在 PC 的命令行窗口中用 ftp 命令对路由器发起 FTP 连接。输入 FTP 用户名及口令，确保 FTP 登录成功。

步骤 4：使用 FTP 上传文件。

使用 put 命令上传一个系统文件。可以任意创建一个大小合适的文件来模拟系统文件，该上传文件应该存在于 FTP 客户端的本地目录中。上传时采用 binary 模式，上传成功后，用 dir 命令查看所有文件，确认文件上传成功。

步骤 5：使用 FTP 下载文件。

使用 FTP 中的 dir 命令列出所有文件。其中默认的配置文件是________。用 FTP 的 get 命令将配置文件下载到 PC 本地目录。完成后在 PC 上检查相应的文件是否存在。

实验任务5 使用 TFTP 上传下载系统文件

本实验以 3CDaemon 程序作为 TFTP 的服务器端。实际上任何支持 TFTP 服务的程序均可以使用。

步骤 1：启动 TFTP 服务器端程序。

在 PC 上安装 3CDaemon 程序，对其设置 TFTP Server 参数。选择当前用于上传和下载的本地目录，例如 C:\Documents and Settings\Administrator。在此目录下创建一个文本文件，命名为 mysystem. sys。

步骤 2：使用 TFTP 下载文件。

在路由器上对 PC 发起 TFTP 连接，将 mysystem. sys 文件下载到路由器中，使用的完整命令应为____________________。

步骤 3：使用 TFTP 上传文件。

在路由器上对 PC 发起 TFTP 连接，将 config. sys 文件上传到 PC 上，使用的完整命令应为____________________。

1.5 实验中的命令列表

本实验命令列表如实验表 1-2 所示。

实验表 1-2 命令列表

命 令	描 述
system-view	进入系统视图
sysname	更改设备名
quit	退出
clock	更改时钟配置
display current-configuration	显示当前配置
display saved-configuration	显示保存配置
reset saved-configuration	清空保存配置
pwd	显示当前目录
dir	列目录
more	显示文本文件
cd	更改当前目录
delete	删除文件
reset recycle-bin	清空回收站
local-user	配置本地用户
super password role	配置 Super 口令
header login	配置 Login 欢迎信息
user-interface vty	进入用户接口
authentication-mode	设置认证模式

续表

命　　令	描　　述
telnet server enable	启动 Telnet
save	保存配置
reboot	重启系统
ftp server enable	启动 FTP Server
tftp get	使用 TFTP
tftp put	使用 TFTP
ping	测试连通性

1.6　思考题

1. 在实验任务 2 的步骤 5 中，为何看不到在步骤 4 中配置的系统时间？

答：clock 属于更改系统硬件参数的命令，即时生效，因此并不作为配置命令显示在当前配置或保存配置文件中。

2. 在实验任务 2 的步骤 12 中，保存配置到 myconfig. cfg 文件后，可以查看到在 CF:/ 目录下有两个. cfg 配置文件，当系统重启后，将自动载入哪个配置文件？

答：系统重新启动后，将自动载入系统默认的 startup. cfg 配置文件。使用命令 display startup 可以清楚地看到系统下一次启动时所要加载的配置文件。

可以使用命令 startup saved-configuration 来更改系统重启后加载的配置文件的顺序（主用和备用）。

3. 在实验任务 3 的步骤 4 中，如果要求用户 Telnet 后无须密码认证直接登录系统，该如何修改配置？

答：将配置命令 authentication-mode scheme 改成 authentication-mode none 即可。应注意的是，当用户远程登入后，仍然需要通过 super 命令来切换用户优先级。

4. 在实验任务 4 的步骤 1 中，如果不使用 network-admin 角色，后续实验会有何结果？

答：由于用户角色默认为 network-operator，执行 put 操作时将被设备拒绝。

实验2

网络设备的基本调试

2.1 实验内容与目标

完成本实验,应该能够达到以下目标。

(1) 掌握 ping、tracert 系统连通检测命令的使用方法。

(2) 掌握 debug 命令的使用方法。

2.2 实验组网图

本实验按照实验图 2-1 进行组网。

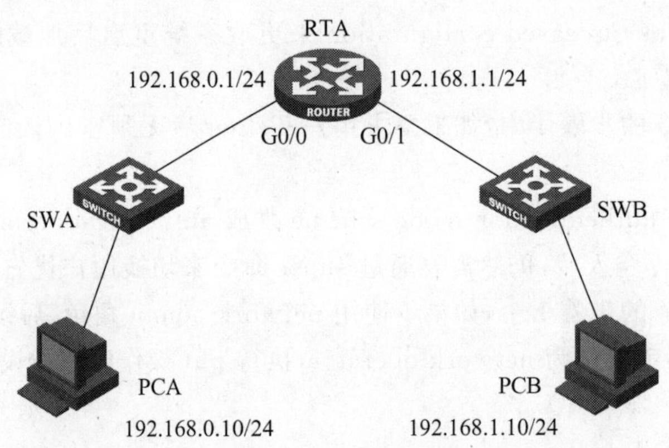

实验图 2-1 实验组网图

2.3 实验设备与版本

本实验所需的主要设备器材如实验表 2-1 所示。

实验表 2-1 实验设备器材

名称和型号	版本	数量
MSR36-20	CMW 7.1.049-R0106	1
S5820V2	CMW 7.1.035-R2311	2

续表

名称和型号	版　本	数　量
PC	Windows 7	2
DTE 串口线	—	1
DCE 串口线	—	1
第 5 类 UTP 以太网连接线	—	4

2.4 实验过程

实验任务 1 搭建基本连接环境

步骤 1：完成 PC、交换机、路由器互连。

在教师指导下，完成实验环境的搭建。

步骤 2：配置 IP 地址。

将所有设备的配置清空，重启后开始下面的配置。

将路由器的两个以太口 IP 地址分别配置为 192.168.0.1/24 和 192.168.1.1/24，使用的完整命令为

____

____

____

____

PCA 和 PCB 的 IP 地址分别设置为 192.168.0.10 和 192.168.1.10，掩码均为 255.255.255.0，默认网关分别为 192.168.0.1 和 192.168.1.1。

实验任务 2 检查连通性

步骤 1：检测 RTA 与 PCA 的连通性。

通过超级终端登录到 RTA 的命令行后，检测与 PCA 的连通性，使用的完整命令为

____

观察输出信息，记录结果。RTA 发送了________个探测包，每个包长________字节；收到了________个应答包，每个包长________B。说明 RTA 与 PCA 是否能够连通。要求最终达到可以连通。

查看路由器 ping 命令可携带的参数，使用的完整命令为________。

再次检查对 PCA 的连通性，要求一次发送 50 个探测包，使用的完整命令为

____

再次检查对 PCA 的连通性，要求发送的探测包长为 512B。使用的完整命令为

____

再次检查对 PCA 的连通性，要求发送探测包的源 IP 地址为 192.168.1.1，使用的完整命令为

____

步骤 2：检测 RTA 与 PCB 的连通性。

进入 PCB 命令行窗口，检测其与 RTA 地址 192.168.1.1 的连通性，使用的完整命令为

____

观察输出信息，说明 PCB 与 RTA 是否连通。

实验任务 3 检查数据包转发路径

步骤 1：检查从 PCA 到 PCB 的数据包转发路径。

进入 PCA 命令行窗口，检查从 PCA 到 PCB 的数据包转发路径，使用的完整命令为

____

从显示结果看，整个路径有________跳，先后次序是________________________________。

步骤 2：检查从 RTA 到 PCB 的数据包转发路径。

进入 RTA 命令行界面，检查从 RTA 到 PCB 的数据包转发路径，使用的完整命令为

____

从显示结果看，整个路径有________跳，先后次序是________________________________。

查看路由器 tracert 命令携带的参数，使用的完整命令为________。

实验任务 4 练习使用察看调试信息

步骤 1：开启 RTA 终端对信息的监视和显示功能。

在 RTA 上开启终端对系统信息的监视功能，使用的完整命令为________。

在 RTA 上开启终端对调试信息的显示功能，使用的完整命令为________。

步骤 2：打开 RTA 上 ICMP 的调试开关。

在 RTA 上开启 ICMP 模块的调试功能，使用的完整命令为________。

步骤 3：在 PCA 上 ping RTA，观察 RTB 调试信息输出。

在 PCA 上 ping RTA 的接口地址，连续发送 10 个 ping 报文，使用的完整命令为

____

在 RTA 上观察 debugging 信息输出。根据输出信息，说明哪些包是来自 PCA 的探测包，哪些包是 RTA 发出的应答包，这些包的源地址、目的地址各是什么。

步骤 4：关闭调试开关。

调试结束后，关闭所有模块的调试开关，使用的完整命令为________。

2.5 实验中的命令列表

本实验命令列表如实验表 2-2 所示。

实验表 2-2 命令列表

命 令	描 述
ip address	配置 IP 地址
ip static-route	配置静态路由
ping	检测连通性

续表

命　令	描　述
tracert	探测转发路径
terminal monitor	开启终端对系统信息的监视功能
terminal debugging	开启终端对调试信息的显示功能
debugging	打开系统指定模块调试开关

2.6 思考题

在实验任务 2 的步骤 1 中,要求 RTA 以源 IP 地址 192.168.1.1 发送探测包,检查对 PCA 的连通性。如果没有这种要求,默认的源地址是什么?

答:默认情况下,发出的探测包的源地址为出接口地址,即对 PCA 探测连通性时的源地址为 192.168.0.1,对 PCB 探测连通性时源地址为 192.168.1.1。

实验3

以太网基础

3.1 实验内容与目标

完成本实验,应该能够达到以下目标。

(1) 掌握网线制作方法。

(2) 理解交叉网线和直连网线的区别。

(3) 掌握以太网速率和双工的配置。

3.2 实验组网图

本实验按照实验图 3-1 进行组网。

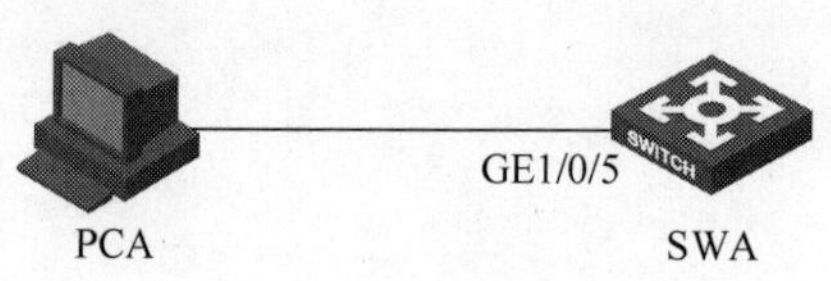

实验图 3-1　实验组网图

3.3 实验设备与版本

本实验所需的主要设备器材如实验表 3-1 所示。

实验表 3-1　实验设备器材

名称和型号	版　本	数　量
S5820V2	CMW 7.1.035-R2311	1
PC	Windows XP SP2	1
Console 串口线	—	1
第 5 类 UTP 以太网连接线	—	1
RJ-45 夹线钳	—	1
RJ-45 水晶头	—	若干
第 5 类 UTP	—	若干
以太网电缆测试仪	—	1

3.4 实验过程

实验任务1 网线制作

步骤1：确定双绞线线序。

双绞线由8根有色导线绞合而成，按橙白、橙、绿白、蓝、蓝白、绿、棕白、棕顺时针排列，依次编号为1、2、3、4、5、6、7、8。

如果要制作直连网线，双绞线一端的线序为1、2、3、4、5、6、7、8，那么另一端的线序应当为____________________；如果要制作交叉网线，那么另一端的线序应当为______________________________。

步骤2：制作直连网线并检测连通性。

按照步骤1的直连网线的线序，制作一条直连网线。

制作完成后，使用电缆测试仪检测电缆的连通性，检测时将双绞线两端分别插入信号发射器和接收器，打开电源，只有在____________________情况下，才能说明线缆连通性良好。

步骤3：制作交叉网线并检测连通性。

按照步骤1的直连网线的线序，制作一条交叉网线。

制作完成后，使用电缆测试仪检测电缆的连通性。

实验任务2 配置以太网双工与速率

步骤1：建立物理连接并运行超级终端。

将PC(或终端)的串口通过标准Console电缆与交换机的Console口连接。电缆的RJ-45头一端连接交换机的Console口，9针RS-232接口一端连接计算机的串行口。

检查设备的软件版本及配置信息，确保各设备软件版本符合要求，所有配置为初始状态。如果配置不符合要求，请学员在用户视图下擦除设备中的配置文件，然后重启设备以使系统采用默认的配置参数进行初始化。

步骤2：查看端口双工与速率。

按照组网图，将PCA与SWA的端口GE1/0/5相连，连接后，在SWA上通过display interface GigabitEthernet1/0/5查看接口显示状态，根据该命令输出补充以下空格。

```
GigabitEthernet1/0/5 current state:________
 IP packet frame type: Ethernet II, Hardware Address: 000f-e23e-f9b0
Media type is ________, Port hardware type is ________
 100Mbps-speed mode, full-duplex mode
 Link speed type is ________, link duplex type is ________
```

从以上显示信息可以看到端口的状态、物理MAC地址、连接的线缆类型以及端口的双工与速率。

以上信息显示目前端口在默认的情况下双工与速率是自协商模式，协商的结果是：速率为________，双工模式为________。

步骤 3：修改端口速率。

在 SWA 上将端口 GE1/0/5 的速率修改为 100Mbps，在如下的空格中填写完整的配置命令。

____

修改完成后，再次通过命令 display interface GigabitEthernet1/0/5 查看端口 GigabitEthernet1/0/5 的状态，根据该命令输出补充以下空格。

________-speed mode, full-duplex mode
Link speed type is ________, link duplex type is autonegotiation

从以上显示信息可以看到，虽然端口的速率仍然是 100Mbps，但是速率模式已经是强制模式，而不是自协商模式，而此时双工的工作模式依然是自协商。

步骤 4：修改端口双工模式。

在 SWA 上将端口 GE1/0/5 的双工模式配置为全双工模式，在以下空格中填写完整的配置命令。

____

修改完成后，再次通过命令 display interface GigabitEthernet1/0/5 查看端口 GigabitEthernet1/0/5 的状态，根据该命令输出补充以下空格。

________-speed mode, ________ mode
Link speed type is ________, link duplex type is ________

从以上显示信息可以看到，端口虽然依然是全双工模式，但是其协商模式已经是强制模式，而不是自协商模式。

同时也可以看到，修改端口的双工模式不对端口的速率有影响。

步骤 5：同时修改端口的速率与双工。

在 SWA 上将端口 GigabitEthernet1/0/5 的速率修改为 10Mbps，双工模式修改为半双工，在以下的空格中补充完整的配置命令。

____

____

修改完成后，再次通过命令 display interface GigabitEthernet1/0/5 查看端口 GigabitEthernet1/0/5 的状态，根据该命令输出补充以下空格。

________-speed mode, ________ mode
Link speed type is ________, link duplex type is ________

步骤 6：关闭端口。

在 SWA 上通过在接口视图下执行________命令可以将端口 GigabitEthernet1/0/5 关闭。

关闭接口后，再次通过命令 display interface GigabitEthernet1/0/5 查看端口 GigabitEthernet1/0/5 的状态，根据该命令输出补充以下空格。

GigabitEthernet1/0/5 current state: ________
________-speed mode, ________ mode
Link speed type is ________, link duplex type is ________

可以看到接口被关闭，但是步骤 5 配置的双工模式和速率模式没有改变。该命令只是影响了端口的物理状态。

可以通过在接口视图下配置________命令将端口 GigabitEthernet1/0/5 开启建立物理连接。

3.5 实验中的命令列表

本实验命令列表如实验表 3-2 所示。

实验表 3-2 命令列表

命令	描述
duplex { **auto** | **full** | **half** }	设置以太网接口的双工模式
speed { **10** | **100** | **1000** | **auto** }	设置以太网接口的速率
shutdown	关闭以太网接口
description *text*	设置当前接口的描述信息

3.6 思考题

在实验任务 2 中，如果两台出厂默认配置的交换机的端口 GigabitEthernet1/0/5 互连，若将其中一台交换机端口上配置修改端口速率为 10Mbps，那么另外一台交换机的端口 GigabitEthernet1/0/5 速率状态如何？

答：交换机端口默认的速率和双工是自协商模式，如果一台交换机的端口强制修改速率为 10Mbps，那么另外一台处于自协商模式的交换机端口速率将协商为 10Mbps。

实验4

广域网接口和线缆

4.1 实验内容与目标

完成本实验,应该能够达到以下目标。

(1) 熟悉常用广域接口。

(2) 熟悉常用广域网接口线缆。

(3) 掌握广域网接口常见配置。

4.2 实验组网图

本实验按照实验图 4-1 进行组网。

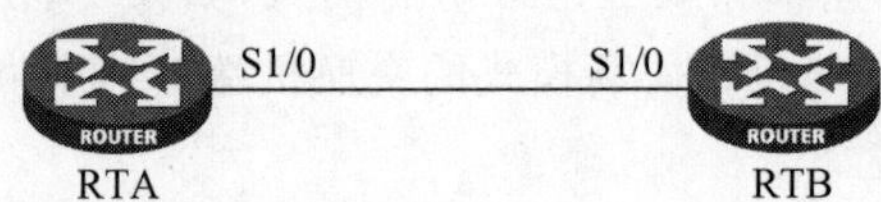

实验图 4-1 实验组网图

4.3 实验设备与版本

本实验所需的主要设备器材如实验表 4-1 所示。

实验表 4-1 实验设备器材

名称和型号	版　本	数　量
MSR36-20	CMW 7.1.049-R0106	2
PC	Windows 7	1
Console 串口线	—	1
V.35 DTE 串口线	—	1
V.35 DCE 串口线	—	1

4.4 实验过程

实验任务 广域网接口线缆

步骤1：连接广域网接口线缆。

通过V.35电缆将路由器RTA和RTB广域网接口Serial1/0实现互联，其中连接RTA的V.35电缆外接网络侧为34孔插座，而连接RTB的V.35电缆外接网络侧为34针插头(虽然通常只保留在用的针)，由此可以得知路由器________的接口Serial1/0是DTE端，而路由器________的接口Serial1/0是DCE端。

步骤2：查看广域网接口信息。

在RTA上通过________命令查看接口Serial1/0的信息，根据其输出信息可以看到

Physical layer:________, Virtual Baudrate:________ bps
Interface: ________, Cable type:________

在RTB上通过________命令查看接口Serial1/0的信息，根据其输出信息可以看到

Physical layer: ________, Virtual Baudrate:________ bps
Interface:________, Cable type:________

由以上信息可以看到，RTA和RTB的广域网V.35电缆接口工作在________模式下，目前的传输速率是________。

步骤3：配置广域网接口参数。

配置将RTB的接口Serial1/0的传输速率修改为2Mbps，在以下空格中补充完整的配置命令。

____

在RTB上执行该命令后，有信息提示____________________。

然后配置将RTA的接口Serial1/0的传输速率修改为2Mbps，在以下空格中补充完整的配置命令。

____

配置完成后通过________命令查看接口Serial1/0的信息，根据其输出信息可以看到

Physical layer is ________, Virtual Baudrate is ________ bps

在RTA的接口Serial1/0下做如下配置。

```
[RTA-Serial1/0]physical-mode async
```

以上配置命令的含义是______________________________。

一般情况下，V.35电缆一般只用于________方式传输数据。

4.5 实验中的命令列表

本实验命令列表如实验表4-2所示。

实验表 4-2 命令列表

命 令	描 述
physical-mode async	配置同/异步串口工作在异步方式
baudrate *baudrate*	设置同步串口的波特率
display interface serial *interface-number*	查看串口的当前外接电缆类型以及工作方式(DTE/DCE)等信息

4.6 思考题

如果实验 4 使用 V.24 电缆，那么要配置其工作于异步模式并设置其传输速率为 2Mbps，该如何配置？

答：V.24 电缆在异步模式下最高传输速率为 115200bps，因此不能配置其传输速率为 2Mbps。

实验5

HDLC协议

5.1 实验内容与目标

完成本实验，应该能够达到以下目标。

(1) 了解 HDLC 协议的基本原理。

(2) 掌握 HDLC 的基本配置方法。

(3) 掌握 HDLC 的常用配置命令。

5.2 实验组网图

本实验按照实验图 5-1 进行组网。

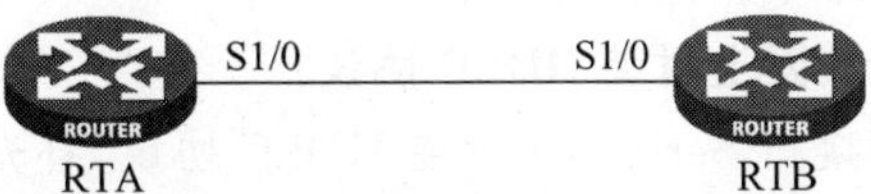

实验图 5-1 实验组网图

5.3 实验设备与版本

本实验所需的主要设备器材如实验表 5-1 所示。

实验表 5-1 实验设备器材

名称和型号	版 本	数 量
MSR36-20	CMW 7.1.049-R0106	2
PC	Windows 7	1
Console 串口线	—	1
V.35 DTE 串口线		1
V.35 DCE 串口线		1

5.4 实验过程

本实验中的 PC 以及路由器的 IP 地址规划如实验表 5-2 所示。

实验表 5-2 IP 地址规划

设 备	接 口	IP 地址/掩码	备 注
RTA	S1/0	10.1.1.1/30	
RTB	S1/0	10.1.1.2/30	

实验任务 通过 HDLC 协议实现 RTA 与 RTB 广域网互通

本实验的主要任务是掌握 HDLC 协议的配置方法。

步骤 1：运行超级终端并初始化路由器配置。

将 PC(或终端)的串口通过标准 Console 电缆与交换机的 Console 口连接。电缆的 RJ-45 头一端连接路由器的 Console 口；9 针 RS-232 接口一端连接计算机的串行口。

检查设备的软件版本及配置信息，确保各设备软件版本符合要求，所有配置为初始状态。如果配置不符合要求，请学员在用户视图下擦除设备中的配置文件，然后重启设备以使系统采用默认的配置参数进行初始化。

步骤 2：依据规划建立两台路由器之间的物理连接。

将两台路由器的 Serial1/0 接口通过 V.35 电缆连接，然后在 RTA 上执行命令 display interface serial1/0，根据其输出信息可以看到

```
Current state: ________  Line protocol state: ________
Link layer protocol: ________
```

在 RTB 上执行同样的命令并查看以上信息。

步骤 3：配置路由器广域网上封装 HDLC 协议。

在 RTA 上配置广域网接口 Serial1/0 封装 HDLC 协议，补充完整的配置命令。

```
[RTA]interface Serial1/0
[RTA-Serial1/0]____________________
```

在 RTB 上完成广域网接口 HDLC 协议封装的配置。

然后在 RTA 上执行命令 display interface serial1/0，根据其输出信息可以看到

```
Current state: ________  Line protocol state: ________
Link layer protocol is ________
```

在 RTB 上执行同样的命令并查看以上信息。

步骤 4：配置路由器广域网接口 IP 地址。

在 RTA 上配置广域网接口 Serial1/0 的 IP 地址。请补充完整的配置命令。

```
[RTA]interface Serial1/0
[RTA-Serial1/0]____________________
```

在 RTB 上也完整广域网接口 IP 地址配置。

在 RTA 的 Serial1/0 接口模式视图下，执行命令 display this，可以看到________________________，根据此信息检查并核实配置的正确性。

在 RTB 的 Serial1/0 接口模式视图下，执行同样的命令并查看核实配置的正确性。

步骤 5：检查路由器广域网之间的互通性。

在 RTA 上通过 ping 命令检查 RTA 与 RTB 广域网之间的互通性，其结果是____。

5.5 实验中的命令列表

本实验命令列表如实验表 5-3 所示。

实验表 5-3 命令列表

命令	描述
link-protocol *hdlc*	对广域网的协议进行封装，H3C 路由器的默认封装是 PPP

5.6 思考题

如果通信双方的 Keepalive 值设置不一样，该链路还能正常连接吗？

答：两端的 Keepalive 时间值不一样，可能导致 HDLC 协议频繁 UP/DOWN，而无法正常工作。

实验6

PPP

6.1 实验内容与目标

完成本实验,应该能够达到以下目标。

(1) 完成 PPP 连接的基本配置。

(2) 完成 PPP PAP/CHAP 验证的配置。

(3) 完成 PPP MP 的配置。

(4) 熟悉 PPP 的常用监控和维护命令。

6.2 实验组网图

本实验按照实验图 6-1 和实验图 6-2 进行组网。

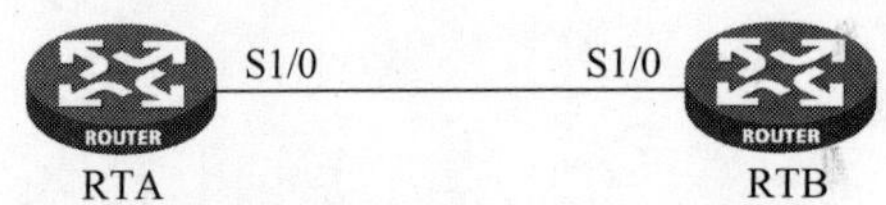

实验图 6-1 PPP 实验组网图

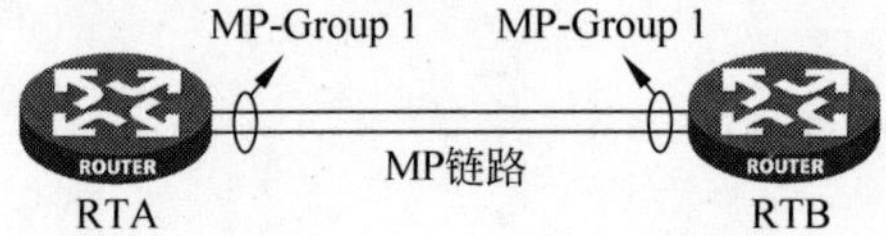

实验图 6-2 PPP MP 实验组网图

6.3 实验设备与版本

本实验所需的主要设备器材如实验表 6-1 所示。

实验表 6-1 实验设备器材

名称和型号	版　本	数　量
MSR36-20	CMW 7.1.049-R0106	2
PC	Windows 7	1
Console 串口线	—	1
V.35 DTE 串口线	—	2
V.35 DCE 串口线	—	2

6.4 实验过程

本实验中路由器的 IP 地址规划如实验表 6-2 所示。

实验表 6-2 IP 地址规划

设 备	接 口	IP 地址/掩码	备 注
RTA	S0/0	10.1.1.1/30	
	MP-Group 1	10.1.1.1/30	
RTB	S0/0	10.1.1.2/30	
	MP-Group 2	10.1.1.2/30	

实验任务 1 PPP 协议基本配置

在开始实验前，将路由器配置恢复到默认状态。

步骤 1：运行超级终端并初始化路由器配置。

将 PC(或终端)的串口通过标准 Console 电缆与交换机的 Console 口连接。电缆的 RJ-45 头一端连接路由器的 Console 口；9 针 RS-232 接口一端连接计算机的串行口。

检查设备的软件版本及配置信息，确保各设备软件版本符合要求，所有配置为初始状态。如果配置不符合要求，在用户视图下擦除设备中的配置文件，然后重启设备以使系统采用默认的配置参数进行初始化。

步骤 2：依据规划建立两台路由器之间的物理连接。

将两台路由器的 Serial1/0 接口通过 V.35 电缆连接，然后在 RTA 上执行命令 display interface serial1/0，根据其输出信息可以看到

Current state: ________ Line protocol state: ________
Link layer protocol: ________

在 RTB 上执行同样的命令并查看以上信息。

通过如上输出信息可以得知，路由器串口默认的链路层封装协议是________。

步骤 3：配置路由器广域网接口 IP 地址。

在 RTA 上配置广域网接口 Serial1/0 的 IP 地址。补充完整的配置命令。

```
[RTA]interface Serial1/0
[RTA-Serial1/0]____________________
```

在 RTB 上也完成广域网接口 IP 地址配置。

在 RTA 的 Serial1/0 接口模式下，执行命令 display this，可以看到__________________，根据此信息检查并核实配置的正确性。

在 RTB 的 Serial1/0 接口模式下，执行同样的命令并查看核实配置的正确性。

在 RTA 路由器上执行命令 display interface serial1/0，根据其输出信息可以看到

Current state: ________ Line protocol state: ________
Link layer protocol: ________
LCP: ________, IPCP: ________

步骤 4：检查路由器广域网之间的互通性。

在 RTA 上通过 ping 命令检查 RTA 与 RTB 广域网之间的互通性，其结果是________________________________。

实验任务 2　PPP PAP 认证配置

在开始实验前，将路由器配置恢复到默认状态。

步骤 1：配置路由器广域网接口 IP 地址并确认互通性。

依据本实验 IP 地址规划表，在 RTA 和 RTB 上配置广域网接口的 IP 地址。

从实验任务 1 得知，MSR 路由器广域网接口默认的链路层封装协议是________，因此只要在广域网接口配置正确的 IP 地址后，RTA 与 RTB 的广域网接口之间是________(能/不能)ping 通的。

步骤 2：在 RTA 上配置以 PAP 方式验证对端 RTB。

RTA 为主验证方验证 RTB，那么首先要在________视图下配置将对端 RTB 的用户名和密码加入本地用户列表并设置用户的服务类型，请在 RTA 上完成添加对端用户名 rtb，密码 pwdpwd 到本地用户列表，在以下空格中填写完整的命令。

____

____

____

其次在________视图下设置本地验证对端 RTB 的方式为 PAP，在以下空格中填写完整的命令。

____

步骤 3：查看接口状态并验证互通性。

在 RTA 上执行命令 display interface serial1/0，根据输出信息可以看到

Current state: ________　Line protocol state: ________
Link layer protocol: ________
LCP: ________

在 RTA 上 ping RTB 广域网接口地址，其结果为________。

步骤 4：配置 RTB 为被验证方。

在 RTB 上配置本地被对端 RTA 以 PAP 方式验证时发送的 PAP 用户名(rtb)和密码(pwdpwd)，该配置需要在________视图下完成，在下面的空格中填写完整的命令。

____

步骤 5：查看接口状态以及验证 RTA 与 RTB 的互通性

在 RTA 上执行命令 display interface serial1/0，根据输出信息可以看到

Current state: ________　Line protocol state: ________
Link layer protocol: ________
LCP ________, IPCP ________

在 RTB 上完成同样的信息查看。

在 RTA 上 ping RTB 广域网接口地址，结果是________。

实验任务3 PPP CHAP认证配置

在开始实验前，将路由器配置恢复到默认状态。

步骤1：配置路由器广域网接口IP地址并确认互通性。

依据本实验IP地址规划表，在RTA和RTB上配置广域网接口的IP地址。

从实验任务1得知，MSR路由器广域网接口默认的链路层封装协议是________，因此只要在广域网接口配置正确的IP地址后，RTA与RTB的广域网接口之间是________（能/不能）ping通的。

步骤2：在RTA上配置以CHAP方式验证对端RTB。

RTA为主验证方验证RTB，在RTA上完成了以下配置。

```
[RTA] local-user rtb class network
[RTA-luser-user2] password simple pwdpwd
[RTA-luser-user2] service-type ppp
```

以上配置的含义是____。

其次在________视图下设置本地验证对端RTB的方式为CHAP，在以下空格中填写完整的命令。

____

步骤3：查看接口状态并验证互通性。

在RTA上执行命令display interface serial1/0，根据输出信息可以看到

Current state: ________ Line protocol state: ________

Link layer protocol: ________

LCP:________

在RTA上ping RTB广域网接口地址，其结果为________。

步骤4：配置RTB为被验证方。

在RTB上配置以下命令。

```
[RTB-Serial1/0] ppp chap user rtb
```

该配置命令的含义是

____

```
[RTB-Serial1/0] ppp chap password simple pwdpwd
```

该配置命令的含义是

____

步骤5：查看接口状态以及验证RTA与RTB的互通性。

在RTA上执行命令display interface serial1/0，根据输出信息可以看到

Current state: ________ Line protocol state: ________

Link layer protocol:________

LCP:________，IPCP:________

在 RTB 上完成同样的信息查看。

在 RTA 上 ping RTB 广域网接口地址,结果是________。

实验任务 4 PPP MP 配置

在开始实验前,将路由器配置恢复到默认状态。

步骤 1:依据要求,使用两对 V.35 电缆分别连接 RTA 和 RTB。

步骤 2:在 RTA 和 RTB 上创建 MP-Group 接口并配置 IP 地址。

分别在 RTA 和 RTB 上创建 MP-Group 接口,并配置相应的 IP 地址。

在 RTA 上配置如下:

```
[RTA] interface mp-group 1
[RTA-MP-Group1] ip address 10.1.1.1 30
```

在 interface mp-group 命令中,数字 1 的含义是

____

在 RTB 上完成类似的配置,只是 IP 地址为 10.1.1.2。

步骤 3:在 RTA 和 RTB 上将相应物理接口加入 MP-Group 接口。

分别在 RTA 和 RTB 上将相应的物理接口加入 MP-Group 接口中,并将相应的物理接口封装 PPP 协议。

在 RTA 上配置如下,在空格处补全配置。

```
[RTA] interface serial0/0
[RTA-Serial1/0] link-protocol ppp
[RTA-Serial1/0] ppp ________
[RTA] interface serial0/1
[RTA-Serial2/0] link-protocol ppp
[RTA-Serial2/0] ppp ________
```

在 RTB 上完成同样的配置。

步骤 4:验证并查看 MP 效果。

在 RTA 上执行命令 display ppp mp,根据其输出信息可以看到

```
The member channels bundled are:________
```

在 RTA 上执行命令 display interface MP-Group 1,根据其输出信息可以看到

```
Current state: ________ Line protocol state: ________
Link layer protocol:________
LCP:________, MP:________, IPCP:________
```

在 RTA 上 ping RTB 上的 MP 接口 IP 地址,其结果为________。

6.5 实验中的命令列表

本实验命令列表如实验表 6-3 所示。

实验表 6-3 命令列表

命　　令	描　　述
link-protocol ppp	用来配置接口封装的链路层协议为 PPP
ppp authentication-mode { **chap** | **pap** } [[**call -in**] **domain** *isp-name*]	用来设置本端 PPP 协议对对端设备的验证方式
ppp chap password { **cipher** | **simple** } *password*	用来配置进行 CHAP 验证时采用的默认口令
ppp chap user *username*	用来配置采用 CHAP 认证时的用户名
ppp mp	用来配置封装 PPP 的接口工作在 MP 方式
ppp mp mp-group *number*	用来将当前接口加入指定的 MP-Group，使接口工作在 MP 方式
ppp pap local-user *username* **password** { **cipher** | **simple** } *password*	用来配置本地设备被对端设备采用 PAP 方式验证时发送的用户名和口令

6.6 思考题

1. 在配置 CHAP 验证的时候，如果 RTB 接口 S0/0 上不配置 ppp chap password simple pwdpwd，那么 RTB 收到 RTA 的验证请求后，该如何处理才能完成 CHAP 验证的第二次握手操作并给 RTA 发送 Response？这个时候 RTB 上需要其他配置吗？

答：按照 CHAP 验证的原理，如果被验证方检查发现本端接口上没有配置默认的 CHAP 密码，则被验证方根据此报文中主验证方的用户名在本端的用户表查找该用户对应的密码，因此这个时候需要在 RTB 上配置本地用户名和对端密码。

```
[RTB] local-userrta class network
[RTB-luser-user1] service-type ppp
[RTB-luser-user1] password simple pwdpwd
```

当然这个时候在 RTA 上也需要将用户名 rta 通过 ppp chap user 命令的指定而发送出来。

```
[RTA] interface serial0/0
[RTA-Serial0/0] ppp chap user rta
```

2. 如果 MP 需要验证，那么该如何配置呢？

答：在加入 MP-Group 的物理接口下配置验证即可，例如：

```
[RTB] interface serial0/0
[RTB-Serial2/0] link-protocol ppp
[RTB-Serial2/0] ppp authentication-mode pap
[RTB-Serial2/0] ppp pap local-user rtb password simple pwdpwd
```

实验7

IP

7.1 实验内容与目标

完成本实验，应该能够达到以下目标。

（1）掌握 IP 子网划分原理。

（2）掌握子网掩码概念。

（3）掌握网关的概念。

（4）掌握基本的 IP 网段内通信。

7.2 实验组网图

本实验按照实验图 7-1 进行组网。

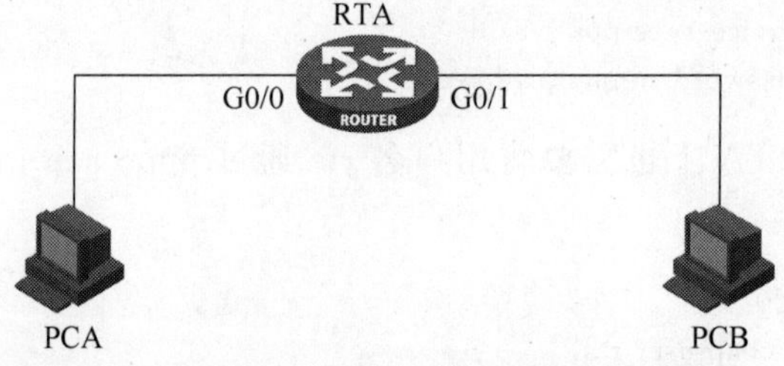

实验图 7-1　实验组网图

7.3 实验设备与版本

本实验所需的主要设备器材如实验表 7-1 所示。

实验表 7-1　实验设备器材

名称和型号	版　　本	数　量
MSR36-20	Version 7.1	1
PC	Windows 系统均可	2
Console 串口线	—	1
第 5 类 UTP 以太网连接线	—	2

7.4 实验过程

实验任务 基本的IP网段内通信

本实验的主要任务是通过划分子网以及配置网关实现基本的IP网段内通信。

步骤1：划分IP子网。

本实验中给定的一个C类网段地址192.168.1.0，该地址段有________个地址位，一共有________个IP地址，其网络地址是________，广播地址是________，一共有________个可用主机地址。

现在要求将该网段地址划分子网实现每个网段内可用的主机地址数是25，请在下面的空格中写出最佳的子网划分结果(包括网段和掩码)。

IP：______________ 掩码：______________

IP：______________ 掩码：______________

IP：______________ 掩码：______________

IP：______________ 掩码：______________

IP：______________ 掩码：______________

IP：______________ 掩码：______________

IP：______________ 掩码：______________

IP：______________ 掩码：______________

步骤2：配置IP地址。

在PCA上配置其IP地址为192.168.1.10/255.255.255.240，在RTA的G0/0接口上配置IP地址为192.168.1.19/255.255.255.240。

配置完成后，在PC的"命令提示符"窗口下，输入命令ipconfig来验证PC的IP地址是否配置正确，根据其输出信息回答下面的问题。

PCA的显示结果是

IP Address ________; Subnet Mask ________;
Default Gateway ________

在RTA上通过________命令可以查看接口G0/0的信息，根据其输出信息可以看到Internet Address is ________ Primary。

步骤3：验证相同IP网段内通信。

在PCA上通过ping命令检测PCA与RTA之间的互通，其结果是________。

产生这种情况的原因是________________________________。

在不修改PCA的IP地址以及掩码情况下，修改RTA的G0/0接口地址为192.168.1.16/28，该地址中数字28的含义是________，在RTA的G0/0接口下________(能/不能)成功地配置该IP地址，产生这种情况的原因是________。

要解决该问题，在不修改PCA的IP地址以及掩码的情况下，RTA的G0/0接口IP地址可以配置范围是________。

步骤 4：配置网关。

配置 RTA 接口 G0/1 的 IP 地址为 2.2.2.1/30，要确保 PCB 与 G0/1 能够互通，那么 PCB 的 IP 地址应该配置为________。

配置完成后，在 PCA 上 ping RTA 接口 G0/1 的地址 2.2.2.1，其结果是________。

产生这种结果的原因是______________________________。

保持步骤 2 中配置的 PCA 的 IP 地址不变，配置 RTA 的 G0/0 接口的 IP 地址为 192.168.1.1/28，若要实现 PCA 可以和 RTA 接口 G0/1 互通，那么 PCA 的网关地址应该配置为________。

配置完成后，在 PCA 上 ping RTA 接口 G0/1 的地址 2.2.2.1，其结果是________。

由此可以理解，PC 上网关的含义是______________________________。

步骤 5：验证不同网段 IP 互通。

在 PCA 上 ping PCB，其结果是______________________________。

要解决该问题，需要______________________________。

按照上述解决办法完成配置修改后，在 PCA 上再次 ping PCB，其结果是______________________________。

7.5 实验中的命令列表

本实验命令列表如实验表 7-2 所示。

实验表 7-2 命令列表

命 令	描 述
ip address *ip-address* { *mask* | *mask-length* }	配置接口的 IP 地址
display ip interface [*interface-type interface-number*]	显示三层接口的相关信息

7.6 思考题

在步骤 4 中，是否可以配置 RTA 的接口 G0/1 的 IP 地址为 192.168.1.13/28？

答：不能配置，因为该地址与接口 G0/0 的 IP 地址在一个网段。一个三层设备上，不能配置相同网段的 IP 地址。

实验8

ARP

8.1 实验内容与目标

完成本实验,应该能够达到以下目标。

(1) 掌握 ARP 的工作机制。

(2) 掌握 ARP 代理的工作原理及配置方法。

8.2 实验组网图

本实验按照实验图 8-1 进行组网。

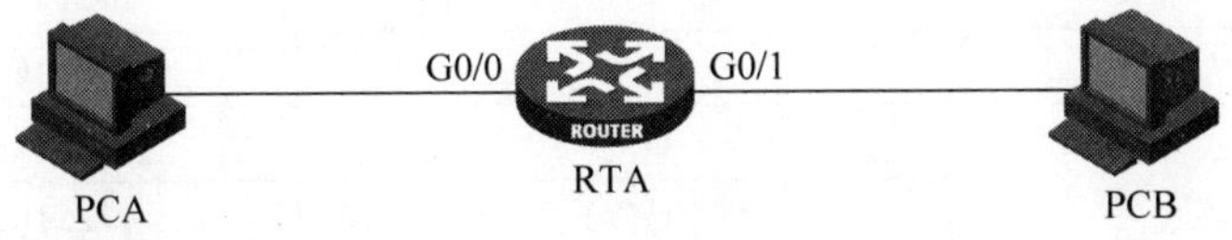

实验图 8-1　实验组网图

8.3 实验设备与版本

本实验所需的主要设备器材如实验表 8-1 所示。

实验表 8-1　实验设备器材

名称和型号	版　本	数　量	描　述
MSR36-20	Version 7.1	1	
PC	Windows 系统均可	2	
Console 串口线	—	1	
第 5 类 UTP 以太网连接线	—	2	交叉线

8.4 实验过程

实验任务1 ARP表项观察

本实验通过观察设备上的ARP表项建立过程，使学员能够了解ARP协议的基本工作原理。

步骤1：运行超级终端并初始化路由器配置。

将PC(或终端)的串口通过标准Console电缆与路由器的Console口连接。电缆的RJ-45头一端连接路由器的Console口；9针RS-232接口一端连接计算机的串行口。

检查设备的软件版本及配置信息，确保各设备软件版本符合要求，所有配置为初始状态。如果配置不符合要求，在用户视图下擦除设备中的配置文件，然后重启设备以使系统采用默认的配置参数进行初始化。

步骤2：配置PC及路由器的IP地址。

按实验表8-2所示在PC上配置IP地址和掩码。配置完成后，在PC的"命令提示符"窗口下，输入命令ipconfig来验证PC的IP地址是否配置正确，根据其输出信息回答下面的问题。

实验表8-2 IP地址列表

设备名称	接 口	IP地址
PCA	—	172.16.0.1/24
PCB	—	172.16.1.1/24
RTA	G0/0	172.16.0.254/24
	G0/1	172.16.1.254/24

PCA的显示结果是

IP Address ________；Subnet Mask ________
Default Gateway ________

PCB的显示结果是

IP Address ________；Subnet Mask ________
Default Gateway ________

然后在RTA的接口上配置IP地址及掩码，在下面的空格中补充完整的命令。

```
[RTA]interface GigabitEthernet0/0
[RTA-GigabitEthernet0/0] ________
[RTA]interface GigabitEthernet0/1
[RTA-GigabitEthernet0/1] ________
```

步骤3：查看ARP信息。

在RTA上执行命令display interface GigabitEthernet0/0，根据该命令的输出信息，填写以下空格。

Internet Address is ________ Primary
IP Packet Frame Type: PKTFMT_ETHNT_2, Hardware Address: ________

在 RTA 上执行命令 display interface GigabitEthernet0/1,根据该命令的输出信息,填写以下空格。

Internet Addressis ________ Primary
IP Packet Frame Type: PKTFMT_ETHNT_2, Hardware Address: ________

在 PC 的"命令提示符"窗口下,输入命令 ipconfig/all 来查看 PC 的接口 MAC 与 IP 地址。

根据该命令的输出信息,填写以下空格处 PC 的 MAC 地址。

PCA: Physical Address. . . . . : ________
PCB: Physical Address. . . . . : ________

实验表 8-3 的内容是 PC 及 RTA 的 IP 地址与 MAC 地址对应关系,根据以上信息,补充实验表 8-3 中空格处的 MAC 地址。

实验表 8-3 IP 地址与 MAC 地址对应关系列表

设备名称	接　口	IP 地址	MAC 地址
PCA	—	172.16.0.1/24	
PCB	—	172.16.1.1/24	
RTA	G0/0	172.16.0.254/24	
	G0/1	172.16.1.254/24	

然后,分别在 PCA 和 PCB 的"命令提示符"窗口下用 ping 命令来测试 PC 到 RTA 的可达性,以使 PC 及 RTA 建立 ARP 表项。

测试完成后,分别在 PCA、PCB 和 RTA 上查看 ARP 表项信息,分别在 PCA 和 PCB 的"命令提示符"窗口下用 arp -a 来查看 ARP 表象信息,根据该命令的输出信息,填写以下空格。

PCA 的输出信息是

Internet Address　　Physical Address　　Type
________　　________　　________

PCB 的输出信息是

Internet Address　　Physical Address　　Type
________　　________　　________

在 RTA 上可以在________视图下执行________命令查看路由器所有的 ARP 表项,请执行该命令并根据其输出信息补充以下空格。

IP Address	MAC Address	VLAN ID	Interface	Aging	Type
172.16.0.1	________	N/A	GE0/0	______	______
172.16.1.1	________	N/A	GE0/1	______	______

如上输出信息中,type 字段的含义是________________________________。

Aging 字段的含义是________________________________。

把实验表 8-3 与 PC 及 RTA 上的 ARP 表项对比一下。可知，PC 及 RTA 都建立了正确的 ARP 表项，表项中包含了 IP 地址和对应的 MAC 地址。

注意：实验过程中所显示的 MAC 地址与本指导手册中的不同，是正常现象。

实验任务 2 ARP 代理配置

本实验通过在设备上配置 ARP 代理，使设备能够对不同子网间的 ARP 报文进行转发，使学员能够了解 ARP 代理的基本工作原理，掌握 ARP 代理的配置方法。

步骤 1：运行超级终端并初始化路由器配置。

将 PC(或终端)的串口通过标准 Console 电缆与路由器的 Console 口连接。电缆的 RJ-45 头一端连接路由器的 Console 口；9 针 RS-232 接口一端连接计算机的串行口。

检查设备的软件版本及配置信息，确保各设备软件版本符合要求，所有配置为初始状态。如果配置不符合要求，在用户视图下擦除设备中的配置文件，然后重启设备以使系统采用默认的配置参数进行初始化。

步骤 2：配置 PC 及路由器的 IP 地址。

根据实验表 8-4 所示在 PC 上配置 IP 地址和掩码。配置完成后，在 PC 的"命令提示符"窗口下，输入命令 ipconfig 来验证 PC 的 IP 地址是否配置正确。根据其输出信息回答下面的问题。

实验表 8-4 IP 地址列表

设备名称	接 口	IP 地址
PCA	—	172.16.0.1/16
PCB	—	172.16.1.1/16
RTA	G0/0	172.16.0.254/24
	G0/1	172.16.1.254/24

PCA 的显示结果是

IP Address ________; Subnet Mask ________;
Default Gateway ________

PCB 的显示结果是

IP Address ________; Subnet Mask ________;
Default Gateway ________

然后在 RTA 的接口上配置 IP 地址及掩码，在下面的空格中补充完整的命令。

```
[RTA]interface GigabitEthernet0/0
[RTA-GigabitEthernet0/0]________________________
[RTA]interface GigabitEthernet0/1
[RTA-GigabitEthernet0/1] ________________________
```

步骤 3：配置 ARP 代理。

在 PCA 和 PCB 上通过 ping 来检测他们之间是否可达，检测的结果是________。

导致这种结果的原因是

____。

在 RTA 上配置 ARP 代理，在下面的空格处补充完整的命令。

```
[RTA]interface GigabitEthernet0/0
[RTA-GigabitEthernet0/0]________
[RTA]interface GigabitEthernet0/1
[RTA-GigabitEthernet0/1]________
```

配置完成后，在 PCA 上用 ping 命令测试到 PCB 得可达性，其结果是________。

步骤 4：查看 ARP 信息。

在 PCA 上查看 ARP 表项，根据其输出信息补充如下的空格。

```
Internet Address        Physical Address        Type
______________          ______________          ________
```

ARP 表项中 PCB 的 IP 地址对应的 MAC 地址与________ MAC 地址相同，由此可以看出，是________接口执行了 ARP 代理功能，为 PCA 发出的 ARP 请求提供了代理应答。

在 PCB 上查看 ARP 表项，可以看到 ARP 表项中 PCA 的 IP 地址对应的 MAC 地址与________ MAC 地址相同。

在 RTA 上通过可以通过________命令查看 ARP 表项，其输出结果与实验一的结果____。

8.5 实验中的命令列表

本实验命令列表如实验表 8-5 所示。

实验表 8-5 命令列表

命 令	描 述
proxy-arp enable	开启端口的 ARP 代理特性
display arp all	显示 ARP 表项

8.6 思考题

在实验任务 2 的步骤 3 中，没有在 RTA 上启用 ARP 代理功能之前，在 PCA 上通过 arp -a 查看 PCA 的 ARP 表项，输出信息是什么？

答：此时在 PCA 上看到以下输出信息。

```
Interface: 172.16.0.1 --- 0x2
Internet Address        Physical Address        Type
172.16.1.1              00-00-00-00-00-00       invalid
```

实验9

DHCP

9.1 实验内容与目标

完成本实验,应该能够达到以下目标。

(1) 了解 DHCP 协议工作原理。

(2) 掌握设备作为 DHCP 服务器的常用配置命令。

(3) 掌握设备作为 DHCP 中继的常用配置。

9.2 实验组网图

本实验按照实验图 9-1 进行组网。

实验图 9-1 实验组网图

9.3 实验设备与版本

本实验所需的主要设备器材如实验表 9-1 所示。

实验表 9-1 实验设备器材

名称和型号	版　本	数　量
MSR36-20	Version 7.1	1
S5820V2	Version 7.1	1
PC	Windows 系统均可	1
Console 串口线	—	1
第 5 类 UTP 以太网连接线	—	2

9.4 实验过程

实验任务 1 PCA 直接通过 RTA 获得 IP 地址

本实验通过配置 DHCP 客户机从处于同一子网中的 DHCP 服务器获得 IP 地址、网关等信息，能够掌握路由器上 DHCP 服务器的配置。

步骤 1：建立物理连接并初始化路由器配置。

按实验图 9-1 所示拓扑进行物理连接并检查设备的软件版本及配置信息，确保各设备软件版本符合要求，所有配置为初始状态。如果配置不符合要求，在用户视图下擦除设备中的配置文件，然后重启设备以使系统采用默认的配置参数进行初始化。

步骤 2：在设备上配置 IP 地址及路由。

在以下空格中补充完整命令，配置 RTA 接口 G0/0 IP 地址为 172.16.0.1/24。

```
[RTA-GigabitEthernet0/0]________________________________
```

交换机 S3610 采用出厂默认配置，不做任何配置，在这种情况下，交换机所有的端口都属于 VLAN ________。

步骤 3：配置 RTA 作为 DHCP 服务器。

配置 RTA 为 DHCP 服务器，给远端的 PCA 分配 IP 网段为 172.16.0.0/24 的地址。补充下面空格中省略的命令。

```
[RTA]________    //启动 DHCP 服务
[RTA]dhcp server forbidden-ip 172.16.0.1
//以上配置命令的含义是______________________
[RTA]dhcp server ip-pool 1
//以上命令中数值 1 的含义是______________________
[RTA-dhcp-pool-1]network ________ mask ________
[RTA-dhcp-pool-1]gateway-list ________
```

配置完成后，通过 display current-configuration 命令查看配置的正确性。

步骤 4：PCA 通过 DHCP 服务器获得 IP 地址。

在 Windows 操作系统的"控制面板"中选择"网络和 Internet 连接"命令，选取"网络连接"中的"本地连接"选项，右击选择"属性"命令，在弹出的窗口中选择"Internet 协议(TCP/IP)"选项，单击"属性"按钮，出现如实验图 9-2 所示对话框。

如实验图 9-2 所示，选择"自动获得 IP 地址"和"自动获得 DNS 服务器地址"单选按钮并单击"确定"按钮，以确保 PCA 配置为 DHCP 客户端。在 PCA 的"命令提示符"窗口下，输入命令 ipconfig 来验证 PCA 能否获得 IP 地址和网关等信息。其输出的显示结果是

```
IP Address ________; Subnet  Mask ________;
Default Gateway ________
```

如果无法获得 IP，检查线缆连接是否正确，然后在"命令提示符"窗口下用 ipconfig/renew 命令来使 PCA 重新发起 DHCP 请求。

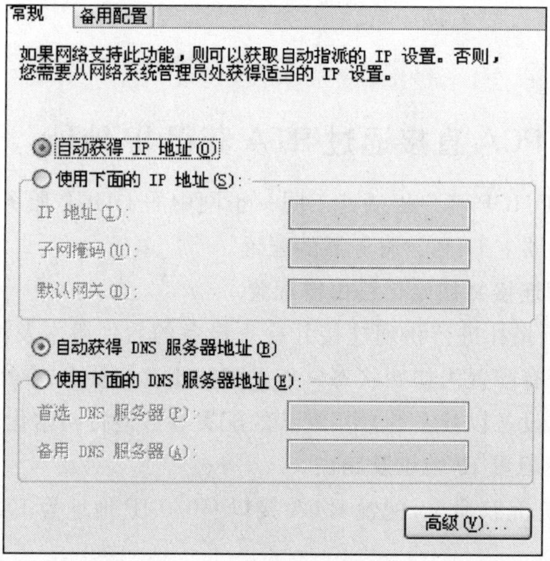

常规 备用配置

如果网络支持此功能，则可以获取自动指派的 IP 设置。否则，您需要从网络系统管理员处获得适当的 IP 设置。

自动获得 IP 地址(O)
使用下面的 IP 地址(S):
IP 地址(I):
子网掩码(U):
默认网关(D):

自动获得 DNS 服务器地址(B)
使用下面的 DNS 服务器地址(E):
首选 DNS 服务器(P):
备用 DNS 服务器(A):

高级(V)...

实验图 9-2 Internet 协议(TCP/IP)属性

步骤 5：查看 DHCP 服务器相关信息。

在 RTA 上用________命令来查看 DHCP 服务器的统计信息，执行该命令根据其输出信息可以看到________个地址被服务器禁止分配。

在 RTA 上用________来查看 DHCP 服务器可供分配的 IP 地址资源。

在 RTA 上用________来查看 DHCP 服务器已分配的 IP 地址，执行该命令，根据其输出信息可以看到 PCA 的 MAC 地址绑定的 IP 地址为________。

实验任务 2 PCA 通过 DHCP 中继方式获得 IP 地址

本实验通过配置 DHCP 客户机从处于不同子网的 DHCP 服务器获得 IP 地址、网关等信息，能够掌握 DHCP 中继的配置。本实验中需要将 SWA 更换为一台 MSR 路由器 RTB。

步骤 1：建立物理连接并初始化路由器配置。

拓扑进行物理连接并检查设备的软件版本及配置信息，确保各设备软件版本符合要求，所有配置为初始状态。如果配置不符合要求，在用户视图下擦除设备中的配置文件，然后重启设备以使系统采用默认的配置参数进行初始化。

步骤 2：在设备上配置 IP 地址及路由。

按实验表 9-2 所示在路由器上配置 IP 地址。

实验表 9-2 设备 IP 地址列表

设备名称	物理接口	IP 地址	VLAN 虚接口
SWA	G1/0/1	172.16.1.1/24	Vlan-interface1
	G1/0/2	172.16.0.1/24	Vlan-interface2
RTA	G0/0	172.16.0.2/24	—

按实验表 9-2 所示在交换机及路由器上配置 IP 地址。

在 SWA 上配置 VLAN 虚接口及 IP。

```
[SWA]vlan 2
[SWA]interface GigabitEthernet1/0/2
[SWA-GigabitEthernet1/0/2]port access vlan 2
[SWA]interface Vlan-interface 1
[SWA-Vlan-interface1]ip address 172.16.1.1 24
[SWA]interface Vlan-interface 2
[SWA-Vlan-interface2]ip address 172.16.0.1 24
```

在 RTA 上配置接口 IP 及静态路由。

```
[RTA-GigabitEthernet0/0]ip address 172.16.0.2 24
[RTA]ip route-static 172.16.1.0 24 172.16.0.1
```

步骤 3：在 RTA 上配置 DHCP 服务器并在 RTB 上配置 DHCP 中继。

配置 RTA 为 DHCP 服务器，给远端的 PCA 分配 IP 网段为 172.16.1.0/24 的地址，在以下空格中补充完整的配置命令。

```
[RTA]________
[RTA]dhcp server forbidden-ip ________
[RTA]dhcp ____________________
[RTA-dhcp-pool-1]network ________ mask ________
[RTA-dhcp-pool-1]gateway-list ________
```

配置 SWA 提供 DHCP Relay 服务，在以下空格中补充完整的配置命令。

```
[SWA]________  //启动 DHCP 服务
[SWA]dhcp relay server-group 1 ip ________
//如上命令中，数字 1 的含义是________
[SWA]interface Vlan-interface 1
[SWA-Vlan-interface1]dhcp select ________
[SWA-Vlan-interface1]dhcp relay server-address ________
```

步骤 4：PCA 通过 DHCP 中继获取 IP 地址。

断开 PCA 与 SWA 之间的连接电缆，再接上，以使 PCA 重新发起 DHCP 请求。

完成重新获取地址后，在 PCA 的“命令提示符”窗口下，输入命令 ipconfig 来验证 PCA 能否获得 IP 地址和网关等信息，其输出信息显示为

IP Address ________; Subnet Mask ________;
Default Gateway ________

步骤 5：查看 DHCP 中继相关信息。

在 SWA 上通过命令____________________查看 DHCP 服务器地址信息。

通过命令____________________查看 DHCP 中继的相关报文统计信息。

9.5 实验中的命令列表

本实验命令列表如实验表 9-3 所示。

实验表 9-3 命令列表

命 令	描 述
dhcp enable	使能 DHCP 服务
network network-address [**mask-length** | **mask** mask]	配置动态分配的 IP 地址范围
gateway-list ip-address	配置为 DHCP 客户端分配的网关地址
dhcp server forbidden-ip low-ip-address [high-ip-address]	配置 DHCP 地址池中不参与自动分配的 IP 地址
dhcp server ip-pool pool-name	创建 DHCP 地址池并进入 DHCP 地址池视图
dhcp relay server-group group-id **ip** ip-address	配置 DHCP 服务器组及组中 DHCP 服务器的 IP 地址
dhcp select relay	配置接口工作在 DHCP 中继模式
dhcp relay server-address ip-address	配置在 DHCP 中继上指定 DHCP 服务器的地址
display dhcp server free-ip	显示 DHCP 地址池的可用地址信息
display dhcp server forbidden-ip	显示 DHCP 地址池中不参与自动分配的 IP 地址
display dhcp server statistics	显示 DHCP 服务器的统计信息
display dhcp relay server -address [**interface** interface-type interface-number]	显示工作在 DHCP 中继模式的接口上指定的 DHCP 服务器地址信息
display dhcp relay statistics [**interface** interface-type interface-number]	显示 DHCP 中继的相关报文统计信息

9.6 思考题

1. 在实验任务 1 中，如果设置 RTA 的 DHCP 地址池为 192.168.0.0/24，那么 PCA 能否获得该子网的 IP 地址？为什么？

答：不能获得。这是网络设备上的一个检查机制。因为 RTA 不仅是 DHCP 服务器，而且作为 PCA 的网关，还承担了转发数据的工作。如果 RTA 分配了与接口不同子网的 IP 地址给 PCA，PCA 与 RTA 之间无法通信，地址分配就失去了意义。因此它发现自己收到 DHCP 请求的接口子网与地址池资源所属子网不同时，是不会响应 DHCP 客户机的请求的，因此也就不会把错误的地址分配出去。

2. 在实验 2 的环境下，如果设置 RTA 地址池为 192.168.0.0/24，那么 PCA 能否获得该子网的 IP 地址？为什么？

答：PCA 将无法获得该子网的地址。因为 DHCP 中继在向 DHCP 服务器转发 DHCP 客户端发出的 DHCP 报文时，会把自己接收到 DHCP 客户端请求的接口地址填入 DHCP 报文中。服务器会根据 DHCP 中继接口所属的子网来分配正确的 IP 地址资源，如果地址池中 IP 资源与中继接口 IP 所在子网不匹配，地址不能被分配。

实验10

IPv6基础

10.1 实验内容与目标

完成本实验,应该能够达到以下目标。

(1) 在路由器上配置 IPv6 地址。

(2) 用 IPv6 ping 命令进行 IPv6 地址可达性检查。

(3) 用命令行来查看 IPv6 地址配置和邻居信息。

10.2 实验组网图

本实验按照实验图 10-1 进行组网。

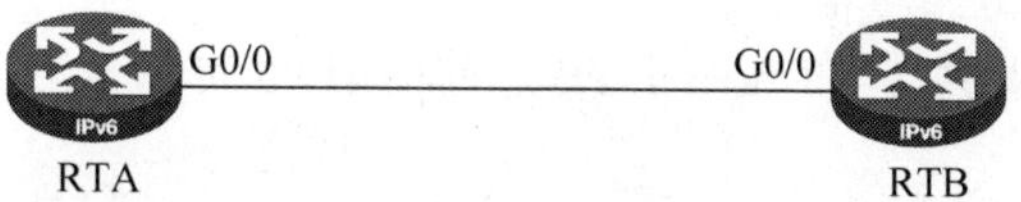

实验图 10-1 实验组网图

10.3 实验设备与版本

本实验所需的主要设备器材如实验表 10-1 所示。

实验表 10-1 实验设备器材

名称和型号	版 本	数 量	描 述
MSR36-20	Version 7.1	2	每台至少有一个以太网口
PC	Windows 系统均可	1	路由器配置用机
Console 串口线	—	1	
第 5 类 UTP 以太网连接线		1	

10.4 实验过程

实验任务 IPv6 地址配置及查看

本实验通过在路由器上配置 IPv6 地址,然后用命令行观察 IPv6 邻居表项,再用命令行测试 IPv6 邻居的可达性，从而深化对 IPv6 地址的认识，加深对邻居发现协议功能的了解。

步骤 1：建立物理连接。

按照实验图 10-1 进行连接，并检查路由器的软件版本及配置信息，确保路由器软件版本符合要求，所有配置为初始状态。如果配置不符合要求，请读者在用户模式下擦除设备中的配置文件，然后重启路由器以使系统采用默认的配置参数进行初始化。

以上步骤可能会用到以下命令。

```
<RTA> display version
<RTA> reset saved-configuration
<RTA> reboot
```

步骤 2：配置接口自动生成链路本地地址及测试可达性，查看邻居信息。

在路由器 RTA 和 RTB 的 G0/0 接口视图下，配置接口自动生成链路本地地址，并在下面的空格中写出完整的命令。

RTA 上的命令：________________

RTB 上的命令：________________

以上配置完成后，路由器会自动生成前缀为 FE80::的链路本地地址。请用命令来查看生成的链路本地地址，并在下面的空格中写出完整的命令。

____

在下面填入所看到的地址。

RTA 的接口 G0/0 链路本地地址是：________________

RTB 的接口 G0/0 链路本地地址是：________________

在 RTA 上用命令来进行 RTA 与 RTB 之间的 IPv6 可达性测试，并在下面的空格中写出完整的命令。

____

可达性测试的结果是：成功□ 失败□

如果可达性测试失败，分析原因。

在 RTA 和 RTB 上通过命令来查看路由器的邻居信息，并在下面的空格中写出完整的命令。

____

RTA 上看到的邻居地址信息是：________________

RTB 的看到的邻居地址信息是：________________

步骤 3：配置接口生成全球单播地址并测试可达性，查看邻居信息。

在 RTA 及 RTB 的 G0/0 接口视图下，配置全球单播地址，并在下面的空格中写出完整的命令。

RTA 上的命令：________________

RTB 上的命令：________________

以上配置完成后，路由器接口会生成全球单播地址。用命令来查看全球单播地址。在下面填入实验结果。

RTA 的接口 G0/0 全球单播地址是：________________

RTB 的接口 G0/0 全球单播地址是：________________

在 RTA 上用命令来进行 RTA 与 RTB 之间的 IPv6 可达性测试，并在下面的空格中写出完整的命令。

____

可达性测试的结果是：成功□　失败□

在 RTA 和 RTB 上通过命令来查看路由器的邻居信息。

RTA 上看到的邻居地址信息是：______________________________

RTB 的看到的邻居地址信息是：______________________________

10.5 实验中的命令列表

本实验命令列表如实验表 10-2 所示。

实验表 10-2　命令列表

命　令	命令执行视图	描　述
ipv6 address { *ipv6-address prefix-length* | *ipv6-prefix/prefix-length* }	接口视图	手工配置接口的 IPv6 全球单播地址
ipv6 address auto link-local	接口视图	配置系统自动为接口生成链路本地地址
display ipv6 interface [*interface-type interface-number* | **brief**]	任意视图	显示接口的 IPv6 信息
ping ipv6	任意视图	测试对端设备的 IPv6 可达性
display ipv6 neighbors { *ipv6-address* | **all** | **dynamic** | **interface** *interface-type interface-number* | **static** | **vlan** *vlan-id* } [**verbose**]	任意视图	显示邻居信息

10.6 思考题

1. 在进行 IPv6 邻居的查看时，邻居表项中的 state 一栏中的显示是什么？它表示什么意思？

答：显示有可能为 INCMP、REACH、STALE、DELAY 及 PROBE 之中的一种。INCMP 表示正在解析地址，邻居的链路层地址尚未确定；REACH 表示邻居可达；STALE、DELAY 及 PROBE 表示未确定邻居是否可达。ND 协议用此表示邻居地址的可信度，结合更多的操作，从而实现比 ARP 协议更高的安全性。

2. 全球单播地址和链路本地地址有什么不同？各使用在什么场合？

答：链路本地地址是以 FE80::开头，只能在本地链路上转发，主要用在邻居间建立协议关系。而全球单播地址的前缀是自己定义的，代表了链路所处的网络号，可以在全球范围内转发，主要用于业务数据传输。